电气设备管理与维修基础教程

主　编　刘东海　卢勇威　蒋思中
副主编　方小菊　江　健　杜　斌　韦伟清
审　稿　黄永杰

北京理工大学出版社
BEIJING INSTITUTE OF TECHNOLOGY PRESS

版权专有　侵权必究

图书在版编目（CIP）数据

电气设备管理与维修基础教程 / 刘东海，卢勇威，蒋思中主编 . —北京：北京理工大学出版社，2017.1（2023.8重印）
ISBN 978-7-5682-3682-9

Ⅰ. ①电… Ⅱ. ①刘… ②卢… ③蒋… Ⅲ. ①电气设备-设备管理-高等学校-教材 ②电气设备-维修-高等学校-教材 Ⅳ. ①TM

中国版本图书馆 CIP 数据核字（2017）第 024844 号

出版发行 /	北京理工大学出版社有限责任公司
社　　址 /	北京市海淀区中关村南大街 5 号
邮　　编 /	100081
电　　话 /	（010）68914775（总编室）
	（010）82562903（教材售后服务热线）
	（010）68944723（其他图书服务热线）
网　　址 /	http：// www.bitpress.com.cn
经　　销 /	全国各地新华书店
印　　刷 /	廊坊市印艺阁数字科技有限公司
开　　本 /	787 毫米×1092 毫米　1/16
印　　张 /	15.25
字　　数 /	360 千字
版　　次 /	2017 年 1 月第 1 版　2023 年 8 月第 3 次印刷
定　　价 /	38.00 元

责任编辑 / 李志敏
文案编辑 / 李志敏
责任校对 / 周瑞红
责任印制 / 李志强

图书出现印装质量问题，请拨打售后服务热线，本社负责调换

前言 Preface

近年来国家高度重视职业教育，高等职业教育得到了迅速发展。顺应国民经济迅速发展需要的电气自动化技术、机电一体化、机械设计与制造等与现代电气设备设计、制造、维护、管理工作相关的专业也得到了快速发展。但是电气设备管理、维护维修方面的教材建设却相对滞后于高等职业教育的发展。因而编写一本能够适用于高等职业教育，体现真实岗位工作任务和能力需求，培养技术应用型人才要求的教材迫在眉睫。

本书是以职业教育中与电气设备密切相关的电气自动化技术、机电一体化技术、机械设计与制造等专业的学生为授课对象的教材。本书是课程团队深入企业调研，提取岗位工作任务，明确电气设备管理、维护岗位能力和素质要求后，邀请经验丰富的企业技术专家合作编写的，此教材为校企合作的结晶，能充分利用企业、学校资源，较好地指导学生学习电气设备管理知识，练就电气设备维护、维修技能。

教材分为3个模块共14个项目，以企业变电、用电设备为主线，兼顾管理与维护、维修理论知识学习和实践技能训练。力图做到教、学、训一体化。每个实训项目都有工作任务和实施指导步骤以及实施结果考核，项目结束后还有课后练习。项目中结果考核有对应的考核评分表，可以直接在上面逐项评分，最后得出总分。课后练习也留有足够空间，方便学生直接书写答案。

本书模块一为电气设备管理基础篇，含3个项目。主要学习：设备经济效益管理的基本知识、基本概念和设备综合效益的计算方法；设备档案管理的职责、工作任务及设备档案资料建档、管理等知识和具体做法；明确设备安全管理的重要意义和作用，分析安全隐患来源及应对管理措施。通过任务实训掌握电气设备安全维护规程的编写方法及电气设备接地安全措施实施技能和方法。

模块二为电气设备管理与检修篇，含8个项目。以变电、送电及常用电气设备为主线，涉及变压器、继电器、接触器、电池组、低压配电柜、变频器及电动机等常用电气设备。学习这些电气设备的结构功能、工作原理、典型故障及维护和维修处理等知识和方法。通过任务实训掌握具体设备的维护、维修技能。

模块三为电气设备管理拓展篇，含3个项目。主要学习电气预防性实验，明确电气预防性实验的意义、作用。通过项目任务实训，掌握预防性实验的方法和技能；通过实际案例，学习电气工程项目管理的具体内容和要求；通过任务实训，进一步理解项目管理的内容和作用；通过具体案例和任务实训，明确5S管理的作用、意义及车间实际问题的处理办法。

本教材内容图文并茂，叙述清楚，项目学习主线清晰、明确，实训任务切合实际工作岗位，实现了理论和实践的较好融合。通过教、学、训一体化项目式学习，能很好地掌握电气设备管理和维护、维修知识及技能，为学生从事此类工作岗位打下扎实的理论知识和技术基础。

限于编者的学术水平，本书的选材、内容和安排上如有不妥与错误之处，恳请读者与同行批评指正。

作者电子邮箱为：windmoom@163.com。

作 者
2016.12

目录

▶ **模块一　电气设备管理基础** ·· 1

项目一　设备管理认知 ·· 1
　一、学习目标 ·· 1
　二、工作任务 ·· 1
　三、知识准备 ·· 2
　四、任务实施 ·· 13
　五、思考与练习 ·· 13

项目二　电气设备档案管理 ·· 14
　一、学习目标 ·· 14
　二、工作任务 ·· 14
　三、知识准备 ·· 14
　四、任务实施 ·· 18
　五、考核评价 ·· 19
　六、思考与练习 ·· 20
　七、档案表格格式目录 ·· 20

项目三　电气设备安全管理 ·· 41
　一、学习目标 ·· 41
　二、工作任务 ·· 41
　三、知识准备 ·· 41
　四、任务实施 ·· 54
　五、考核评价 ·· 55
　六、思考与练习 ·· 55

▶ **模块二　电气设备管理与检修** ···································· 56

项目一　变压器管理与维修 ·· 56
　一、学习目标 ·· 56
　二、工作任务 ·· 56
　三、知识准备 ·· 56
　四、任务实施 ·· 75
　五、考核评价 ·· 76

六、思考与练习 ··· 77
项目二　电气开关检修 ··· 77
　　一、学习目标 ··· 77
　　二、工作任务 ··· 78
　　三、知识准备 ··· 78
　　四、维修案例 ··· 86
　　五、任务实施 ··· 87
　　六、考核评价 ··· 87
　　七、思考与练习 ··· 88
项目三　交流接触器检修 ··· 88
　　一、学习目标 ··· 88
　　二、工作任务 ··· 89
　　三、知识准备 ··· 89
　　四、任务实施 ··· 92
　　五、考核评价 ··· 92
　　六、思考与练习 ··· 93
项目四　继电器的检修 ··· 94
　　一、学习目标 ··· 94
　　二、工作任务 ··· 94
　　三、知识准备 ··· 94
　　四、时间继电器 ··· 99
　　五、速度继电器 ··· 101
　　六、任务实施 ··· 101
　　七、考核评价 ··· 102
　　八、思考与练习 ··· 102
项目五　蓄电池管理与维护 ··· 103
　　一、学习目标 ··· 103
　　二、工作任务 ··· 103
　　三、知识准备 ··· 103
　　四、案例 ··· 108
　　五、任务实施 ··· 113
　　六、考核评价 ··· 114
　　七、思考与练习 ··· 115
项目六　低压配电柜的管理及检修 ··· 115
　　一、学习目标 ··· 115
　　二、工作任务 ··· 115
　　三、知识准备 ··· 115
　　四、低压成套开关设备 ··· 121
　　五、低压开关柜的日常维护 ··· 124

六、低压开关柜常见故障及维修 125
　七、低压配电柜开关柜的保养 126
　八、任务实施 128
　九、考核评价 128
　十、思考与练习 129
项目七　变频器日常检查及保养 129
　一、学习目标 129
　二、工作任务 130
　三、知识准备 130
　四、变频器常见故障及处理方法 136
　五、案例 138
　六、任务实施 139
　七、考核评价 140
　八、思考与练习 140
项目八　电动机管理与维护 141
　一、学习目标 141
　二、工作任务 141
　三、知识准备 141
　四、任务实施 164
　五、考核评价 166
　六、思考与练习 167

▶ **模块三　电气设备管理拓展项目** 168

项目一　电气预防性试验 168
　一、学习目标 168
　二、工作任务 168
　三、知识准备 169
　四、任务实施 175
　五、考核评价 176
　六、思考与练习 176
项目二　电气工程项目管理 177
　一、学习目标 177
　二、工作任务 177
　三、知识准备 177
　四、安装与调试 195
　五、编制岗位操作规程及管理制度 199
　六、编制各岗位的工作标准 218
　七、变电站投运及维护 219

八、任务实施 ·· 220
　　九、考核评价 ·· 220
　　十、思考与练习 ··· 221
项目三　企业现场 5S 管理 ·· 221
　　一、学习目标 ·· 221
　　二、工作任务 ·· 221
　　三、知识准备 ·· 221
　　四、任务实施 ·· 230
　　五、考核评价 ·· 233
　　六、思考与练习 ··· 233

▶ **参考文献** ·· 234

模块一 电气设备管理基础

项目一 设备管理认知

现代工业企业中，设备反映了企业现代化程度和生产技术水平，在企业生产经营过程中占据着日趋重要的地位，对企业产品的质量、产量、生产成本、交货期限、能源消耗及人机环境等都起着极其重要的作用，更是安全生产的重要基础。随着科技的迅速发展，企业的生产技术和设备在不断更新，产品生产的自动化、连续化程度越来越高。所以，设备对企业的生存发展和市场竞争能力已起到举足轻重的作用。

一、学习目标

（1）理解设备的含义。
（2）理解设备管理的含义。
（3）熟悉设备管理考核指标和要求。
（4）了解国外设备管理方法。

二、工作任务

计算某企业设备综合效率。
某公司车间的某型设备工作情况如下，试计算此设备的综合效率。
- 1天工作时间：8 h×60 min=480 min。
- 1天停止时间：80 min。
- 1天产量：450 个。
- 1天合格率：95%。

- 计划周期时间：0.64 min/个。
- 实际周期时间：0.6 min/个。
- 早晚 5S 时间：10 min。
- 故障停止时间：30 min。
- 准备、调整时间：40 min。

三、知识准备

1. 设备的含义

一般认为，设备是人们在生产或生活上所需的机械、装置和设施等，是可供长期使用，并在使用中基本保持原有实物形态的物质资料。在国外，设备工程学把设备定义为"有形固定资产的总称"，它把一切列入固定资产的劳动资料，如土地、构筑物（厂房、仓库等）、建筑物（水池、码头、围墙、道路等）、机器（工作机械、运输机械等）、装置（容器、蒸馏塔、热交换器等）以及车辆、船舶、工具（工夹具、测试仪器等）等都包含在其中。在我国，只把直接或间接参与改变劳动对象的形态和性质的物质资料才看作设备。

设备是企业的主要生产工具，也是企业现代化水平的重要标志。对于一个国家来说，设备既是发展国民经济的物质技术基础，又是衡量社会发展水平与物质文明程度的重要尺度。在现代工业企业的生产经营活动中居于极其重要的地位。

（1）机电设备是现代企业的物质技术基础。机电设备是现代企业进行生产活动的物质技术基础，也是企业生产力发展水平与企业现代化程度的主要标志。没有机电设备就没有现代化的大生产，也就没有现代化的企业。

（2）机电设备是企业固定资产的主体。企业是自主经营、自负盈亏、独立核算的商品生产和经营单位。生产经营是"将本就利"，这个"本"就是企业所拥有的固定资产和流动资金。在企业的固定资产总额中，机电设备的价值所占的比例最大，一般都在 60%～70%之间。而且随着机电设备的技术含量与技术水平日益提高，现代设备既是技术密集型的生产工具，也是资金密集型的社会财富。设计制造或者购置现代设备费用的增加，不仅会带来企业固定资产总额的增加，还会继续增大机电设备在固定资产总额中的比例。设备的价值是企业资本的"大头"，对企业的兴衰关系重大。

（3）机电设备涉及企业生产经营活动的全局。首先，在市场调查、产品决策阶段，就必须充分考虑企业本身所具备的机电设备生产条件，否则，无论商品在市场上多么紧俏利大，企业也无法进行生产并供应市场。其次，质量是企业的生命，成批生产产品的质量必须靠精良的设备和有效的检测仪器来保证和控制。产品产量的高低、交货能否及时，很大程度上取决于机电设备的技术状态及其性能的发挥。同时，机电设备对生产过程中原材料和能源的消耗也关系极大，因而直接影响产品的成本和销售利润以及企业在市场上的竞争能力。此外，设备还是影响生产安全、环境保护的主要因素，并对操作者的劳动情绪有着不可忽视的影响。可见，设备和现代企业的产品质量、产量、交货期、成本、效益以及安全环保、劳动情绪都有密切的关系，是影响企业生产经营全局的重要因素。

现代设备的出现，给企业和社会带来了很多好处，如提高产品质量、增加产量和品种、减少原材料消耗、充分利用生产资源以及减轻工人劳动强度等，从而创造了巨大的财富，取得了良好的经济效益。

2. 设备管理的含义

设备管理又称设备工程，是以提高设备综合效率，追求寿命周期费用经济性，实现企业生产经营目标为目的，运用现代科学技术、管理理论和管理方法，对设备寿命周期（规划、设计、制造、购置、安装、调试、使用、维护、修理、改造、更新到报废）的全过程，从技术、经济、管理等方面进行的综合研究和管理。因此，设备管理应从技术、经济和管理3个要素以及三者之间的关系来考虑。从这个观点出发，可把设备管理问题分成技术、经济和管理3个侧面。图1-1表示了三者之间的关系及3个侧面的主要组成因素。

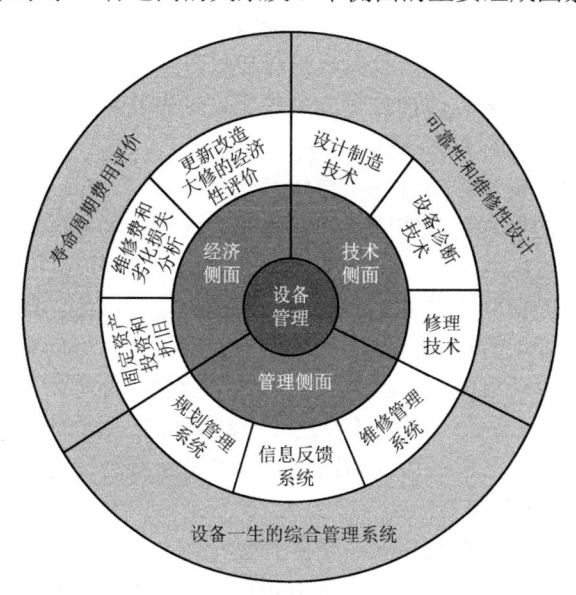

图1-1 设备管理的3个侧面及其关系

1）技术侧面

技术侧面是对设备硬件所进行的技术处理，是从物的角度控制管理活动。其主要组成因素有以下几个。

（1）设备设计和制造技术。

（2）设备诊断技术和状态监测维修。

（3）设备维护保养、大修、改造技术。

其要点是设备的可靠性和维修性设计。

2）经济侧面

经济侧面是对设备运行的经济价值的考核，是从费用角度控制管理活动，其主要组成因素有以下几个。

（1）设备规划、投资和购置的决策。

（2）设备能源成本分析。

（3）设备大修、改造、更新的经济性评价。

（4）设备折旧。

其要点是设备寿命经济费用的评价。

3）管理侧面

管理侧面是从管理等软件的措施方面控制，即从人的角度控制管理活动，其主要组成因素有以下几个。

（1）设备规划购置管理系统。

（2）设备使用维修管理系统。

（3）设备信息管理系统。

其要点是建立设备一生信息管理系统。

3. 设备管理考核指标和要求

1）设备技术经济指标的作用

指标是检查、评价各项工作和各项经济活动执行情况、经济效果的依据。指标可分成单项技术经济指标和综合指标，也可分成数量指标和质量指标。指标的主要作用有以下几个。

（1）在管理过程中起监督、调控和导向的作用，通过指标考核、分析，发现偏差及时采取措施调整、控制，制定新的考核指标。

（2）通过指标考核，定量评价管理工作的绩效。

（3）指标通过数据的形式反映实际工作的水平，评价与考核的绩效与企业及个人的利益挂钩，起到激励和促进的作用。

设备管理的技术经济指标体系就是一套相互联系、相互制约，能够综合评价设备管理效果和效率的指标，设备管理的技术经济指标是设备管理工作目标的重要组成部分。设备管理工作涉及资金、物资、劳动组织、技术、经济、生产经营目标等各方面，要检验和衡量各个环节的管理水平和设备资产经营效果，必须建立和健全设备管理的技术经济指标体系。此外，有利于加强国家对设备管理工作的指导和监督，为设备宏观管理提供决策依据。

2）设备技术经济指标的原则

（1）在内容上，既有综合指标，又有单项指标；既有重点指标，又有一般性指标。

（2）在形态上，既有实物指标，又有价值指标；既有相对指标，又有绝对指标。

（3）在层次上，既有政府宏观控制指标，又有企业微观及车间、个人执行的指标。

（4）在结构上，从系统观点设置设备全过程各环节指标，既要完整，又力求精简。

（5）在考核上，应按照企业的生产性质、装备特点等分等级考核。指标应逐步标准化，力求统一名称、统一术语、统一计算公式、统一符号意义，扼要、实用、可操作性强。

指标考核值的确定应建立在周密的分析基础上，并具有一定进取性。

3）设备管理技术经济指标的构成

根据设备的实物运动形态与价值运动形态理论，设备管理技术经济指标体系设置如图 1-2 所示。

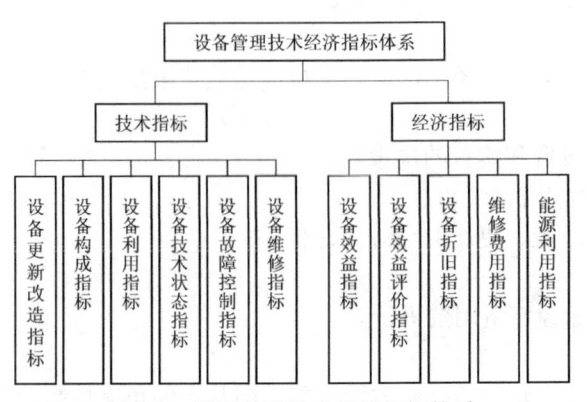

图 1-2 设备管理技术经济指标体系

4. 技术指标

1）设备更新改造指标

设备改造计划完成率为

$$设备改造计划完成率 = \frac{实际改造项数（或金额）}{计划改造项数（或金额）} \times 100\%$$

设备改造成功率为

$$设备改造成功率 = \frac{达到预期技术经济的项数（或金额）}{实际改造项数（或金额）} \times 100\%$$

设备更新计划完成率为

$$设备更新计划完成率 = \frac{设备资产形成率实际完成更新项数（或金额）}{计划完成更新项数（或金额）} \times 100\%$$

设备资产形成率为

$$设备资产形成率 = \frac{形成设备资产的台数}{计划投资设备数} \times 100\%$$

2）设备利用指标

设备制度台时利用率为

$$设备制度台时利用率 = \frac{设备实际开动台时}{设备制度工作台时} \times 100\%$$

设备闲置率为

$$设备闲置率 = \frac{年末设备原值}{年末全部设备原值} \times 100\%$$

3）设备技术状态指标

设备完好率为

$$设备完好率 = \frac{设备完好台数}{设备总台数} \times 100\%$$

设备精度指数为

$$T = \sqrt{\frac{\sum \left(\frac{T_p}{T_s}\right)^2}{n}}$$

式中　T_p——精度实测值；
　　　T_s——规定的允差值；
　　　n——测定项数。

设备工程能力指数为

$$c_{pm} = \frac{\delta}{8\sigma_m}$$

式中　δ——产品的技术要求；
　　　σ_m——设备质量分布标准差。

故障停机率为

$$故障停机率 = \frac{设备故障停机台时}{（设备实际开动台时 + 设备故障停机台时）} \times 100\%$$

事故率为

$$事故率 = \frac{设备事故次数}{实际开动的设备台数} \times 100\%$$

4）设备维修管理指标

设备修理计划完成率为

$$设备修理计划完成率 = \frac{实际完成修理台数}{计划完成修理台数} \times 100\%$$

定期检查（保养）计划完成率为

$$定期检查（保养）计划完成率 = \frac{实际完成检查（保养）台数}{计划完成检查（保养）台数} \times 100\%$$

设备维修保养优等率为

$$设备维修保养优等率 = \frac{维护优等的设备台数}{设备评定总台数} \times 100\%$$

设备大修（项修）返修率为

$$设备大修（项修）返修率 = \frac{大修（项修）返修台数}{大修（项修）总台数} \times 100\%$$

5. 经济指标

1）设备效益指标

设备资产保值增值率为

$$设备资产保值增值率 = \frac{年末设备净资产总净值}{年初设备净资产总净值} \times 100\%$$

设备净资产收益率为

$$设备净资产收益率 = \frac{设备年收益额}{企业设备总净值} \times 100\%$$

2）设备投资评价指标

设备（追加）投资利润率为

$$设备（追加）投资利润率 = \frac{设备年创利润额}{设备追加（投资）额} \times 100\%$$

3）设备折旧指标

设备新度系数为

$$设备新度系数 = \frac{年末企业设备净值}{年末企业设备原值}$$

4）维修费用指标

设备维修费用率为

$$设备维修费用率 = \frac{年度设备维修费用总额}{年度生产费用总额}$$

委外维修费用比为

$$委外维修费用比 = \frac{年度委外维修费用}{年度维修费用}$$

故障（事故）停机损失为

故障（事故）停机损失=故障（事故）修理费用+故障（事故）停产损失费用

备件资金周转率为

$$备件资金周转率 = \frac{年备件消耗总额}{年均库存总额} \times 100\%$$

5）能源利用指标

能源利用率为

$$能源利用率 = \frac{用能设备总有效使用量}{能源供给总量} \times 100\%$$

单位产值综合耗能为

单位产值综合耗能=综合耗能量/企业净产值（t/万元）

6. 选用指标

1）国家指标

根据《企业国有资产监督管理暂行条例》（2003年）、《中华人民共和国企业国有资产法》（2009年）的有关规定，主要考核指标是国有资产保值增值率，同时依法对国有资产流失、设备的安全、节能、环保等方面进行监督。

2）行业或主管部门选用指标

（1）设备利用率。

（2）主要生产设备完好率（大于90%），质控点设备、在用动能设备完好率（100%）。

（3）主要生产设备故障停机率（小于1%）。

（4）无特大、重大设备事故。

以上选用指标仅供参考。不同的设备系统应设置不同的考核体系，企业应根据具体情况进行分层、选择与设置，以方便检查与考核。

7. 设备管理技术经济指标评价

目前，由于变化因素较多，企业之间发展的不平衡，很难形成统一的设备管理技术经济指标体系及评价标准，这需要在实际工作中不断修订和完善，才能形成比较完整的指标体系，才能适合现代化设备管理的要求。下面仅就一些指标的设置做一简单分析与评价。

（1）国家除建立健全国有资产保值增值考核和责任追究制度外，还应该通过相应的法律、经济和行政手段对全社会的设备资源的有效利用和优化配置进行宏观调控和指导。培育和发展设备资源市场，制定技术装备政策，规定限期淘汰的设备和鼓励发展的设备，引导投资方向，促进技术装设素质和设备管理水平的提高。

（2）设备完好率作为设备技术状态的主要考核指标，目前企业可继续使用。但在具体操作中，应对完好标准的定性条款加以研究改进，力求减少主观因素的影响；或对指标的计算公式加以改进，确保指标的准确。建议有条件的企业，对质控点设备可考核设备工程能力指数（c_{pm}）。当$c_{pm} > 1$时，该设备满足产品工艺要求，其技术状态完好。

企业通过主要生产设备完好率、质控点设备工程能力指数和主要工程设备故障停机率3项指标的考核能保持设备的技术状态完好、高效运行。有条件的企业，建议用设备综合效率替代设备技术状态指标，设备综合效率综合分析设备的时间利用、性能发挥和产品质量情况，较全面、彻底地评价设备的技术状态。

（3）企业应重视设备净资产收益率的考核使用，促进企业设备管理以效益为中心。积极开拓市场，生产适销对路的产品，加强设备投资管理，优化企业资产组合，盘活闲置资产，充分挖掘企业现有资产组合，提高设备资产营运效益。通过指标的纵向比较，确定企业发展和资产经营的目标。

（4）为加大企业设备革新改造的力度，企业根据具体情况提高设备折旧率。在资金短缺的情况下，尤其应重视使用设备改造更新的成功率、设备投资利润率等指标，确保资金使用到位。

8. 设备综合效率

设备综合效率综合分析设备的时间利用、性能发挥和产品质量情况，较全面、彻底地评价设备的技术状态，反映设备的管理水平。提高设备综合效率，就是要充分利用和发挥企业现有设备的潜力，提高企业效益增加社会财富服务。一般设备综合效率以不小于80%为好，设备综合效率越大越好，表明设备的管理水平越高。

$$设备综合效率（OEE）=时间开动率×性能开动率×合格品率$$

其中：

$$时间开动率 = \frac{负荷时间 - 停机时间}{负荷时间}$$

$$性能开动率 = 净开动率 × 速度开动率$$

$$净开动率 = \frac{产量 × 实际加工节拍}{负荷时间 - 停机时间}$$

$$速度开动率 = \frac{理论加工节拍}{实际加工节拍}$$

$$合格品率 = \frac{合格品数}{投料数量}$$

设备综合效率与八大损失有关，其关系如图1-3所示。

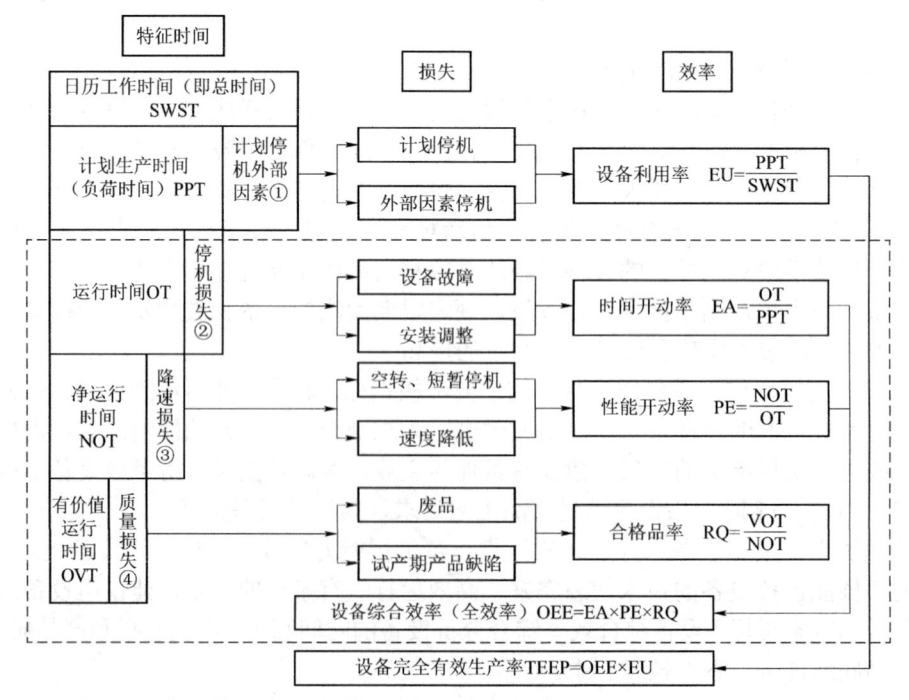

图1-3 综合效率与八大损失的关系

例如，某公司生产车间一台设备一天生产运行的数据如表 1-1 所示，试计算该设备的设备综合效率（OEE）。

表 1-1 一天生产运行的数据

1 天净工作时间 8 h	
1 天计划休息时间 20 min	其中班组早会及交班前 5S 10 min、休息 10 min
1 天停止时间 30 min	其中故障停止时间 20 min，准备调整 10 min
1 天总产量为 350 个	
1 天合格品数为 345 个	
计划加工节拍 1.1 min/个	
实际加工节拍 1.2 min/个	

根据公式，按以上数据计算：

时间开动率=（8×60−20−30）/（8×60−20）×100%≈95.5%

速度开动率=1.1/1.2×100%≈91.67%

净开动率=1.2×350/430×100%≈97.67%

性能开动率=97.67%×91.7%≈89.56%

合格品率=345/350×100%≈98.57%

设备综合效率 OEE=95.5%×89.53%×98.57%=84.28%

设备完全有效生产率 TEEP=（8×60−20）/（8×60）×84.28%=80.76%

9．国外设备管理介绍

1）日本全员生产维修

日本全员生产维修（Total Productive Maintenance，TPM）是日本从 20 世纪 50 年代起，在引进美国预防维修和生产维修体制的基础上，吸取了英国设备综合工程学的理论，并结合本国国情而逐步发展起来的。

（1）TPM 的含义。

日本设备工程协会对全员生产维修下的定义如下。

① 以提高设备综合效率为目标。

② 建立以设备一生为对象的生产维修系统，确保寿命周期内无公害、无污染、安全生产。

③ 涉及设备的规划、使用和维修等所有部门。

④ 从企业领导到生产一线工人全体参加。

⑤ 开展以小组为单位的自主活动推进生产维修。

全员生产维修追求的目标是"三全"，即全效率——把设备综合效率提高到最高；全系统——建立起从规划、设计、制造、安装、使用、维修、更新直至报废的设备一生为对象的预防维修（PM）系统，并建立有效的反馈系统；全员——凡涉及设备一生全过程的所有部门以及这些部门的有关人员，包括企业最高领导和第一线生产工人都要参加到 TPM 体系中来。

全员生产维修是日本式的设备综合工程学，其有自身的特点：① 重视人的作用，重视设备维修人员的培训教育以及多能工的培养；② 强调操作者自主维修，主要是由设备使用者自主维护设备，广泛开展5S（整理、整顿、清洁、清扫、素养）活动，通过小组自主管理，完成预定目标；③ 侧重生产现场的设备维修管理；④ 坚持预防为主，重视润滑工作，突出重点设备的维护和保养；⑤ 重视并广泛开展设备点检工作，从实际出发，开展计划修理工作；⑥ 开展设备的故障修理、计划修理工作；⑦ 讲究维修效果，重视老旧设备的改造；⑧ 确定。

自全员生产维修推广以来，发展迅速，效果显著。在日本，全员生产维修的普及率已到65%左右，使很多企业的设备维修费用降低50%、设备开动率提高50%左右，并在国际上的影响也逐渐扩大，已有10多个国家引进、研究TPM的管理。

（2）TPM的发展现状。

近年来，全员生产维修又有了新发展，主要包括以下几个方面。

① 更加重视操作者自主维修。

② 提高设备综合效率。

③ 推行质量维修。

④ 研发自制专业设备，推行设备一生管理。

⑤ 进一步发展维修业。

2）美国后勤工程学

自20世纪40年代起，美国就开始实施设备预防维修，为提高维修经济效益，20世纪50年代开始对维修方式进行研究，形成了生产维修体制，并提出了设备可靠性、维修性设计及寿命周期费用等基本思想。

后勤工程学是美国20世纪60年代在经典军事后勤学的基础上，汲取寿命周期费用、可靠性及维修性等现代理论而发展形成的。

后勤工程学是为满足某种特定的需要而设计、开发、供应和维修各种装备、设施或系统的全部管理过程，并研究系统或装备的功能需要与有效度、可靠性、寿命周期费用之间最佳平衡学科。

按照后勤工程学的基本思想，在设计制造设备（或系统）时，应同时考虑向设备的用户提供以下支持的问题。

① 提供操作、使用、管理方面的指导性文件。

② 提供设备维修保养措施。

③ 提供适时、方便的备品备件。

④ 为用户培训操作、维修、管理方面的人员。

⑤ 提供设备可靠性、维修性和服务年限的科学实验数据。

后勤工程学其研究的任务领域比英国设备工程学、日本的全员生产维修更广。后勤工程学主要是从系统（或设备）的设计制造出发，考虑到设计制造及其后的运行使用等各方面（即后勤支援）。设备综合工程学虽然仅对设备本身，但其管理涉及从设计制造到设备使用维修的全过程；全员生产维修则主动积极地进行设备的维修，从而提高生产效率。后勤工程学与设备综合工程学侧重管理理论的研究，注重整体的设备管理效益，全员生产维修是一种管理制度与方法，侧重企业生产维修为主体的微观管理，但是，这二者的目标是一致的，都是追求系统（或设备）的寿命周期费用最经济。

3）瑞典预防性维修体系

瑞典的设备预防性维修是从预防医疗的观点出发，对设备的异状进行早期诊断、早期治疗，以状态为基准安排各种方式的计划维修，以达到最高的设备可利用率和最低的维修费用。其维修体系的发展大约经历了事后维修、预防性维修和以状态为基准的预防性维修3个阶段。而预防性维修的组织体系主要是由社会化的维修中心和企业的维修体系两部分组成，如瑞典的依德哈马维修咨询公司（Idhammar Konsult）就是有影响的专业化维修企业，对瑞典的维修社会化和现代化企业发展起了很大的作用。

瑞典预防性维修理论的主要特点如下。

（1）重视设备可靠性的研究。设备的可靠性由功能可靠性、供应保证和设备维修性3个方面因素组成，并用设备可利用率 A 衡量设备可靠性，即

$$A = \frac{\text{MTBF}}{\text{MTBF} + \text{MDT}} = \frac{\text{MTBF}}{\text{MTBF} + \text{MWT} + \text{MTTR}}$$

式中　MTBF——平均间隔故障时间；
　　　MDT——平均停机时间；
　　　MWT——平均等待时间；
　　　MTTR——平均修理时间。

（2）重视设备寿命周期费用的研究。

① 瑞典设备维修保养协会伍尔曼教授对设备周期费用中各阶段费用做了分析研究,得出了其分布规律，如图1-4所示。图中曲线所包围的阴影面积即为寿命周期费用。

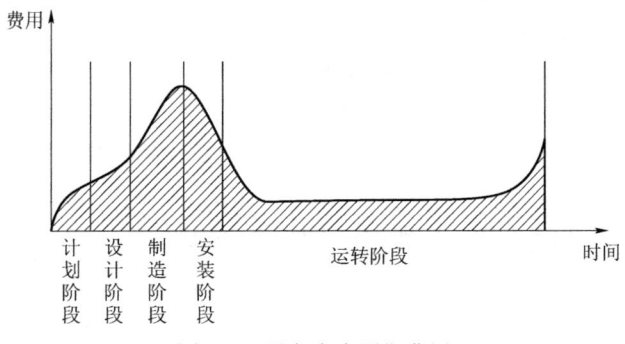

图1-4　设备寿命周期费用

② 瑞典维修专家克德斯特·依德哈马（Christer Idhammar）进一步论述了设备设置和使用两阶段对设备寿命周期费用影响的规律，如图1-5所示。如在设计阶段就考虑提高设备的可靠性和维修性，设备的寿命周期费用即按曲线 A 形式发展；反之，则按曲线 B 发展。如要延长设备的技术寿命，就需做各种维修保养、改装等，寿命周期费用就按曲线 C 发展。所以设备在规划设计时就必须考虑维修因素，以求得经济的寿命周期费用。

③ 开展维修人机工程学的研究。从人机工程学的角度,瑞典开展了对维修业的工作环境、工作条件、劳动强度、设备安装位置等的研究，为设备管理和维修开创了新路。目前，瑞典预防维修体系已进一步得到了发展和完善，并在世界几十个国家传播，产生了深远的影响并取得成效。

4）国外设备管理的发展

发达国家设备管理的发展中有代表性的是日本全员生产维修（TPM）和欧洲维修团体联盟对设备综合工程学的深化拓展。

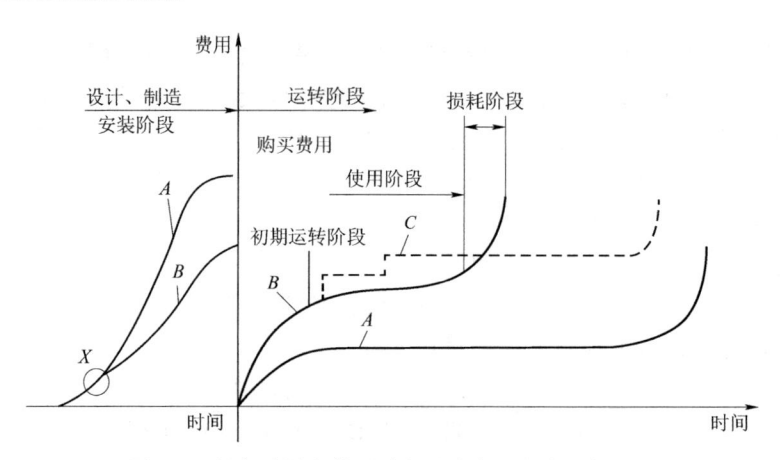

图 1-5　设备购置和使用阶段对寿命周期费用的影响

（1）全员生产维修（TPM）的发展。TPM 已在全世界范围内产生了较大的影响，TPM 已不仅仅是某种做法，而且逐渐变成了一种企业文化。目前，日本在原有 TPM 的基础上，又提出了更高的目标。

① 建立自身的企业文化。推行 TPM 的企业应通过减少 16 项损失，优化质量、成本和交货期来最大限度地满足客户要求。

② 推进预防哲学。从预防维修到改进维修，进一步到维修预防。按照"现场—实物"原则防止损失，达到损失为零。

③ 全体员工参与。各级员工组成小组，制定如零故障、零废品率的更高目标，参与解决问题，实现目标。人人参与管理，注重人的价值，满足个人成长需要。

④ 现场与实物。推动 TPM 的企业实行"现场—实物"落实到个人的检查方式，实行视野控制，创造良好的工作环境。

⑤ 实现 4S。GS——原来的 5S，即内部、现场的满意状态。CS——客户满意，即满足客户的不同要求，取得客户的信任，体现在：强化产品开发能力，减少开发时间；使小批量的产品生产具有较高的生产率；以高质量、低成本、短交货期满足顾客要求。ES——雇员满意，即人道、舒适、富裕、工作场所和生产线的改进，其体现在：工作环境的改善；工作内容和方法的改进；效率提高和激励，如培训教育、小组活动和采用合理化建议；劳动条件的改进，成就感和以人为中心的意识。SS——社会满意，即对地方社区的贡献，与地方社区的和谐相处和对环境的保护。显然，这些内容与设备有关，但又超出设备的局限，具有更高的层次、更深刻的意义。任何管理都是以一定的文化内涵为背景的，TPM 的文化内涵就是由不断地调动人的资源和潜力开始，提高团队的合作精神，以达到企业追求的最高目标。

（2）欧洲国家设备管理的发展。欧洲许多国家在设备综合工程学的基础上，开始重视和发展设备的维修工程，其维修观念、维修策略、管理方法有其独特之处。

① 国际维修界越来越重视世界级维修。正如设备生产的国际化一样，维修在世界范围内相互渗透，已失去明显的国界，社会化维修成为历史的必然。

② 维修管理以市场为导向，特别重视产品质量、成本和环境保护。许多企业把设备维修与市场经济紧密联系，因此设备维修受控于市场又服务于市场。尤其经济不景气时，各企业十分重视维修的灵活性，更新改造设备，提高装备素质，以提高产品质量，保护环境以适应市场。

③ 注重维修的经济有效性以降低产品成本。许多企业认真研究降低维修费用与经济效益的关系，注重保证设备的可靠性和可利用性，以保证企业整体经济效益的逐步提高，提出要适度降低维修费用，但不是一味地降低。如企业维修需要的人力资源，可利用计算机及维修管理软件进行控制，合理平衡，充分利用维修技术人员和工人的工时。

④ 以状态监测诊断技术为基础，推行预防预知维修。状态监测及诊断技术在欧洲企业应用较为普遍，实行预防、预知维修的方法是从设备设计制造时就要考虑设备的状态监测和可诊断性，为以设备状态为基础的维修提供条件。

⑤ 致力于计算机在维修管理上的应用研究，计算机发挥日益明显的作用。应用计算机进行机器状态的数据采集、处理，为维修提供决策信息，使维修管理更加科学化、现代化。研究维修管理控制和信息系统，开发适用于企业的维修管理模式，并研究可靠性理论、风险分析与故障模式。

⑥ 强调以可靠性为中心的维修管理，不断改革传统的维修观念和方法。维修要以可靠性为依据来决定维修的深度和需要更新的零部件，达到最经济维修的目的。瑞典提出了全寿命周期效益的概念（Life Cycle Profit，LCP），扩展了LCC（Life Cycle Cost）的概念，论证了设备投资、生产消耗、设备维修和故障停机与经济效益之间的关系。

⑦ 重视维修高技术的开发和应用。计算机辅助设备管理、计算机网络化的设备监测，表面工程技术如电弧喷涂、电刷镀技术以及远程诊断、多媒体技术、声发射技术在诊断中的应用，充分说明了高技术在维修工程中的应用日益突出。

⑧ 以教育为先导，重视维修管理、技术人才的培养。维修在欧洲的地位很高，许多著名大学设有研究维修工程的专业，培养包括博士生在内的高级技术人才，以适应未来维修的需要。

四、任务实施

按工作任务中给定的设备工作数据，计算该设备的综合效率。

五、思考与练习

（1）设备管理综合效率的作用是什么？

（2）请列出设备的八大损失。

（3）国外设备管理有哪些新趋势？

项目二　电气设备档案管理

档案作为一种信息资源，作为企业生产、技术、科研和经营等活动的真实记录和一项基础性工作，同时作为与企业同步发展的无形资产，在企业管理等各方面正积极地发挥应有的重要作用。规范化、科学化的档案管理，是企业必须做好的一项基础性工作，在企业发展的同时档案工作不被削弱，建立一套适应本公司业务特点、体现公司规范化、科学管理水平的档案体系，使得档案工作的发展不滞后于企业发展速度，它将为公司各项综合业务、研究工作的开展创造必要条件，对规避和抵御各种风险起到重要作用。

一、学习目标

（1）明确电气设备档案管理的含义。
（2）明确电气设备档案管理的内容。
（3）掌握电气设备档案管理的方法。

二、工作任务

（1）填写设备台账。
（2）填写设备技术档案。

三、知识准备

说明：本项目以某化工企业电气设备档案管理为例阐述电气设备档案管理的具体内容。当然不同的企业制定的电气设备管理办法和内容有所不同。

1. 术语和定义
1）设备档案与设备资料的含义和区分

设备技术档案是指在设备管理的全过程中形成，并经整理应归档保存的图纸、图表、文字说明、计算资料、照片、录像、录音带等科技文件与资料，通过不断收集、整理、鉴定等工作归档建立的设备档案。

设备资料是指设备选型安装、调试、使用、维护、修理和改造所需的产品样本、图纸、规程、技术标准、技术手册以及设备管理的法规、办法和工作制度等。

设备的档案和资料都是设备制造、使用、修理等项工作的一种信息方式，是管理和修理过程中不可缺少的基本资料。设备档案与资料的区别如下。

（1）档案具有专有的特征，资料具有通用的特征。
（2）档案是从实际工作中积累汇集形成的原始材料，具有丢失不可复得的特征；资料是经过加工、提炼形成的，往往是经正式颁布和出版发行的。设备档案也是一种资料，是特殊的资料。

设备档案与资料的管理是指设备档案与资料的收集整理、存放保管、供阅传递、修改更新等环节的管理。

2）电气设备技术档案

电气设备技术档案是指电气设备从规划、设计、制造（购置）、安装、调试、使用、维修改造、更新直至报废等全过程活动中形成并整理的应归档保存的图纸、图表、文字说明、计算资料、照片、录像、录音带等科技文件资料。它是企业技术档案的一部分。

3）电气设备技术台账

电气设备技术台账是正确反映、证明和保证检修过程质量状态的重要技术资料，是电气设备全寿命周期健康状况的完整记录和设备实施状态检修工作不可缺少的重要依据，是电气设备的综合技术资料。设备台账管理包括设备台账的记录形式、格式规范、具体内容和要求。设备台账分为台账和卡片两种形式。

4）主要电气设备

主要电气设备是指在生产中，直接影响生产过程进行，并决定生产能力的设备（在设备分类中的 A 类、B 类设备）。

5）一般电气设备

一般电气设备是指对生产能力、产品质量及安全生产影响不大的设备（在设备分类中的 C 类设备）。

2. 工作职责

1）使用部门工作职责

负责本部门的电气设备安装、调试、使用、维护、维修、改造、更新报废等环节所有技术资料的收集、整理、归档管理工作。

2）管理部门工作职责

（1）负责建立健全本部门全部电气设备档案资料、设备技术台账。主要设备应全部建立技术档案。一般设备应根据本部门生产工艺的重要程度而部分建立技术档案。

（2）负责按规定的时间填写电气设备报表上报上一级管理部门。

（3）负责制定本部门电气设备技术规程、管理工作程序、各级工作职责及相应的工作标准。

3）电气设备档案资料

下面以某化工股份有限公司为例，说明其电气设备档案资料内容及相关管理要求。

（1）电气设备档案资料内容。

其电气设备档案资料包括以下几项。

① "电气设备一览表"（A、B、C 类、汇总表）（图 1-6）。

② "电动机汇总表"（图 1-7）。

③ 电气设备安装使用说明书、合格证，试验、检验报告。

④ 电气设备图纸、图表、文字说明、计算资料、照片、录像、录音带等。

⑤ 电气设备安装、调试记录、竣工验收资料。

⑥ 设备操作规程、维护检修规程、安全技术规程。

⑦ 电气设备技术档案（合订本）。

a. 封面（公司标识 "××化工股份有限公司"、记录发布编号、设备名称、设备编号、图纸编号、资产编号、所属单位、建档日期）（图 1-8）。

b. 设备技术档案的装订说明。

ⅰ. 顺序为：设备卡片、主要零部件、主要（重点）设备动静密封统计表、运行台时记录、检修记录、设备故障记录、设备事故记录、设备润滑记录。

ⅱ. 本标准中 JY0047.6—2003、JY0047.7—2003、JY0047.8—2003、JY0047.9—2003 可根据实际需要增减页数，并填写页码。

ⅲ. JY0047.1—2003 主要规格性能参数栏和配套设备性能参数栏内容较多填写不下时，可另附于此页之后。

c."设备卡片（技术特性表）"（图 1-9）。

d."主要零部件"（图 1-10）。

e."主要（重点）设备动静密封点统计表"，"泄漏部位难点登记表"（图 1-11）。

f."运行台时记录"（图 1-12）。

g."检修记录"（包括检验、试验及技术鉴定记录）（图 1-13）。

h."设备故障记录"（图 1-14）。

i."设备事故记录"（包括设备缺陷记录）（图 1-15）。

j."设备润滑记录"（图 1-16）。

⑧ 设备履历卡片（合订本）。

a. 封面（硬皮，内容有：公司标识"××化工股份有限公司"、记录发布编号和"设备履历卡片"字样）（图 1-17）。

b. 设备卡片目录（图 1-18）。

c."设备卡片"（图 1-19）。

d."检修（大、中修）记录"（图 1-20）。

⑨ 固定资产清册（账卡）（由财务部统一制表）。

⑩ 设备技术台账。

a."电气设备技术状况表"（图 1-21）。

b."设备经济考核月报表"（图 1-22）。

c."设备经济考核季报表"（图 1-23）。

d."不完好设备登记表"（图 1-24）。

e."主要生产设备运转率报表"（图 1-25）。

f."主要电气设备技术革新成果记录表"（图 1-26）。

g."变电室高压设备安全巡检表"（图 1-27）。

（2）设备技术档案及设备履历卡片的填写要求。

使用部门在建立设备技术档案及设备履历卡片时，应按设备技术档案和设备履历卡片表格的内容逐项填写完整。

（3）检修记录的填写要求。

① 检修时间，修理类别（小修、中修、大修）。

② 检修内容（包括检验内容）、项目、原因及发现的问题，修理或更换零部件名称、数量、修理或检验的技术数据等，记录的文字要明确、简要。

③ 主要设备的检修还应包括竣工验收记录。

④ 设备履历卡检修记录的填写，如是主要设备的，填写修理类别及时间即可，如是一般设备的，参照本标准条款的要求进行填写。

（4）设备报表填写上报。

① 每月 3 日前，把下列月度设备报表上报公司机械动力部。

a. 设备技术状况表。

b. 设备经济考核月报表。

c. 不完好设备登记表。

d. 变电室高压设备安全巡检表。

② 每季度第一个月 6 日前，把下列季度设备报表上报公司机械动力部。

a. 主要生产设备运转率报表。

b. 设备经济考核季报表。

③ 每年大检修后一个月内把下列设备档案资料上报公司机械动力部。

a. 电气设备一览表（A、B、C 类、汇总表）。

b. 电动机汇总表。

c. 主要电气设备技术革新成果记录表。

（5）图纸资料的管理。

① 凡外购设备的随机图纸、资料及向外单位索取的主要图纸资料，由档案室统一保管，使用部门使用的应是复制件。

② 设备底图由档案室存放保管，使用部门需用时，要提出申请，并按 Q/NHGF G13 014 的规定审批，档案室按申请审批数量复制。

③ 修改底图时，应通过原设计人员同意或主管领导批准后，方可修改，具体按 Q/NHGF G13 014 的相关规定执行。

④ 工程项目投产后，竣工图、安装试车记录、设备使用说明书、质量合格证、隐蔽工程、试验记录等技术文件，由档案室保管，使用部门保存复制件。机械动力部保存主要设备、特种设备、锅炉、压力容器相关技术文件复制件。

⑤ 公司内部设备搬迁、调拨时，其档案应随设备调出。设备报废后档案资料的处理，按 Q/NHGF G13 014 的相关规定执行。

⑥ 设备技术基础资料，各部门应设专人负责管理，人员变更时，各部门的主管领导应认真组织按项进行交接清楚。设备技术资料应当齐全、完整、清洁、规格化，并及时整理、填写归档、装订成册。

⑦ 图纸资料借阅管理。

a. 资料管理员认真按"设备档案借阅登记表"（表 1-2）填写各项。

b. 借阅人在"设备档案借阅登记表"签字栏签字。

c. 绝密文件资料借阅，资料管理员需报请设备管理部门负责人批准后方可借阅。

d. 资料借阅时间规定为 10 天内，借阅期满，资料管理员应催收。需继续借阅者，应办顺延手续，该归还不归还或遗失、损失者，由设备管理部按其损失做估价赔偿。

e. 非公司人员不得借阅公司的设备档案资料。为本公司服务的人员，经设备部允许，可在资料室查阅有关的档案资料，但不得将档案资料带出资料室。外单位人员因工作需要，需将档案资料带出资料室时，应经公司领导批准。

f. 原图原件或无备件的技术档案资料一律不得外借，只能在资料室查阅。

g. 本单位人员调出我公司或办理离、退休手续前，有借阅设备档案资料未归还者，须到资料室办理归还手续；否则，办公室不得办理调动或退休手续。

h. 借阅资料应填写登记表。

表1–2 设备档案借阅登记表

借阅日期	借阅人姓名	部门	批准人	设备档案名称	页数	密级	归还日期	归还状况	收档人	借阅人签名

四、任务实施

任务1 填写设备台账

实施步骤如下。

（1）实训基地实地考察35 kV、10 kV变压器。

（2）根据考察结果填写表1–3所示的设备台账，即"_____公司设备台账明细表"。

表1–3 _____公司设备台账明细表

序号	设备名称	规格型号	设备编号	制造厂家	安装时间	验收时间	额定功率/kW	使用工序	维护责任人	设备等级	设备状态
1											
2											
3											
4											
5											
6											
7											
8											
9											
10											
11											
12											

任务 2　填写设备技术档案

实施步骤如下。

（1）仿照图 1-9，自制技术性能表。

（2）实训基地实地考察 35 kV、10 kV 变压器。

（3）根据考察结果填写上述变压器技术档案［设备卡片（技术性能表）］。

五、考核评价

考核评价表见表 1-4。

表 1-4　项目实施考核评分表

考核项目	考核内容及要求	分值	学生自评（A）	小组评分（B）	教师评分（C）	实得分（A×20%+B×30%+C×50%）
方法确定计划安排	方案的合理性和可行性	5				
	计划安排得周密性	5				
项目完成情况	根据各项目学习情况进行考核	50				
职业素养	遵守纪律	5				
	安全操作	3				
	正确使用工具	2				
完成时间	方案确定、计划安排	2				
	仪表选型、安装	2				
	系统调试	1				
团队合作	沟通能力	4				
	协调能力	3				
	组织能力	3				
其他项目	课堂提问	5				
	作业	10				
总　分		100				

六、思考与练习

（1）电气设备档案管理包括哪些文件资料？

（2）电气设备档案管理中资料借阅有哪些规定？

七、档案表格格式目录

（1）图 1–6 所列为设备一览表格式。
（2）图 1–7 所列为电动机汇总表格式。
（3）图 1–8 所列为设备技术档案封面格式。
（4）图 1–9 所列为设备卡片（技术性能表）格式。
（5）图 1–10 所列为主要零部件表格式。
（6）图 1–11 所列为主要（重点）电气设备动静密封点统计表、泄漏部位难点登记表格式。
（7）图 1–12 所列为运行台时记录表格式。
（8）图 1–13 所列为检修记录表格式。
（9）图 1–14 所列为设备故障记录格式。
（10）图 1–15 所列为设备事故记录表格式。
（11）图 1–16 所列为设备润滑记录表格式。
（12）图 1–17 所列为设备履历卡片封面格式。
（13）图 1–18 所列为设备卡片目录格式。
（14）图 1–19 所列为设备卡片格式。
（15）图 1–20 所列为检修（大、中修）记录格式。
（16）图 1–21 所列为设备技术状况表格式。
（17）图 1–22 所列为设备经济考核月报表格式。
（18）图 1–23 所列为设备经济考核季度报表格式。
（19）图 1–24 所列为不完好设备登记表格式。
（20）图 1–25 所列为主要生产设备运转率报表。
（21）图 1–26 所列为主要设备技术革新成果记录表格式。
（22）图 1–27 所列为××化工厂南变电室高压设备安全巡检记录表格式。
（23）图 1–28 所列为配电室巡回检查及异常项目处理记录。

××股份有限公司

电气设备一览表
（　　类）

№

单位：　　　　　　　　　　　　　　　　　　　　　　　　　　年　月　日

序号	设备编号	设备名称	型号及规格	材质	图号	台数	制造厂	投产日期	设备原值/元		设备重量/t		备注
									单价	合计	单重	总重	

填表人：　　　　　　　　　　　主管领导：

图1-6　电气设备一览表格式

××股份有限公司

电动机汇总表

№

单位：　　　　　　　　　　　　　　　　　　　　　　　　　　年　月　日

序号	电动机型号	功率/kW	数量/台	备注

填表人：　　　　　　　　　　　主管领导：

图1-7　电动机汇总表格式

JY0047—2003

××化工股份有限公司

设 备 技 术 档 案

设备名称：_____

设备编号：_____

图纸编号：_____

资产编号：_____

所属单位：_____

建档日期：　　　年　　月　　日

图1-8　设备技术档案封面格式

××股份有限公司			
设备卡片（技术性能表）			
JY0047.1—2003			
			№
设备名称		制造日期	
型号规格		投产日期	
设备材质		购置价格	
制造厂名		使用年限	
出厂编号		设备重量	
技术特性			
主轴转速		工作压力	
主轴功率		传动连接方式	
轴承型号		润滑油（脂）牌号	
轴承许用温度		润滑方式	
工作介质		工作温度	
主要规格性能参数			
配套设备性能参数			

图1-9 设备卡片（技术性能表）格式

××化工股份有限公司							
主要零部件							
JY0047.2—2003							
						№	
序号	名称	数量	规格型号	图号	加工所耗用材料（毛重）		
					名称规格	单位	数量
1							
2							
3							
4							
5							
6							
7							
8							
9							
10							
11							

图1-10 主要零部件表格式

××股份有限公司

主要（重点）设备动静密封点统计表

JY0047.3—2003

年　月　日

						设备本体管件数量/个											
接合面	截止阀	闸阀	旋塞	安全阀	法兰（对）	活接头	丝扣接头	丝扣弯头	丝扣三通	丝堵	液面计	温度计	压力表	盲板	其他	动密封点	静密封点	合计	备注

泄漏部位难点登记表

JY0047.4—2003

泄漏难点部位	泄漏时间	消除时间	密封材料	检修人

图 1-11　主要（重点）设备动静密封点统计表、泄漏部位难点登记表格式

××化工股份有限公司							
运行台时记录							
JY0047.5—2003							№
年份：				年份：			
月份	运行/h	检修/h	备用/h	月份	运行/h	检修/h	备用/h
1				1			
2				2			
3				3			
4				4			
5				5			
6				6			
7				7			
8				8			
9				9			
10				10			
11				11			
12				12			
合计				合计			
年份：				年份：			
月份	运行/h	检修/h	备用/h	月份	运行/h	检修/h	备用/h
1				1			
2				2			
3				3			
4				4			
5				5			
6				6			
7				7			
8				8			
9				9			
10				10			
11				11			
12				12			
合计				合计			

图1-12 运行台时记录表格式

××化工股份有限公司

检修记录

JY0047.6—2003

№

日期	主要检修内容及数据	检修人

机械员：

图 1-13 检修记录表格式

××股份有限公司

设备故障记录

JY0047.7—2003

№

故障发生时间	故障缺陷情况	处理时间及结果

图 1-14 设备故障记录格式

××化工股份有限公司	
设备事故记录 JY0047.8—2003 №	
发生日期	事故经过及原因分析

图 1-15 设备事故记录表格式

××化工股份有限公司					
设备润滑记录					
JY0047.9—2002					
					№
设备名称		规格型号		规定用油名称及牌号	
换油周期		加油量/kg		规定代用油名称及牌号	
标准耗油量/(g/h)		实际耗油量/(g/h)		现用油名称及牌号	
时间	更 换 润 滑 记 录				润滑脂牌号
注：此表用于动设备。					

图1-16　设备润滑记录表格式

```
JY0128—2003



              ××化工股份有限公司


             设 备 履 历 卡 片
```

图1-17 设备履历卡片封面格式

```
××化工股份有限公司

                    设备卡片目录

JY0128.1—2003
                                                      №
```

序号	设备编号	设备名称	型号规格	图号	页次	备注

图1-18 设备卡片目录格式

××化工股份有限公司			
设备卡片			
JY0128.2—2003			No
单位：	车间：		设备编号：

设备名称		主要规格性能参数
型号		
材质		
设备原值		静密封点数： 动密封点数：
制造厂名		
出厂日期		
出厂编号		配套设备规格
操作压力		
操作温度		
使用介质		
投产日期		
使用年限		

图 1-19　设备卡片格式

××化工股份有限公司		
检修（大、中修）记录		
JY0129—2003		No
日期	修理情况	记录人

图 1-20　检修（大、中修）记录格式

××化工股份有限公司

_____年___月电气设备技术状况表

JT023—2003

№

单位名称:										报出日期:		年　月　日	
序号	设备名称	设备状况			静密封点泄漏情况			动密封点泄漏情况			岗位数	完好岗位数	完好岗位率/%
		总台数	完好台数	完好率/%	静密封点数	泄漏点数	泄漏率/‰	动密封点数	泄漏点数	泄漏率/‰			
	全部设备												
	主要设备				本月不完好设备主要缺陷								
											本月工作小结		

电气员：　　　　　　　　　　　　主管领导：

图 1-21　电气设备技术状况表格式

××化工股份有限公司

_____年___月设备经济考核月报表

JT024—2003

№

		年　月　日						
序号	产品名称	万元固定资产利润率 = $\dfrac{\text{利润总额（万元）}}{\text{固定资产总额（万元）}} \times 100\%$			单位产品维修费 = $\dfrac{\text{大中小修费用（元）}}{\text{产品产量（t）}}$			
		利润/万元	固定资产/万元	利润率/%	产量/t	大中小修费/元	维修费/(元/t)	
合　计								

设备事故损失率 = $\dfrac{\text{事故损失（万元）}}{\text{产值（万元）}} \times 100\%$ = _____ × 100% = _____%

注：① 大修费由生产部每月 6 日前提供给厂；② 此表各厂于每月 3 日前交生产部。

电气员：　　　　　　　　　　　　　　　　　　　　　　　　　　主管领导：

图1-22　设备经济考核月报表格式

××化工股份有限公司		
_____年设备经济考核____季报表		
JT025—2003		
		№
		年　　月　　日

1. 装置开工率 = $\dfrac{\text{实际开工小时}}{\text{日历小时}} \times 100\%$ = —————— ×100% = ————%

2. 装置负荷率 = $\dfrac{\text{实际生产能力（h）}}{\text{设计（或核定）生产能力（h）}} \times 100\%$ = —————— ×100% = ————%

3. 主要生产设备利用率 = $\dfrac{\text{实际工作时间（子项）（h）}}{\text{设备制度工作时间（母项）（h）}} \times 100\%$ = —————— ×100% = ————%

4. 主要设备可利用率 = $\dfrac{\text{制度工作台时} - \text{设备修理停用台时（子项）}}{\text{制度工作台时（母项）}} \times 100\%$ = —————— ×100% = ————%

5. 万元产值设备维修费用率 = $\dfrac{\text{季度设备维修费用} + \text{季度设备大修费用（子项）（万元）}}{\text{季度产值总和（母项）（万元）}} \times 100\%$ = ————%

6. 万元固定资产维修率 = $\dfrac{\text{大中小修金额（万元）}}{\text{固定资产现值（万元）}} \times 100\%$ = —————— ×100% = ————%

7. 设备故障率 = $\dfrac{\text{设备故障停机台时（子项）（小时）}}{\text{设备实际开动台时} + \text{设备故障停机台时（母项）（h）}} \times 100\%$ = ————%

注　1. 故障停机台时包括事故停机台时。
　　2. 大修费由财务部提供。
　　3. 此表每季第一个月 6 日前交生产部。

电气员：　　　　　　　　　　　　　　　　　　　　　主管领导：

图 1-23　设备经济考核季度报表格式

××股份有限公司								
____年__月不完好设备登记表								
JY0131—2003							№	
单位：				填报时间：			年 月	日
工段	设备名称	台数	要停车检修	平时可检修	不完好设备和缺陷	列出计划何时修好	备注	注：随每月设备状态表上进行评分。
电气员：						主管领导：		

图 1-24 不完好设备登记表格式

××股份有限公司

_____年____季主要生产设备运转率报表

JT027—2003

№

单位：																年　　月　　日　　第　　页		
序号	设备名称	月份					月份					月份					（运转小时数÷日历小时数）×100%=设备运转率/%		
		运行	本月停运小时数				运行	本月停运小时数				运行	本月停运小时数				本季运转小时数	日历小时数	运转率/%
			检修	备用	故障	其他		检修	备用	故障	其他		检修	备用	故障	其他			
合计																			

注：此表每季第一个月 6 日前交生产部。故障停运时间是指设备损坏或发现损坏隐患，需停车处理的时间。在报表中，停车时间分成 4 项进行统计，具体请看化工设备管理统计指标计算方法及管理方法。

电气员：　　　　　　　　　　　　　　　　　　　　　　　　　　主管领导：

图 1–25　主要生产设备运转率报表

××股份有限公司						
主要电气设备技术革新成果记录表						
JY0133—2003						№
项目部门		改造建议人		批准部门		
设备名称		完成时间		鉴定部门		
改造部位						
革新改造记录（结构、形式、尺寸、材料等）	改造前					
	改造后					
	技术经济效果					
	主要完成人					
注	1. 经鉴定后，由项目部门一式两份，一份自存，另一份送生产管理部。 2. 表内填写不完可另附页。 3. 填写完毕后加盖单位公章。					

图 1-26 主要电气设备技术革新成果记录表格式

××股份有限公司

××化工厂变电室高压设备安全巡检记录表

JY0187—2003

№

时间	35 kV 高压开关柜													10 kV 高压开关柜				
	351 出线柜（1号主变）								352 P.T、避雷柜					932 P.T、避雷柜				
	分合指示	微机指示	声音	是否加热	是否储能	电流	有功读数	无功读数	避雷器动作数	A相电压	B相电压	C相电压	线电压	消谐装置	声音	信号继电器	声音	A相电压	B相电压	C相电压	线电压

时间	10 kV 高压开关柜																	说明：
	933 总进线柜						934 出线柜（1号变）							935 出线柜（2号变）						
	分合指示	微机指示	声音	是否储能	是否加热	电流	分合指示	信号继电器	声音	是否储能	是否加热	电流	分合指示	信号继电器	声音	是否储能	是否加热	电流	1. 巡检每天一次，设备正常的打"√"，异常的打"△"。 2. 异常情况应及时处理，不能处理的应及时报告生产管理部。

时间	控制室												高压室门窗是否关好	异常情况记录：
	交流屏	直流屏							中信屏					
	各空开接头	充电机电压	微机控制单元	控制电压	充放电电流	控母电流	合闸电压	正负对地绝缘	信号继电器	屏顶空开接头	预告信号	监察灯亮否		巡检人： 　　年　月　日

图 1-27　××化工厂变电室高压设备安全巡检记录表格式

××股份有限公司	配电室巡回检查及异常项目处理记录			
JY0170—2003				№
配电室名称：		检查时间：	年 月 日	

1	绝缘体是否有裂纹及放电现象（或放电痕迹）	
2	是否有异常的响声和异味	
3	母线及开关各连接处有无过热现象	
4	充油设备有无渗漏，油位、油色是否正常	
5	接触器及刀开关的消弧罩有无破损或脱落	
6	仪表、继电器运行是否正常	
7	分合闸指示是否正常	
8	每一回路是否有用电设备标识，是否与实际相符	
9	绝缘部分是否有积尘及污物	
10	电热管是否按要求投退	
11	门窗有无破损，屋顶是否有漏雨	
12	防止小动物进入的措施是否完好	
13	电缆沟有无积水、杂物	
14	安全用具及消防器材是否齐备	
15	照明是否完好	
16	室内是否清洁卫生	
17	其他异常情况	

检查人员（签字）：

异 常 项 目 处 理			
项目名称	处理结果	处理人员	处理日期

——检查周期：a. 无人值班高压配电室每天一次；
     b. 无人值班低压配电室每周一次。

图 1-28 配电室巡回检查及异常项目处理记录

项目三　电气设备安全管理

电气设备安全直接关系到企业的正常生产。如电气设备存在安全问题，不仅会造成触电、火灾等危险事故，甚至有可能导致爆炸等重大安全事故的出现。因此，电气设备的安全可靠，对于减少企业触电、火灾、爆炸等事故发生，确保员工在生产过程中的安全具有重要的意义。

一、学习目标

（1）明确电气设备安全管理的意义和作用。
（2）掌握电气设备防雷接地安装方法。
（3）掌握电气设备维修、维护安全操作规程的编写技能。

二、工作任务

（1）编写低压电机安全维护规程。
（2）制定电力变压器的接地方案并实施。

三、知识准备

1. 电气设备管理的目的和意义

目前中国制造已享誉全球，但一些企业的安全状况令人担忧，事故频发会给遇难者家庭造成了深重的灾难，给企业和国家造成重大的经济损失。其中，电气设备的安全管理存在很多问题，给企业和职工造成了人身伤害和经济损失。要使企业良性运转，提高经济效益必须加强电气设备的安全管理，这样才能使企业降低成本，提高电气设备的使用效率，创造出更好的经济效益，使企业在激烈的市场竞争中立于不败之地。

电气设备安全管理的主要目的：一是保障电气设备正常、可靠运行；二是避免人身伤亡事故和设备事故发生。电气设备安全管理是一个系统工程，它贯穿于电气设备的采购、安装、使用、维修的全过程，要避免电气设备安全事故发生，在采购时就必须对电气设备的先进性、经济性、安全性进行周密的论证；其次是在安装过程中，严格遵守安全操作规程，严格把关，监督到位；再次是对设备操作人员进行安全教育，技术培训，使操作人员熟练掌握操作技术，强化安全意识；最后对电气设备定期检查，视情维护，保证电气设备安全零事故零故障运转。

2. 电气设备安全事故易发生的原因分析

进行故障原因分析时，对故障原因种类的划分应有统一原则，要结合本系统（或本企业）拥有的设备种类和故障管理的实际需要。分得过粗或过细，都不利于管理工作，其准则应是根据所划分的故障原因种类，能较容易地看出每种故障的主要原因或存在的问题。下面有针对性地剖析一下企业电气设备事故的原因。

1）设备陈旧老化

少数企业只重眼前利益，轻视企业长远可持续发展。造成企业只重短平快的经济效益，而不重视新设备的可持续发展。这样一来，企业的电气设备就得不到及时的更新，所以超期服役成了普遍现象，这样更使得企业设备相对落后，进而安全事故频发，同时也使设备的维修难度加大、使用成本提高。

2）电气设备与生产环境不相适应

我国的电气设备很多是从国外进口的，企业使用后，必须与企业的具体条件相适应才能安全使用，但由于国外的设备对我国具体的企业生产环境针对性不强，所以往往会出现不匹配、不完善的地方。这样就对设备操作人员提出了较高的要求，只有依靠熟练的操作技术，才能弥补不足，安全地使设备度过磨合期。

3）专业技术人员短缺造成设备检修不到位

企业设备已逐步由机械化向自动化转变，由于计算机的飞速发展，企业的自动化程度越来越高，大大提高了企业的生产效率，但同时也对企业的技术人员提出了更高的要求，少数企业对技术人员的培养、培训投入不到位，技术人员没能及时掌握新技术，造成企业自动化设备的检修不到位、不全面、不仔细，造成设备长时间运转和误操作时有发生，给生产带来了重大的安全隐患。

4）设备配件质量不过关

少数配件企业管理松散，标准规格不统一，零配件通用性差，对配件材料的材质把关不严，对生产配件的工艺要求不精，造成了配件质量难以得到保证，这样的配件使用起来安全隐患严重，增加了事故的发生率。

3. 电气设备安全管理措施

1）领导重视，对全员强化安全意识

少数企业的安全意识、环保意识同国外先进企业相比差距很大，往往是落实在嘴上，没有真抓实干，出了事故才追悔莫及。所以企业的领导，要把安全意识放到企业的经济效益之上，制定严格的、规范的、可操作性强的安全规章制度，健全组织，强化监督，真正使安全规章制度落实到位。同时，对全体职工进行安全教育，使安全生产这根弦植入到职工的脑海之中。

2）制定安全隐患防范治理措施

重视和加强生产矿区的日常巡检、维修和检查工作，加强对电气设备的日常巡检工作，定期对设备进行测试，对有问题或技术指标达不到标准的设备要及时更换，做到问题早发现早解决，将事故隐患和苗头消灭在萌芽状态；安全监控系统的人员应该具备以下几个特点：政治立场坚定，安全意识强，专业技术知识过硬，安全监控人员应单独培训、选拔，并受专门的安全监察部门监督，对工作职责进行监督、检查，做到发现隐患及时反馈，立即采取有效的防范、处理措施。提高广大从业人员对作业安全的认识，确保工作人员学会电气设备的正确使用方法和保护措施。以人为本的安全管理，重点要落实到工作人员的安全意识上来。

3）加强企业技术创新，提高设备的生产效率和安全系数

针对国外进口设备与我国矿山企业具体施工环境不相匹配的问题，应当投入技术人员和资金进行创新，使之与我国企业生产环境相适应，同时必须强化安全指标，根据我国企业的

具体情况，进行创新开发，提高其设备的安全性。

4）严把配件采购关，确保配件质量

大的环境一个企业无法左右，但是作为一个负责任的企业，一定要确保配件的质量，这样才能确保电气设备安全运行，降低事故风险，虽然这样增大了企业的维修成本，但却保证了设备的安全运行，同时也是对知识产权的有力保护，也能促进国内的配件企业加强质量关，促使其快速成长。

4. 电气工作人员的培训与考核

在企业电气设备安全管理中，除了需要有规范的规章制度和先进的防护工具之外，人在安全管理中也起着关键的作用。电气设备事故中，往往人为的因素是主要的。所以电气工作人员上岗前必须经过培训，考核合格才能上岗。国家对电气工作人员的培训考核规定如下。

（1）对电气工作人员应定期进行安全技术培训、考核。各级电工必须达到国家颁发的各专业电工技术等级标准和相应的安全技术水平，凭操作证操作。严禁无证操作或酒后操作。

（2）新从事电气工作的工人、工程技术人员和管理人员都必须进行三级安全教育和电气安全技术培训，实习或学徒期满，经考试合格发给操作证后才能操作。新上岗位和变换工种的工人不能担任主值班或其他电气工作的主操作人。

（3）供电系统的主管领导、工程技术人员、变配电所（站、室）的负责人、值班长、检修和试验班组长应按时参加当地业务主管部门的安全培训和考核。

5. 停送电管理

企业用电应加强管理，停送电都应有相关规定，一般而言应符合下面几点。

（1）停送电联系应指定专人进行。非指定人员要求停送电时，值班人员有权不予办理。联系的方法采用工作票、停送电申请单、停送电联系单或电话联系等。

（2）停送电联系的时间、内容、联系人、审批人等项目应在上述停送电凭证内写明。严禁采取约时或其他不安全的方式联系停送电。

（3）在办完送电手续后，严禁再在该电气装置或线路上进行任何工作。

（4）用电话联系停送电时，值班员应将联系人的要求记入操作记录本，并重述一遍，准确无误后才能操作。双方对话应予录音，录音文件至少保存一周。若发生事故时，录音文件应保存至事故结案。

（5）执行工作票进行检修、预试工作时，工作负责人应按操作规程规定办理工作许可、工作延期、工作终结手续。

（6）遇有人身触电危险的情况，值班员可不经上级批准先行拉开有关线路或设备的电源开关，但事后必须立即向上级报告，并将详细情况记录在值班日志上。

（7）与地区供电部门的停送电联系，按当地供电部门规定执行。

6. 临时用电安全管理

因工作需要架设临时线路时，应由使用部门填写"临时线路安装申请单"，经动力、安全技术部门批准后方可架设。

（1）临时线路使用期限一般为15天，特殊情况下需延长使用时间时应办理延期手续，但最长不得超过1个月。

（2）电气工作人员校验电气设备需使用临时线路时，时间不超过一个工作日者可办理临时线路手续，但在工作完毕后立即由安装人员负责拆除。

（3）架设临时线路的一般安全要求如下。

① 临时线路必须采用绝缘良好的导线，其截面应能满足用电负荷和机械强度的需要。应用电杆或沿墙用合格瓷瓶固定架设，导线距地面的高度室内应不低于 2.5 m，室外不低于 4.5 m，与道路交叉跨越时不低于 6 m。严禁在各种支架、管线或树木上挂线。

② 全部临时线路必须有一个能带负荷拉闸的总开关控制，每一分路应装保护设施。装在户外的开关、熔断器等电气设备应有防雨设施。

③ 所有电气设备的金属外壳和支架必须有良好的接地（或接零）线。

④ 临时线路必须放在地面上的部分，应采取可靠的保护措施。临时线路与建筑物、树木、设备、管线间的距离应不小于《机械工厂电力设计规程》（JBJ 6—80）规定的数值。潮湿、污秽场所的临时线路应采取特殊的安全保护措施。

⑤ 严禁在有爆炸和火灾危险的场所架设临时线路。

7. 电气设备接地、过电压保护与防雷装置管理

企业电气设备使用时须做好接地、防雷及过压保护措施。

（1）接地装置的设计应按《交流电气装置的接地设计规范》（GB/T 50065—2011）和《机械工厂电力设计规程》（JBJ 6—1996）执行。

（2）电气装置的保护性或功能性接地装置可以采用共同的或分开的接地。

（3）接地装置的设计必须符合下列要求。

① 接地电阻值应符合电气装置保护和功能上的要求，并长期有效。

② 能承受接地故障电流和对地泄漏电流而无危险。

③ 有足够的机械强度或有附加的保护，以防外界影响而造成损坏。

④ 变配电所的接地装置应尽量降低接触电压和跨步电压。

⑤ 严禁用易燃易爆气体、液体、蒸汽的金属管道做接地线；不得用蛇皮管、管道保温用的金属网或外皮做接地线。

⑥ 每台电气设备的接地线应与接地干线可靠连接，不得在一根接地线中串接几个需要接地的部分。

⑦ 在进行检修、试验工作需挂临时接地线的地点，接地干线上应有接地螺栓。

⑧ 明设的接地线表面应涂黑漆。在接地线引入建筑物内的入口处和备用接地螺栓处，应标以接地符号。

⑨ 保护用接地、接零线上不能装设开关、熔断器及其他断开点。

（4）不同用途和不同电压的电气设备，除另有规定者外，可使用一个总接地体，但接地电阻应符合其中最小值的要求。

（5）在中性点直接接地的低压电力网中，电气设备的金属外壳应采用接零保护。在中性点非直接接地的低压电力网中，电气设备的金属外壳应采用接地保护。

（6）由同一台发电机、同一台变压器或同一段母线供电的低压电力网上的用电设备只能采用一种接地方式。

（7）下列电气设备的金属部分，除另有规定者外，均应接地或接零。

① 电机、变压器、开关设备、照明器具和其他电气设备的底座或外壳。

② 电气设备及其相连的传动装置。

③ 配电柜与控制屏的框架。

④ 互感器的二次绕组。

⑤ 室内外配电装置的金属构架，钢筋混凝土构架的钢筋，以及靠近带电部分的金属围栏和金属门。

⑥ 电缆的金属外皮，电力电缆的接线盒与终端盒的外壳，电气线路的金属保护管，敷线的钢索及电动起重机不带电的轨道。

⑦ 装有避雷线的电力线路杆塔。

⑧ 在非沥青地面的厂区，居民区无避雷的小接地短路电流系统架空电力线路的金属杆塔。

⑨ 安装在电力线路杆塔上的开关、电容器等电力设备的金属外壳及支架。

⑩ 铠装控制电缆的外皮，非铠装或非金属护套电缆的 1~2 根屏蔽芯线。

（8）接地装置的各连接点应采用搭接焊，必须牢固无虚焊。通用电气设备的保护接地（零）线必须采用多股裸铜线，并符合截面和机械强度的需要。有色金属接地线不能采用焊接时，可用螺栓连接，但应注意防止松动或锈蚀。利用串接的金属构件、管道作为接地线时，应在其串接部位另焊金属跨接线，使其成为一个完好的电气通路。

（9）接地装置的接地电阻，应符合下列规定。

① 大接地短路电流系统的电力设备，接地电阻不应超过 0.5 Ω。

② 小接地短路电流系统的电力设备，接地电阻不应超过 10 Ω。

③ 低压电力设备的接地电阻不应超过 4 Ω。总容量在 100 kVA 以下的变压器、低压电力网接地电阻不应超过 10 Ω。

④ 低压线路零线每一重复接地装置的接地电阻不应大于 10 Ω；在电力设备接地装置的接地电阻允许达到 10 Ω的电力网中，所有重复接地装置的并联电阻值不应大于 10 Ω。

⑤ 防静电的接地装置可与防感应雷和电气设备的接地装置共同设置，其接地电阻值应符合防感应雷和电气设备接地的规定；只作防静电的接地装置，每一处接地体的接地电阻值不应大于 100 Ω。

（10）电力设备的过电压保护装置的设计应按国标《交流电气装置的过电压保护和绝缘配合设计规范》（GB/T 50064—2014）和《机械工厂电力设计规程》（JBJ 6—1996）中的有关规定执行。

（11）室外高压配电装置应装设直击雷保护装置，一般采用避雷针或避雷线。独立避雷针（线）宜设立独立的接地装置。其接地电阻不宜超过 10 Ω。

（12）装有避雷针（线）的照明灯塔上的电源线，必须采用直接埋入地下的带金属外皮的电缆或穿入金属管中的导线。电缆或金属管埋在地下的长度在 10 m 以下时，不得与 35 kV 及以下配电装置的接地网及低压配电装置相连接。独立避雷针不应设在行人经常通过的地方。避雷针及其接地装置与道路或出入口的距离不应小于 3 m；否则应采取均压措施。

（13）变配电所应采取措施，防止或减少近区雷击闪络。变配电所未沿全线架设避雷线的 35 kV 架空线，在变电所的进线段，与 35 kV 电缆进线段应按设计规范规定装设相应的避雷线或避雷器等，35 kV 有变压器的变电所的每组母线上及 35 kV 配电所应按重要性和进线路数等具体条件，在每路进线上或母线上按规定装设避雷器。

35 kV 变电所的 3~10 kV 配电装置，应在每组母线和每路架空进线上装设阀型避雷器。其他 3~10 kV 配电装置，可仅在任一回路进线上装设阀型或管型避雷器。

（14）与架空线路连接的配电变压器和开关设备的防雷设施如下。

① 3～10 kV 配电变压器宜采用阀型避雷器或采用三相间隙保护。

② 35/0.4 kV 配电变压器其高低压侧均应用阀型避雷器保护。

③ 3～10 kV 柱上断路器、负荷开关、隔离开关应用阀型或管型避雷器或间隙保护，经常开路运行而又带电的柱上油开关设备的两侧均应装设防雷装置。

④ 在多雷区，配电变压器的低压侧也应设一组避雷器或击穿保险器。

（15）与架空电力线路直接连接的旋转电机应根据电机容量、当地雷电活动的强弱和对运行的要求，按设计规范装设防雷保护装置。

（16）建筑物的防雷要求如下。

① 第一、二类建筑物应有防直击雷、防雷电感应和防雷电波侵入的措施。

② 第三类建筑物应有防直击雷和防雷电波侵入的措施。

③ 建筑物防雷设施的接地电阻应符合表 1–5 所列数值。

表 1–5 工业建筑物的防雷接地电阻值

建筑物类别	防直击雷的冲击接地电阻 /Ω	防感应雷的接地电阻 /Ω	防雷电波侵入的冲击接地电阻 /Ω
第一类	≤10	≤10	≤10
第二类	≤10	≤10	≤10
第三类	≤30		≤30

注：各种防雷设施和建筑物防雷分类标准，按国标《建筑防雷设计规范》（GBJ 57—83）的有关规定执行。

（17）其他防雷措施。

① 不属于第一、二、三类工业建筑物的厂区或生活区内的其他建筑物，为防止雷电波沿低压架空线侵入，在进户处或接户杆上应将绝缘子铁脚接地，其冲击接地电阻应不大于 30 Ω。

② 易燃、易爆物大量集中的露天堆场，应采取适当的防雷措施。

③ 严禁在独立避雷针（线）的支柱上悬挂电话线、广播线及低压架空线等。

（18）新建、扩建、改建项目的接地、过电压保护、防雷装置必须按已批准的正式设计施工。

原有接地、过电压保护、防雷装置也应符合本节要求。

（19）对于接地、过电压保护与防雷装置应建立健全有关技术和管理资料。装置变更时，应及时修改图纸、资料，使其与实际相符。

（20）接地装置、过电压保护、防雷装置应定期进行检查和测量接地电阻值，并将结果记录归档。

8. 电气事故处理

电气事故发生后，须遵循正确的程序来处理，将损失降低到最低程度，避免事故扩大。国家规定如下。

（1）电气事故处理的原则是尽快消除事故点，限制事故的扩大，解除人身危险和使国家财产少受损失，并尽快恢复供电。

（2）发生触电事故时，应立即断开电源，抢救触电者，并应保护事故现场，报告有关领导和地方有关部门及上级主管部门。

（3）供电系统发生事故时，值班员必须坚守岗位，及时报告主管领导，并积极处理事故。在事故未分析、处理完毕或未得到主管领导同意时，不得离开事故现场。

（4）交接班时发生事故，交班人应留在工作岗位上，并以交班人为主处理事故。

（5）高压系统发生重大事故，还应尽快报告当地电管部门。

（6）要按"三不放过"的原则，认真、实事求是地分析处理事故。对事故责任者根据情节轻重给予批评教育、纪律处分，直至追究法律责任。

9. 电气设备安全标志

电气设备在使用或检修、维护过程中应设置各种安全标志，起到提醒、警告作用，避免发生安全事故。安全标志必须规范。

（1）安全标志使用的颜色和格式、内容必须符合国标《安全色》（GB 2893—2001）和《安全标志》（GB 2894—96）的有关规定。

（2）标志牌根据用途可分为禁止、警告、提醒、许可4类。一般宜采用非金属材料制作。用金属材料制作的安全标志牌不能挂在导电体上或接近导电部分。

（3）安全标志的种类、悬挂处所及式样和使用方法见表1-6。

表1-6 各种安全标志的使用方法及式样

类别	文字内容	使用方法及悬挂处所	外形尺寸/mm	标志颜色	文字颜色
禁止类	禁止合闸有人工作	悬挂在可能送电到工作地点的油开关或刀闸的传动机械或操作把手上	200×100 或 80×50	白底	红
禁止类	禁止合闸有人在线路上工作	悬挂在可能送电到工作线路的油开关的传动机械或操作把手上及刀闸上；标志牌的数目与线路上工作班数相同	200×100 或 80×50	红底	白
禁止类	禁止攀登高压危险	工作人员上的带电导体的框架上，运行中变压器的梯子上	250×200	白底红边	黑
警告类	高压、生命危险	悬挂在变电所外，油开关前；变压器室前及开关柜前和以上各处的内部墙上	280×210	白底红边	黑
警告类	止步高压危险	悬挂在各工作地点附近高压带电设备前或遮栏上，也可挂在临时活动遮栏上	280×210	白底红边	黑
警告类	站住生命危险	悬挂在各工作地点附近的低压带电设备前或遮栏上，也可挂在临时遮栏上	280×210	白底红边	黑

续表

类别	文字内容	使用方法及悬挂处所	外形尺寸/mm	标志颜色	文字颜色
警告类	切勿触及生命危险	悬挂在架空线路杆塔离地面 2.5～3 m 处，杆距100 m 以上每根挂一块，100 m 以下每隔一根挂一块	210×280	白底	黑
准许类	从此上下	工作人员上下的铁架梯子上，表示已放一切安全措施允许工作人员攀登	250×250	绿底中有φ210的白圈	黑字写于白圈中
准许类	在此工作	悬挂在已做好安全措施，允许工作人员在设备上工作的地点	250×250	绿底中有φ210的白圈	黑字写于白圈中
提醒类	已接地	悬挂在已接好地线的刀闸操作把手上	240×130	绿底	黑

10. 高低压配电装置管理规定

根据运行可靠、维护方便、技术先进、经济合理的原则，要求配电装置有良好的电气特性和绝缘性能，动作灵敏，工作可靠性高。在配电装置过负荷或短路时，应能承受大电流所产生的机械应力和高温的作用，即能满足动稳定和热稳定的要求。此外，配电装置应能保证设备操作、维护和检修的方便，以及保证操作人员的人身安全。

（1）配电装置的绝缘等级应符合电力系统的额定电压和环境特点的要求。

（2）配电装置中在断路器和刀闸（隔离开关）之间，必须装设动作可靠的安全联锁装置。电源侧刀闸和配电装置网门（或安全遮栏网门）之间也应装设安全联锁装置。

（3）高压配电装置应配备必要的绝缘监视、接地、过负荷、短路等继电保护装置和相应的灯光音响信号装置。

（4）配电装置各回路相序排列应一致。硬导体的各相应按规定涂色，绞线一般只标明相别。配电装置应编号。各种开关的"分""合"标志要明显。

（5）高、低压配电装置和各项安全净距应符合《20kV 及以下变电所设计规范》（GB 50053—2013）、《低压配电设计规范》（GB 50054—2011）、《66kV 及以下架空电力线路设计规范》（GB 50061—2010）、《高压配电装置设计技术规范》（DL/T 5352—2006）、《机械工厂电力设计规程》（JBJ 6—1996）（试行）的有关规定。

（6）户外高压配电装置带电部分的上面或下面，严禁照明、通信和信号等架空线路通过。户外高压配电装置之间和周围必须有保证人身安全的操作、巡视通道。

（7）高压配电装置室内各种通道的最小宽度应符合表 1–7 要求的数值。

表 1–7 高压配电装置室内各种通道的最小宽度（净距） 单位：mm

布置方式	通道分类	维护通道	操作通道		通往防爆间隔的通道
			固定式	手车式	
一面有开关设备时		800	1 500	单车长+900	1 200
两面有开关设备时		1 000	2 000	双车长+600	1 200

（8）户内高压配电装置中总油量为 60 kg 以下的电流互感器、电压互感器和单台断路器，一般应安装在两侧有隔板的间隔内；总油量为 60～600 kg 时，应安装在有防爆隔墙的间隔内；总油量超过 600 kg 时，应安装在单独的防爆间内。

（9）户内成套高压配电装置下面的检查坑道深度为 1 m 及以上时，各台装置之间应用砖墙隔开。采用通行地沟时，应装设电缆头防护隔板，每一间隔下方应设置检修时能临时拆卸的保护网。

（10）低压配电装置室内通道的宽度应不小于下列数值。

① 配电屏单列布置，屏前通道为 1.5 m。
② 配电屏双列布置，屏前通道为 2 m。
③ 屏后通道：单列布置为 1 m。
④ 双列布置共用通道为 1.5 m。
⑤ 动力配电箱前通道为 1.2 m。

（11）低压配电装置室内裸导电体与各部分的安全净距应符合下列要求。

① 跨越屏前通道的裸导电部分其高度不应低于 2.5 m。
② 屏后通道裸导电体的高度低于 2.3 m 时应加遮护，遮护后通道高度不应低于 1.9 m。

（12）配电装置中相邻部分的额定电压不同时，应按较高的额定电压确定安全净距。

（13）配电装置室内不应有与配电装置无关的管道、线路通过。

11. 继电保护、自动装置和自备电源安全管理规定

（1）变配电所的电力装置应根据电压等级、容量、运行方式和用电负荷性质等设置相应的继电保护和自动装置。继电保护和自动装置应能尽快地切除短路故障，保证人身安全与限制故障设备、线路的损坏、减少故障损失，并发出必要的信号。

继电保护和自动装置的设计必须符合《电力装置的继电保护和自动装置设计规范》（GB 50062—2008）的规定。

（2）保护装置应装设能准确显示保护装置各组成部分动作情况的灯光、音响信号。对有人值班的变配电所，信号应发至值班室。无人值班的变配电所，信号应发至总值班室。

（3）自备发电机的装设，必须符合下列要求。

① 自备发电机与外来电源的电压、频率、相序必须一致。
② 不并网的自备发电机应有可靠的联锁装置，切实保障在外来电源的开关断开后，自备发电机才能并入本单位的供电网路。
③ 大容量可并网的自备发电机组应按电业系统的规定办理。
④ 自备电源的投入或退出运行，应设有明显的断开点和显示标志。
⑤ 自备发电组应配齐各种继电保护、信号装置和安全防护设施。

（4）具有双回路电源的高压配电装置，应有可靠的防止两回路同时投入的安全联锁装置。

（5）继电保护和自动装置必须有可靠的操作控制电源，以保证在故障时继电保护和自动装置能可靠地动作。

12. 电动机及附属电气装置管理规定

（1）通用设备的电动机及其起动、控制、保护等附属装置的选择，应符合国标 GB/T 50064—2014 和部标 GB 6—1996 中的有关规定。

电动机及其附属装置应符合国家或部委颁布的现行技术标准并有出厂合格证和技术文件。

（2）电动机及附属装置的安全防护装置应齐全、完整。

（3）用于室外或潮湿、高温、污秽环境的电动机及附属装置除选择相应的结构形式外，还应按环境条件采取特殊的安全防护措施。

（4）应定期测定与检查电动机的绝缘电阻和接地装置的接地电阻。绝缘电阻、接地电阻均应符合规定的数值。

13. 低压电气设备操作维护安全规程

1）低压电气设备维护安全规程

（1）运行中维护检查周期。

低压配电装置和低压电气的巡视检查，有人值班时，每班应该巡视检查一次，发现问题要认真做好记录，必要时及时停车检修。

（2）维护检查内容。

① 所有低压电器，在送电前或在交接班之后，必须进行静态检查，只有确认无异常状态方可送电运行，检查内容如下。

a. 各种开关在断电情况下进行操作，检查机构是否灵活，接点接触是否良好，导线连接是否牢固。

b. 各种继电器、接触器动作要灵活可靠，可动部分是否有卡劲现象存在。

c. 所有紧固及连接螺钉、螺帽必须固紧，防止松脱。

d. 可逆接触器的机械联锁是否灵活。

e. 万能转换开关的手柄自复位后及传动片动作要灵活、可靠。

f. 熔断器、电磁铁电动气阀、电阻箱、变阻器等要处于良好状态。

g. 信号系统正常可靠。

h. 对保护继电器和保护用行程开关要进行重点检查，确认处于良好状态。

i. 对电气控制系统进行必需的空操作，用以检查动作程序和动作的可靠性。

j. 熔断器的更换要注意选用同种规格、型号的熔片、熔丝或熔断器。

② 运行中低压电器的检查内容。

a. 各种开关导电部分和接头部分的温升是否有发热现象，接触要良好。

b. 接触器、继电器、电磁铁、电磁开关，运行时声音是否正常，线圈温升是否正常。

c. 检查电阻器和变阻器的发热情况。

d. 各种保护继电器的工作状态是否符合要求。

e. 电磁铁的工作情况是否满足生产要求。

f. 对于保护机械位置及用于联锁的行程开关、限位开关或接近开关要定期检查调整，每月不得少于一次，且同生产和机械人员共同实验，要确保动作可靠。

g. 对于电气系统中各种保护整定值，不得做任意改动。

h. 设备运行中，严禁用手推接触器及继电器的可动部分，不得擅自取消各种联锁和保护装置。

i. 检查电器的各种保护罩是否完好。

j. 值班人员在巡视检查中，发现异常情况，应记录于交接日记中，以便设备停止运转时修理。必要时向有关人员联系及时进行停车检修。

2）低压电气设备检修规程

（1）低压电气设备的检修周期如表 1-8 所示。

表 1-8 低压电气设备检查周期

序号	名 称	定期检修	更新性检修
1	自动开关	6 个月	6 年
2	电磁开关	3 个月	3 年
3	按钮开关	1 个月	3 年
4	刀开关	6 个月	10 年
5	万能转换开关	1 个月	2 年
6	控制器	1 个月	2 年
7	限位开关	12 个月	12 年
8	继电器	1 个月	5 年
9	接触器	1 个月	5 年
10	熔断器	1 个月	—
11	电磁抱闸	1 个月	1 年
12	电磁阀	1 个月	1 年
13	电阻器	3 个月	8 年
14	变阻器	2 个月	8 年

（2）检查内容和质量标准。

① 熔断器、接触器、电磁开关的检查内容与标准。

a. 机械部分检查内容与标准如下。

● 可动部分轴、衔铁检查，要消除卡劲，动作迟缓等缺陷，使衔铁动作灵活，且与衔铁接触良好。

● 消弧罩安装正中，且完好无缺。

● 机械联锁检查，联锁接点应通断可靠。

● 固定螺钉、螺帽检查紧固。

● 连接导线检查紧固。

● 绝缘检查，达到 1 MΩ/kV 标准。

b. 接点部分的检查内容与标准如下。

● 触点应清洁无毛刺，铜触点应无氧化物，可通过清洗或刮磨处理。对烧损达 1/3 以上的触点或镀银触点磨损露铜时应进行更换。

● 检查触点有锈斑和烧伤者，应取下用细锉磨光，处理时要保持原来弧度，且表面光滑，然后用布擦净，动、静触点接触面要达到 75%以上。

● 触点的同步差应不大于 0.5 mm，检查方法：以手慢慢推合衔铁，仔细观察每对触点的接触情况，看有无先后之差。差值是否在规定范围内。

- 断开距离检查和测定接点压力，如果断开距离不适当，闭合时接点压力不适合，要通过更换或调整弹簧，或更换触点的方法来达到要求。
- 动、静触点宽度相等者，闭合时触点应当对齐，相互错开不得大于 1 mm，静触点比动触点略宽者，相互错开不得大于 2 mm。

c. 磁系统部分的检查内容与标准如下。
- 磁铁要固紧，防止松动。
- 接触面要检查清洗，确保 60%～70% 的工作面接触。
- 接触面要光滑，使之吸合时接触紧密，防止出现噪声。
- 短路环检查，发现断裂要焊补或更换。

d. 线圈部分的检查内容与标准如下。
- 线圈的引线牢固，无折伤痕迹，线圈内侧无卡伤痕迹，且要固紧在导磁体上。
- 线圈在 85% 的额定电压下，应能可靠动作，用 500 V 摇表测绝缘电阻，不得少于 0.5 MΩ。

e. 各种电磁开关类，如自动开关，按钮开关等的检查。
- 主触点及各辅助触点，是否有磨损或烧伤，要进行修理或更换。
- 操作机构和脱扣器机构要检查调整，动作要灵活可靠。
- 检查过流整定是否符合规定，热元件是否损坏，必要时要适当调整或更换。
- 检查消弧装置是否破裂和有无松动情况，有无卡阻触点的现象存在。
- 检查绝缘件有无损坏，且用 500 V 摇表，检查绝缘电阻不得小于 0.5 MΩ。
- 进出线连接螺钉要紧固，主触点的压力要适合，不合适要求时，可分别调整相应触点后面的弹簧或螺钉以达到要求。

② 刀开关的检查内容与标准。

a. 检查刀闸各部过热现象，绝缘杆有无损坏。

b. 检查并紧固刀闸各连接部分的螺钉应紧固无松动。

c. 合闸时，每一个刀片应同时并顺利进入固定触点，不应有卡阻或歪斜现象。

d. 触头有氧化层，要用细纱布打光，刀片与固定触头要清扫干净，且接触面部少于整个接触面的 75%。

e. 底盘绝缘应良好，装配紧固，固定触点的钳口应有足够的弹力，进出线连接要保持足够的接触面，且连接螺钉要固紧。

③ 电阻器的检查内容与标准。

a. 电阻箱及变阻器要定期吹灰清扫，支撑绝缘子要清洁无破损。

b. 电阻端部与出口线及电阻的连接线要接触紧密牢固，无过热烧损痕迹。

c. 电阻匝间或片间排列均匀无重叠松散情况，无过热烧损痕迹。

d. 电阻架牢固可靠，各紧固螺钉固紧，绝缘检查用 500 V 摇表，应不少于 0.5 MΩ。

e. 变阻器手柄位置要正确，滑动部分清洁且接触良好。

f. 发现异常情况，要进行处理或予以更换。

④ 控制器及万能开关的检查内容与标准。

a. 定位装置可靠，控制手柄指示与实际位置一致且转动灵活。

b. 检查凸轮及电木磨损情况，触点无烧损痕迹，且接触良好，压力适当。

c. 出入线连接要保持足够的接触面，连接螺钉固紧，无过热烧伤痕迹。

  d. 定期清扫吹灰，用 500 V 摇表检查绝缘电阻不少于 0.5 MΩ。
  e. 发现异常情况要处理或更换。
 ⑤ 限位开关的检查内容与标准。
  a. 检查开闭位置是否合适或经过调整修理，更换。使开合位置达到要求，且机构灵活、工作可靠。
  b. 进出线连接要牢固可靠，绝缘要检查合格。
 ⑥ 熔断器的检查内容与标准。
  a. 检查可熔片或熔丝是否符合标准。
  b. 熔断器内部安装熔断电流大于熔断器额定电流的熔片或熔丝。
  c. 保险片或熔丝熔断后，要查明故障原因后方可更换相应的备件。
  d. 熔断器的熔片或熔丝与固定触点接触要紧密。
  e. 严禁以不符合规定的熔体代替熔片或熔丝。
 ⑦ 电磁抱闸的检查内容与标准。
  a. 线圈放置安装正确，可动衔铁吸合、释放无卡住和磨损现象。
  b. 抱闸架动作要灵活可靠。
  c. 线圈不过热，衔铁间隙适中。
  d. 磁铁表面清洁、接触紧密不歪斜。
  e. 接线牢固可靠，绝缘合乎要求。
  f. 电磁抱闸要检查调整制动器和制动轮的间隙，使它适合生产的要求。
 ⑧ 电磁阀的检查内容与标准。
  a. 动作灵活、无卡劲现象。
  b. 本体清洁，安装牢固且不受外物碰撞。
  c. 接线牢固可靠，绝缘合乎要求。
 14. 电气设备防火和防爆的措施
  发生电气设备火灾和爆炸的原因可以概括为两条：现场有可燃易爆物质；现场有引燃物引爆的条件。所以应从这两方面采取防范措施，防止电气火灾和爆炸事故发生。
  在各类生产和生活场所中，广泛存在着可燃易爆的物质，如可燃气体、可燃粉尘和纤维等。当这些可燃易爆物质在空气中含量超过其危险浓度，或遇到电气设备运行中产生的火花、电弧等高温引燃源，就会发生电气火灾和爆炸事故。爆炸事故也是引起火灾的原因。
  根据电气火灾和爆炸形成的原因，防火防爆措施应从改善现场环境条件着手，设法从空气中排除各种可燃易爆物质，或使可燃易爆物质浓度减小。同时加强对电气设备的维护、监督和管理，防止电气火源引起火灾和爆炸事故。具体措施如下。
  1）排除可燃易爆物质
  保持良好通风，使现场可燃易爆的气体、粉尘和纤维浓度降低到不致引起火灾和爆炸的限度内。加强密封，减少和防止可燃易爆物质的泄漏。有可燃易爆物质的生产设备、储存容器、管道接头和阀门应严格密封，并经常巡视检测。
  2）排除电气火源
  在设计、安装电气装置时，应严格按照防火规程的要求来选择、布置和安装。对运行中能够产生火花、电弧和高温危险的电气设备和装置，不应放置在易燃易爆的危险场所。在易燃易爆场所安装的电气设备和装置应该采用密封的防爆电器。另外，在易燃易爆场所应尽量避免使用携带式电气设备。在容易发生爆炸和火灾危险的场所内，电力线路的绝缘导线和电缆的额定电压不得低于电网的额定电压，低压供电线路不应低于 500 V。要使用铜芯绝缘线，导线连接应保证良好可靠，应尽量避免接头。在易燃易爆场所内，工作零线的截面和绝缘应与相线相同，并应在同一护套或管子内。导线应采用阻燃型导线（或阻燃型电缆）穿管敷设。

在突然停电有可能引起电气火灾和爆炸的场所，应有两路及两路以上的电源供电，几路电源能自动切换。在容易发生爆炸危险场所的电气设备的金属外壳应可靠接地（或接零）。在运行管理中要对电气设备维护、监督，防止发生设备事故。

3）防止电气火灾爆炸的其他措施

合理布置电气设备，是防火防爆的重要措施之一。应该考虑以下几点。室外变配电站与建筑物、堆场、储室的防火间距应满足《建筑设计防火规范》（GB 50016—2014）的规定。装置的变配电室应满足《石油化工企业设计防火规范》（GB 50160—2008）的规定。《爆炸和火灾危险环境电力装置设计规范》（GB 50058—2014）还规定：10 kV 以下的变、配电室，不应设在爆炸和火灾危险场所的下风向。变、配电室与建筑物相毗邻时，其隔墙应是非燃烧材料；毗邻的变、配电室的门应向外开，并通向无火灾爆炸危险场所方向。接地（或接零）应符合规范要求。

四、任务实施

任务 1　编写低压电动机安全维护规程

结合本项目学习知识，通过资讯、决策、规划、实施等步骤，完成低压电机安全维护规程的编写。

任务 2　制定变压器的接地方案并实施

（1）提示。

① 变压器的外壳应可靠接地，工作零线与中性点接地线应分别敷设，工作零线不能埋入地下。

② 变压器的中性点接地回路，在靠近变压器处，应做成可拆卸的连接螺栓。

③ 装有阀式避雷器的变压器其接地应满足三位一体的要求，即变压器中性点、变压器外壳、避雷器接地应连接在一处共同接地。

④ 接地电阻应不大于 4Ω。

（2）在老师指导下按方案实施变压器接地方案。

（3）指导老师对各组变压器接地实施情况点评。

五、考核评价

考核评价见表1-9。

表1-9 项目实施考核评分表

考核项目	考核内容及要求	分值	学生自评（A）	小组评分（B）	教师评分（C）	实得分（A×20%+B×30%+C×50%）
方法确定计划安排	方案的合理性和可行性	5				
	计划安排的周密性	5				
项目完成情况	根据各项目学习情况进行考核	50				
职业素养	遵守纪律	5				
	安全操作	3				
	正确使用工具	2				
完成时间	方案确定、计划安排	2				
	仪表选型、安装	2				
	系统调试	1				
团队合作	沟通能力	4				
	协调能力	3				
	组织能力	3				
其他项目	课堂提问	5				
	作业	5				
	任务报告书	5				
总　　分		100				

六、思考与练习

（1）国家对电气设备接地电阻有何规定？

（2）电气设备防火和防爆有哪些具体措施？

模块二

电气设备管理与检修

项目一 变压器管理与维修

电力变压器是一种静止的电气设备,由绕在同一铁芯上的两个或两个以上的线圈绕组组成,绕组之间是通过交变磁场的电磁感应原理工作,将某一数值的交流电压(电流)变成频率相同的另一种或几种数值不同的电压(电流)的设备。它是发电厂和变电所及用电企业供配电的主要设备。它对人们的生产、生活用电具有非常重要的作用。

一、学习目标

(1)了解配电变压器结构及相关参数。
(2)掌握配电变压器巡检要点和方法。
(3)掌握配电变压器更换散热油的方法。

二、工作任务

(1)任务1 配电变压器巡检。
(2)任务2 更换变压器散热油。

三、知识准备

1. 变压器的用途

电力变压器(简称变压器)是用来改变交流电电压大小的电气设备。它根据电磁感应的原理,把某一等级的交流电压变换成另一等级的交流电压,以满足不同负载的需要。因此,变压器在电力系统和供用电系统中占有非常重要的地位。

发电机输出的电压，由于受发电机绝缘水平的限制，通常为 6.3 kV、10.5 kV，最高不超过 20 kV。用这样低的电压不利于远距离输电。因为当输送一定功率的电能时，电压越低，则电流越大，电能大部分消耗在输电线的电阻上。可用升压变压器将发电机的端电压升高到几万伏到几十万伏，以便降低输送电流，减小输电线路上的能量损耗。在升压输送的情况下不用增大导线截面就能将电能远距离传输出去。

输电线将几万伏或几十万伏高电压的电能输送到负荷区后，必须经过降压变压器将高电压降低到适合用电设备使用的低电压。为此，在供用电系统中，需要降压变压器，将输电线路输送的高电压变换成各种不同等级的电压，以满足各种复合的需要，如图 2-1 所示。

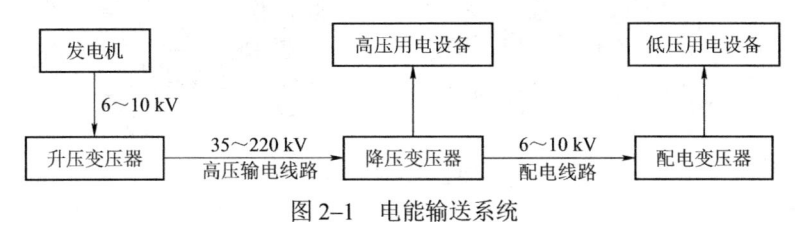

图 2-1　电能输送系统

2. 变压器的分类

变压器的种类有很多，可按升降压、相数、用途、结构、冷却方式等进行分类。

（1）按电压的升降分类，有升压变压器和降压变压器两类。

（2）按相数分类，有单相变压器、三相变压器及多相变压器 3 类。

（3）按用途分类，有用于供电系统中的电力变压器；用于测量和继电保护的仪用变压器（电压互感器和电流互感器）；有产生高电压供电设备的耐压试验用的施压变压器；有电炉变压器、电焊变压器和整流变压器等特殊用途种类的变压器。

（4）按冷却方式及冷却介质分类，有以空气冷却的干式变压器；有以油冷却的油浸变压器；有以水冷却的水冷式变压器。

3. 变压器的结构

现代电力系统普遍采用三相制，因此需要解决三相电路中的变压问题。改变三相交流电压的变法有两种：一种是用 3 台单相变压器组成的三相变压器组；另一种是采用三相共有整体铁芯的三相变压器。这里介绍三相变压器的构造，下面还会介绍三相变压器绕组的连接。

变压器的种类很多，它们的构造和运行性能上都各有自己的特点，但基本结构基本相同。三相电力变压器由下列主要部件组成：铁芯、线圈、外壳和绝缘套管，另外还设有油枕、呼吸器、防爆管、散热器、温度计、油位表、分接头开关、冷却系统、保护装置等。变压器的铁芯和线圈是变压器的主要组成部分，称为变压器的器身。如图 2-2 所示为三相电力变压器外形。

1）铁芯

变压器的铁芯由芯柱和铁轭两部分组成。线圈套装在铁柱上，而铁轭则用来使整个磁路闭合。为了减小铁芯内的磁滞损耗及涡流损耗，铁芯常用含硅量较高的、厚度为 0.35～0.5 mm 的硅钢片制成，片上涂有绝缘漆。

变压器按线圈与铁芯配置不同，将铁芯分为心式和壳式两种。壳式变压器的铁芯包在线圈的外部，心式变压器线圈包在铁芯外部。壳式变压器的导热性能较好，机械强度较高，但制造工艺复杂，除了很小的电源变压器外，目前已很少使用。心式变压器的制造工艺较为简单，所以被广泛使用。

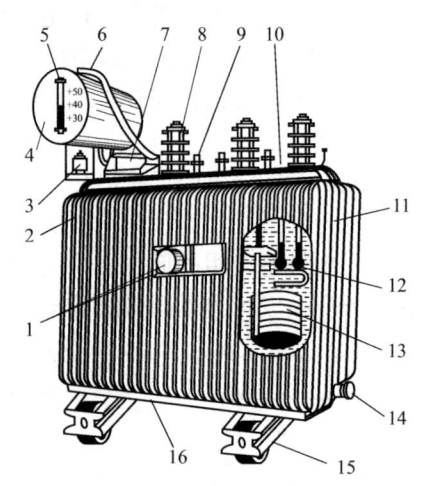

图 2-2 变压器

1—温度计；2—铭牌；3—吸湿器；4—油枕；5—油位计；6—安全气道；7—气体继电器；8—高压套管；
9—低压套管；10—分接开关；11—外壳；12—铁芯；13—绕组；14—放油阀门；15—小车；16—引线接地螺栓

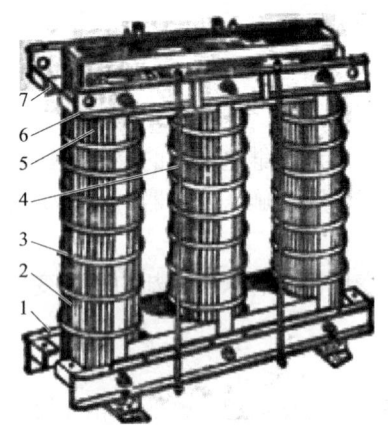

图 2-3 三相三柱式铁芯

1—下夹件；2—叠片铁芯；3—拉螺杆；
4—夹紧螺杆；5—上夹件；6—接地片

配电变压器铁芯采用三相三柱式结构，如图 2-3 所示。这种铁芯结构简单，制造工艺性好，使用极为广泛。铁芯的芯柱和铁轭均由硅钢片叠成，叠好后，芯柱用绝缘带绑扎，铁轭由上下夹件夹紧。为了保持整体性，上下夹件间用拉螺杆紧固。铁芯叠片通过接地与夹件连接实现接地。铁芯叠好后，把高低压线圈套在各相芯柱上，就装配出了器身。

2）线圈

变压器的线圈是用绝缘铜线或铝线绕成的。每台变压器中，凡接到电源端吸取电能的线圈叫做初级线圈，也叫一次侧线圈或原边线圈；输出电能端的线圈叫做次级线圈，也叫二次侧或副边线圈。有时，又将该变压器中接到电压等级高的一侧线圈叫做高压线圈；接到较低电压一侧的线圈称为低压线圈。按照原、副线圈在铁芯中布置方式不同，变压器线圈结构有同心式和交叠式两种。大多数电力变压器都采用同心式线圈，即它的原、副线圈是同心地套装在同一铁芯上。同心式线圈结构简单，制造方便。交叠式线圈的高、低压线是交替地套在铁芯上。交叠式线圈的主要优点是机械强度好、引线方便，但绝缘比较复杂。所以一般用于低电压、大电流的变压器上，如电炉变压器、电焊变压器等。

3）外壳

变压器的外壳通常用钢板焊接而成。变压器的器身放在油箱内，箱内灌满变压器油。变压器油具有绝缘、散热两种作用。变压器在运行过程中，其铁芯会产生涡流及磁滞损耗；由于变压器线圈具有一定的直流电阻，因而会产生一定的功率损耗，所有这些损耗最终都形成热量。变压器油把这些热量传到箱壁，箱壁上根据变压器容量不同安装散热排管把热量散到周围空气中去。

4）绝缘套管

绝缘套管是电力变压器高、低压线圈与外线路的连接部件。将变压器高、低压线圈的引线从油箱内引出至箱外,并使引线与接地的油箱绝缘,必须利用绝缘套管。套管不但作为引线对地绝缘,而且也担负着固定引线的作用。因此,电力变压器的套管必须具有规定的电压强度和足够的机械强度及良好的热稳定性。套管的形式很多,按结构不同可分为纯瓷质的、瓷质充油式和电容器式等。

我国电力变压器的套管在油箱盖上排列标志和顺序是:对三相电力变压器从高压侧看去,由左向右的顺序是高压侧 O–A–B–C,低压侧 o–a–b–c。对于单相变压器从高压侧看,由左向右的顺序是高压侧 A–X,低压侧 a–x。

5) 油枕

油枕又称储油器,其作用是当变压器在运行中,油因受热而膨胀或温度降低使油冷缩时,始终保证变压器内部的油是充满的。同时也减小了变压器与空气的接触面,以减轻变压器油受到氧化和潮湿的影响。

为了观察油枕的油面,油枕的一端还装有油位表,显示油的容量,如图 2-4 所示。油枕里的油位不得超过最高和最低刻度线。

6) 呼吸器与防爆管

呼吸器:油枕上有一个呼吸器,呼吸器上端高出油枕部,下端在油枕外部并装有玻璃器,内盛干燥剂,吸收进入油枕内空气中的水分。

防爆管:防爆管是装在变压器顶端上的一个喇叭形的管子,管口用膜片封住。其作用是当变压器内部发生短路故障,变压器油分解成大量的气体引起油管压力增大时,防爆管管口膜片先被冲破,油气体由此喷出,使油箱内压力减小,防止油箱因为压力突然增大而变形或爆炸。

7) 冷却装置

配电变压器多以散热管作为冷却装置。为了把器身传给变压器油的热量散发出去,变压器的箱壁上焊有许多油管。这些油管一方面增大了变压器与周围空气的散热面积,另一方面为变压器提供了循环路径。

由图 2-5 可见,器身发热使变压器油变热,相对密度减小。热油在油箱内上升,进入散热管与空气进行热交换。油流经散热管后温度下降,相对密度增加。它沿散热管下降,重新

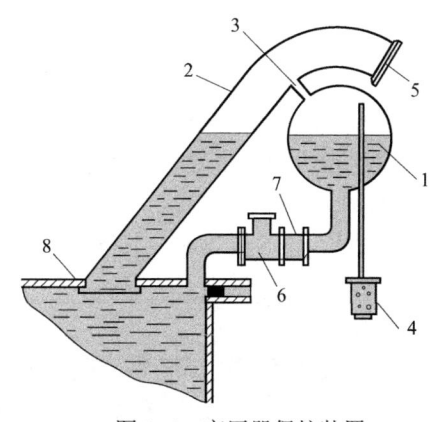

图 2-4 变压器保护装置

1—油枕;2—安全气道;3—连通管;4—呼吸器;5—防爆膜;
6—气体继电器;7—蝶型阀;8—箱盖

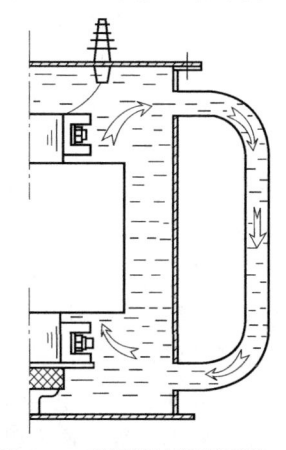

图 2-5 变压器油循环系统

进入油箱，再次去冷却器身。以上循环过程是靠变压器油受热后相对密度变化而自然完成的，将这种冷却方式称为自然油循环冷却。

为了增加散热面积，很多变压器的散热管采用扁管。对容量很小的配电变压器，为了简化制作工艺，也有在箱壁上焊一些散热的铁片（散热片）来扩大散热面积而不用散热管的。容量较大的变压器（≥2 500 kVA），为了便于运输，把散热管做成可拆卸的形式，成为单独的散热器。以上各种变压器均采用的自然油循环冷却，属于油浸自冷式。

4. 配电变压器的运行维护和检查

对运行中的配电变压器进行维护和定期检查，能及时发现事故苗头，做出相应处理，达到防止严重故障出现的目的。同时，在维护和检查中记录的变压器运行参数，也可作为今后运行和检修的重要参考资料。因此，必须认真进行变压器的维护和检查。

1) 变压器的巡视检查

（1）运行变压器的常规检查周期。

① 有人值班的变压器，每班检查一次。

② 无人值班的变压器，至少每周巡视检查一次。

③ 配电间有高压配电屏的变压器，每月巡视检查一次。

④ 杆上变压器，每季度至少检查一次。

（2）特殊情况下的检查周期。

① 高温下运行的变压器，气温最高的季节对不小于 200 kVA 的配电变压器，应选择有代表性的一台进行昼夜 24 h 的负荷测量，观察负荷变化规律及判定是否有过负荷现象。

② 进行分合闸操作的变压器在每次分合闸前，均应进行外部检查。

③ 恶劣天气下运行的变压器，在雷雨、冰冻、冰雹等气候条件下，应对变压器进行特殊巡视检查。

2) 配电变压器巡视检查项目

对配电变压器的巡视检查，可分为监视仪表检查和现场检查两类。

监视仪表检查是通过变压器控制屏上的电流表、电压表和功率表计数来了解变压器运行情况和负荷大小。经常监视这些仪表的计数并定期抄表，是了解变压器运行状况的简便和可靠的方法。有条件的还应通过遥测温度计定期记录变压器上层油温。

配电变压器现场检查内容如下。

（1）检查运行中变压器音响是否正常。

变压器正常运行时的音响是均匀而轻微的"嗡嗡"声，这是在 50 Hz 的交变磁通作用下，铁芯和线圈振动造成的。若变压器内有各种缺陷或故障，会引起以下异常音响。

① 声音增大并比正常时沉重，对应变压器负荷电流在过负荷的情况。

② 声音增大杂有尖锐声，音调变高对应电源电压过高、铁芯过饱和的情况。

③ 声音增大并有明显杂音，对应铁芯未夹紧，片间有振动的情况。

④ 出现爆裂声，对应线圈和铁芯绝缘有击穿点的情况。

变压器以外的其他电路故障，如高压跌落式熔断触点接触不好；无励磁调压开关，接头未对正或接触不良等，均会引起变压器响声变化。

（2）检查变压器的油位及油的颜色是否正常、是否有渗漏现象。

从油枕上的油表检查油位，应在油表刻度的 1/4～3/4 以内（气温高时油面在上限侧；气温低时油面在下限侧）。油面过低，应检查是否漏油，若漏油应停电修理，若不漏油则应加油至规定油面。加油时，应注意油表刻度上标出的温度值，根据当时气温，把油加至适当油位。

对油质的检查，通过观察油的颜色来进行。新油为浅黄色；运行一段时间后的油为浅红色；老化及氧化较严重的油为暗红色；经短路、绝缘击穿和电弧高温作用的油中含有碳质，油色发黑。

发现油色异常，应取油样进行试验。此外，对正常运行的配电变压器至少应每两年取油样进行简化试验一次；对大修后的变压器及安装好即将投运的新变压器，也应取油样进行简化试验。变压器油试验项目和标准见表 2-1，简化试验的项目只包括表中 3、5、6、9、12、14 各项。若试验结果达不到标准，则应对油进行过滤、再生处理。

表 2-1 变压器油试验项目和标准

序号	物理和化学性质的试验项目	标　准	
		新油	运行中的油
1	在 20 ℃～40 ℃时相对密度不超过	0.895	—
2	在 50 ℃时黏度不超过	1.8	—
3	闪光点/℃，不低于	135	比新油降低不超过 5 ℃
4	凝固点/℃，不高于	−25	—
5	机械混合场	无	无
6	游离碳	无	无
7	灰分/%，不超过	0.005	0.001
8	活性硫	无	无
9	酸价（KOHmg/g 油），不超过	0.05	0.4
10	钠试验的登记	2	—
11	安定性 ① 氧化后酸价（KOHmg/g 油），不大于 ② 氧化物沉淀物含量/%	0.35 0.1	— —
12	电气绝缘强度（标准间隙击穿电压），不低于 ① 用于 35 kV 以上的变压器 ② 用于 6～35 kV 的变压器 ③ 用于 6 kV 以下的变压器	40 30 25	35 25 20
13	溶解于水的酸或碱	无	无
14	水平	无	无
15	在+5 ℃时的透明度	透明	透明
16	$\tan\delta$ 和体积电阻（如果浸油后的变压器 $\tan\delta$ 和 C2/C5 的值增高则应进行测量） ① $\tan\delta$ 在 20 ℃时，不超过 ② 体积电阻在 70 ℃时，不超过	1 4	无规定值，应与最初值进行比较

（3）检查变压器运行温度是否超过规定。

变压器运行中温度升高主要是由器身发热造成的。一般来说，变压器负载越重，线圈中流过的工作电流越大，发热越剧烈，运行温度越高。变压器运行温度升高，使绝缘老化过程加剧，绝缘寿命减少。同时，温度过高也会促使变压器油老化。

根据理论计算，变压器在额定温度下运行，寿命应在20年以上。在此基础上，变压器长期运行温度每增加8 ℃，它的运行寿命就相应减少一半。可见，控制变压器运行温度是十分重要的。据规定，变压器正常运行时，油箱内上层油温不应超过85 ℃～95 ℃。运行机制中，可通过温度计测取上层油温。若小型配电变压器未设专门的温度计，也要用水银温度计贴在变压器油箱外壳上测温，这时允许温度相应为75 ℃～80 ℃。

如果发现运行温升过高，原因可能是变压器内发热加剧（过负荷或内部故障），也可能是变压器散热不良，需区别情况加以处理。其中，变压器的负荷状况和发热原因可根据电流表、功率表等表计的读数来判断，如果表计读数偏大，发热可能是过负荷引起；如果表计正常，变压器温度偏高且稳定，则可能是散热不良引起；如果表计、环境温度都和以前相同，油温高于过去10 ℃以上并持续上升，则可能是变压器内部故障引起，需迅速退出运行，查明原因，进行修理。

（4）检查高低压套管是否清洁，有无裂纹、碰伤和放电痕迹。

表面清洁是套管保持绝缘强度的先决条件。当套管表面积有尘埃，遇到阴雨天或雾天，尘埃便会沾上水分，形成泄漏电流的通路。因此，对套管上的尘埃，应定期予以清除。套管由于碰撞或放电等原因产生裂纹伤痕，也会使它的绝缘强度下降，造成放电。若发现套管有裂纹或碰伤应及时更换。没有更换条件的，应及时报有关部门处理。

（5）检查防爆管、除湿器、接线端子是否正常。

检查防爆管隔膜是否完好，有无喷油痕迹；除湿器室的硅胶是否已达到饱和状态；各接线端子是否紧固，引线和导电杆螺栓是否变色。

防爆管隔膜破裂，应查找破裂的原因。若是意外碰撞所致，则更换新膜即可；若有喷油痕迹，说明发生了严重内部故障，应停运检修。硅胶呈红色，说明它已吸湿饱和失效，需更换新硅胶。线头接点炙色，是接线头松动，接触电阻增大造成发热的结果，应停电后重新加以紧固。

（6）检查变压器外接的高、低压熔丝是否完好。

① 变压器低压熔断丝是因为低压侧过流所造成。过流的原因可能如下。

a. 低压线路发生短路故障。

b. 变压器过负荷。

c. 用电设备绝缘损坏，发生短路故障。

d. 熔丝选择的截面过小或熔丝安装不当，如连接不好、安装中熔丝有损伤等。

② 变压器高压熔断器熔断（俗称跌落保险），原因可能如下。

a. 变压器本身绝缘击穿，发生短路。

b. 低压网络有短路，但低压熔断丝未熔断。

c. 当避雷器装在高压熔断器之后，雷击时雷电通过熔断器也可能使其熔断。

d. 高压熔断器熔丝截面选择不当或安装不当。

发现熔丝熔断，应首先判明故障，再更换熔丝。更换时应遵照安全规程进行，尤其是更换高压熔丝，应正确使用绝缘拉棒，以免发生触电事故。

（7）检查变压器接地装置是否良好。

变压器运行时，它的外壳接地、中性点接地、防雷接地的接地线应连在一起，完好接地。巡视中若发现锈蚀严重甚至断股、断线，应做相应处理。

（8）恶劣天气下的特殊巡视内容如下。

① 气温异常的情况下，巡视负荷、油温、油位变化情况。

② 大风天，注意引线是否有剧烈摆动，导线上是否有物体搭挂。

③ 雷雨天，观察避雷器是否处于正常状态，检查熔丝是否完好。

④ 雨雾天，注意套管等部位有无放电和闪络。

⑤ 冬季，注意变压器上是否有积雪和冰冻。

⑥ 夜间巡视，每月应进行一次夜间巡视，检查套管有无放电、引线与导电杆连接处是否发红。

5. 变压器常见故障及处理

变压器运行中的故障可分为线圈故障、铁芯故障及套管、分接开关等部分的故障。其中，变压器绕组的故障最多，占变压器故障的60%~70%；其次是铁芯故障，约占15%。其余部分故障发生较少。表2-2列出了配电变压器常见故障的种类、现象、产生原因及判断处理方法。

表2-2 变压器常见故障

故障部位	故障种类	故障现象	故障可能原因	判断及处理
绕组	匝间短路	① 变压器异常发热 ② 油温升高 ③ 油发出特殊的"嗞嗞"声 ④ 电源测电流增大 ⑤ 三相直流电阻不同，但差值小 ⑥ 高压熔断器熔断跌落（保险脱落） ⑦ 油枕盖有黑烟 ⑧ 气体继电器动作	① 变压器进水，水浸入绕组 ② 导线及焊接处的毛刺破坏匝间绝缘 ③ 油道内掉入杂物 ④ 变压器使用年限久或长时间过载使绝缘老化，在过电流引起的电磁力作用下，造成绝缘开裂脱落	在绕组上加10%~20%的电压，冒烟即为匝间短路 一般需要重绕线圈
	层间短路	现象同上，三相间的直流电阻差值较明显	与上述的③、④同	通过测量直流电阻来判定层间短路所在相，需重绕线圈
	对地短路（绕组对油箱、夹件间击穿）和相间短路	① 高压熔丝熔断 ② 安全气道膜片破裂，漏油 ③ 气体继电器动作 ④ 无安全气道及气体继电器的小型变压器油箱变形破裂	① 主绝缘老化或有破损 ② 绝缘油严重受潮 ③ 漏油引起油面下降使引线等露出油面，绝缘距离不足而击穿 ④ 其他原因短路造成绕组变形，引起对地短路 ⑤ 绕组内有杂物落入 ⑥ 由大气过电压或操作过压引起 ⑦ 引线随导电杆转动造成接地	故障明显，后果严重，应立即停电，需重绕线圈

续表

故障部位	故障种类	故障现象	故障可能原因	判断及处理
绕组	线圈断电	① 断线处有电弧使变压器内有放电声 ② 断线的相没有电流	① 导线焊接不良 ② 匝间、层间、相间短路造成断线 ③ 雷击造成断线 ④ 搬运时强烈震动或安装套管时使引线扭曲断线	吊芯处理，若因短路造成，应重绕线圈，若引线断则重新接线
铁芯	铁芯片间绝缘损坏	① 空载损耗大 ② 油温升高 ③ 油色变深 ④ 吊芯检测可见漆膜脱落，部分硅钢片裸露、变脆、起泡，并因绝缘碳化而变色（黑）	① 受剧烈震动，片间发生位移、摩擦引起 ② 片间绝缘老化或有局部损坏	① 吊芯检查 ② 恢复绝缘：用1611或1030号漆涂铁芯叠片两侧，漆膜干后厚0.01～0.015 mm
铁芯	铁芯片间局部熔毁	① 高压熔丝熔断 ② 油漆变黑并有特殊气味，温度升高 ③ 吊芯可看到硅钢片的热点，绝缘损坏变热	① 夹紧铁芯的穿芯螺杆与铁芯间的绝缘老化，使螺杆与芯片接触造成短路而发热引起局部熔毁 ② 铁芯两点接地形成涡流通路发热	吊芯后消除熔接点，恢复穿心螺杆绝缘或消除多余接地点
铁芯	钢片有不正常声音	有各种不同于正常"嗡嗡"声的异常响声	① 铁芯叠片错误（如缺片） ② 钢片在接缝处有弯曲 ③ 钢片厚度不均匀 ④ 油道或夹件下有没固定好的钢片 ⑤ 铁芯中叠有弯曲的钢片 ⑥ 铁芯片间有杂物 ⑦ 铁芯紧固件松动	夹紧夹片或进行重新叠片，消除发声的原因
套管	对地击穿	高压熔丝熔断	① 套管有隐蔽的裂纹或碰伤 ② 套管表面污秽严重 ③ 变压器油面下降过多	巡视时注意观察裂纹等隐患，消除污秽；故障后必须更换套管
套管	套管间放电	高压熔丝熔断	① 套管间有杂物 ② 套管间有小动物	更换套管
分接开关	触点表面熔化与灼伤	① 油温升高 ② 高压熔丝熔断 ③ 触点表面产生放电声	① 开关装配不当，造成接触不良 ② 弹簧压力不够	
分接开关	相间触点放电或各分接头放电	① 高压熔丝熔断 ② 油枕盖冒烟 ③ 变压器油发出"咕嘟"声	① 过电压引起 ② 变压器油内有水 ③ 螺钉松动，触点接触不良产生爬电烧伤绝缘	每年1～2次，在停电后转动分接开关几周，使其接触良好

续表

故障部位	故障种类	故障现象	故障可能原因	判断及处理
变压器油	油质变坏	变压器油色变暗	① 变压器油故障，造成油分解 ② 变压器油长期受热，氧化严重，油质恶化	定期试验、检查，根据结果判断是否需要过滤或换油

6. 变压器检修工艺

变压器的检修分为大修和小修两类，大修又称为吊芯检修，小修又称为不吊芯检修。二者的区别在于是否吊出变压器的器身（吊芯）。

1）变压器的小修周期

变压器的小修周期是根据它的重要程度、运行环境、运行条件等因素来决定的。一般规定如下。

（1）不小于 5 kV 的变压器每半年小修一次。

（2）不小于 10 kV 的变压器一般每年小修一次，对运行于配电线路上的 10 kV 配电变压器可每两年小修一次。

（3）运行于恶劣环境（严重污染、腐蚀及高原、高寒、高温）的变压器，可在上述基础上适当缩短小修周期。

2）变压器的小修项目

变压器的小修要在停电后进行。为了减少损失，应尽量缩短停电检修时间。一般规定：2 000 kVA 以下变压器允许停电 6 h；2 000～5 000 kVA 以上变压器允许停电 10 h。变压器小修的主要内容如下。

（1）检查接头状况是否良好。

检查出线接头及各处铜铝接头，若有接触不良或接点腐蚀，则应修理或更换，同时，还应检查绝缘套管的导电杆螺钉有无松动及过热。

（2）绝缘套管的清扫和检查。

清扫高低压绝缘套管的积污，检查有无裂痕、破损和放电痕迹。检查后，要针对故障及时处理。

（3）检查变压器是否漏油。

清扫油箱和散热管，检查箱体结合处、油箱和散热管焊接处及其他部位有无漏油及锈蚀。若焊缝渗漏，应进行补焊或用胶黏剂补漏。若是密封渗漏，可能的原因如下。

① 密封垫圈老化或损伤。

② 密封圈不正、压力不均匀或压力不够。

③ 密封填料处理不好，发生硬化或开裂。

检查后针对具体情况进行处理。老化、硬化、断裂的密封和填料应予以更换；在装配时，注意压紧螺钉，要均匀地压紧、垫圈要放正，油箱及散热管的锈蚀处应铲锈除漆。

（4）检查防爆管。

有防爆管的变压器，应检查防爆膜是否完好。同时，检查它的密封性能。

(5) 查看气体继电器是否正常。

检查气体继电器是否漏油；阀门的开闭是否灵活；动作是否正确可靠；控制电缆及继电器接线的绝缘电阻是否良好。

(6) 油枕的检查。

检查储油柜上油表指示的油位是否正常，并观察油枕内实际油面，对照油表的指示进行校验。若变压器缺油要及时补充。同时，应检查并及时清除储油柜内的油泥和水分。

(7) 呼吸器的检查和处理。

呼吸器内的硅胶每年要更换一次。若未到一年硅胶就已吸潮失效（颜色变红），也应取出放在烘箱内，在 110 ℃～140 ℃温度下烘干脱水后再用。将硅胶重新加入呼吸器前，使用筛子把粒径小于 3 mm 的颗粒除去，以防它们落入变压器中，引起不良后果。

(8) 接地线检查。

检查变压器接地线是否完整良好，有无腐蚀现象，接地是否可靠。

(9) 高低压熔断器的检查。

检查与变压器配用的保险及开关触点的接触情况、机构动作情况是否良好。采用跌落式保险保护的变压器，还应检查熔断丝是否完整、熔丝是否可靠。

(10) 测量变压器绝缘电阻。

用兆欧表测定线圈绝缘电阻。测量时，以额定转速 120 r/min 均匀摇动兆欧表 1 min，读取仪表所示值 R_{60}，并记录当时变压器温度。

由于影响绝缘电阻值的因素很多，一般对 R_{60} 值不作统一规定，而是把测得值与制造厂提供的初试值进行比较来判断是否合格。一般新变压器投入运行前的绝缘电阻值，换算到同一温度下比较，不应低于初试值的 70%；运行中的变压器，测得的 R_{60} 值换算到相同温度时，不应低于初试值的 50%。

若所测变压器已无法查到绝缘电阻的初试值，则可以表 2-3 所列数值为参考，测得的 R_{60} 应大于表内所列各值。

表 2-3　配电变压器绝缘电阻允许值　　　　　　　　　　单位：MΩ

电压	项目	温度/℃							
		10	20	30	40	50	60	70	80
小于 10 kV	一次对二次及地	450	300	200	130	90	60	40	25
	二次对地	40	20	10	5	3	2	1	1
20～35 kV	一次对二次及地	600	400	270	180	120	80	50	35

为判断变压器绝缘是否受潮，常测量其吸收比 R_{60}/R_{15}。吸收比是指兆欧表额定转速下摇动 60 s 时的示值 R_{60} 与摇动 15 s 时的示值 R_{15} 之比。在绝对干燥时，吸收比值为 1.3～2.0，绝对潮湿 R_{60}/R_{15} 值为 1.0。对新变压器（35 kV 等级），交接试验时要求吸收比不小于 1.2，运行和大修时的吸收比标准不作强制性规定。

用兆欧表测得的绝缘电阻值的大小与测量方法、表计选择、测量时环境温度均有很大关系。因此，测量时应注意以下事项。

① 按测量对象选用摇表的额定电压。绕组额定电压不小于 1 000 V 的变压器应选用电压为 2 500 V 的摇表；绕组额定电压小于 1 000 V 的变压器应选用 1 000 V 的摇表。对同一台变压器，如果要对历次测量值进行比较，则各次测量应使用相同电压等级的摇表。

② 测量的环境条件。最好选择气温在 5 ℃以上、相对湿度在 70%以下的天气进行，并尽量保持历次测量的环境条件一致。

③ 测量时注意正确使用摇表。把摇表摆平，不能摇晃，以免影响读数。测量前，将两试棒开路，在额定转速下，指针应指向"∞"；否则应对仪表进行调校后再测。

④ 测量中注意正确接线。测量线圈绝缘电阻时，应把绕组各引出线拆开，非被试绕组接地。把摇表的"线路"接线柱（"L"端钮）与被试绕组出线相连；摇表"接地"接线柱（"E"端钮）与接地的金属构件（为箱体）相连。在天气潮湿或被测变压器线圈绝缘表面因受腐蚀、污染而不洁净时，为了减少表面泄漏电流，可使用摇表的保护线（表上的"G"端钮）。保护线的用法如图 2-6 所示。由图可见，使用保护线后，原来从变压器外壳 3 表面流经导体绝缘 2 表面到 L 端的泄漏电流，将由保护线引到 G 端，再进入 L 端去影响测量结果，使结果更准确。

在不使用"G"端钮时，"E"和"L"端的接法也应与图 2-6 一致，不能接反。

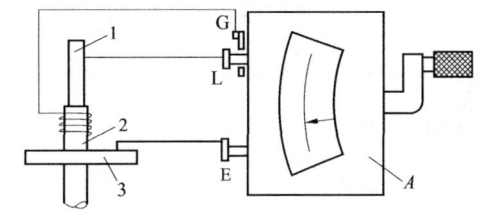

图 2-6 兆欧表接线

1—被测物导线；2—被测导体绝缘；3—变压器外壳；4—兆欧表
L—"线路"接线柱；E—"接地"接线柱；G—保护环接线柱

在实际测量中，需要把变压器在不同温度下测得的电阻值换算到 40 ℃来进行比较。换算公式为

$$R_{40}=KR$$

式中　R_{40}——40 ℃下的绝缘电阻值，Ω；

　　　R——被测物温度为 θ ℃时的绝缘电阻值，Ω；

　　　K——换算系数，对应不同的温度 θ，K 值也不同，具体可由表 2-4 查得。

表 2-4　不同绝缘温度的电阻向 40 ℃换算的 K 值

温度/℃	K	温度/℃	K	温度/℃	K	温度/℃	K
1	0.206	11	0.308	21	0.464	31	0.695
2	0.214	12	0.321	22	0.484	32	0.725
3	0.223	13	0.333	23	0.502	33	0.752
4	0.232	14	0.348	24	0.523	34	0.795
5	0.241	15	0.362	25	0.545	35	0.817
6	0.251	16	0.379	26	0.567	36	0.850
7	0.262	17	0.393	27	0.590	37	0.885
8	0.272	18	0.410	28	0.615	38	0.922
9	0.284	19		29	0.642	39	0.960
10	0.296	20		30	0.667	40	1.000

续表

温度/℃	K	温度/℃	K	温度/℃	K	温度/℃	K
41	1.041	51	1.560	61	2.350	71	3.520
42	1.085	52	1.625	62	2.440	72	3.670
43	1.130	53	1.695	63	2.545	73	3.820
44	1.176	54	1.765	64	2.640	74	3.990
45	1.225	55	1.835	65	2.765	75	4.150
46	1.258	56	1.915	66	2.870	76	4.300
47	1.330	57	1.992	67	3.000	77	4.480
48	1.380	58	2.070	68	3.120	78	4.670
49	1.440	59	2.160	69	3.250	79	4.860
50	1.500	60	2.250	70	3.380	80	5.060

（11）检查消防设施是否完好。

配电变压器的消防设施包括四氯化碳灭火器、二氧化碳灭火器、干粉灭火器及砂箱。不能使用泡沫灭火器。

7. 变压器的大修

变压器的大修可分为因故障而进行的大修和正常运行的定期大修。对前者，需在大修前详细检查变压器的故障状况；对后者则应按规定期限进行。

1）变压器的大修期限及大修前检查

（1）变压器定期大修期限。

变压器的定期大修，一般可按下列时间进行。

① 不小于 35 kV 的变压器，在投运 5 年后应大修一次，以后每 5~10 年大修一次。

② 不大于 10 kV 的变压器，如果不经常过负荷，每 10 年左右大修一次。

③ 新安装的电力变压器，除可以保证在运输和保管过程中不会受到损坏外，均应进行吊芯检查，再安装投运。但对容量很小（630 kVA 及以下），运输过程中无不正常现象的变压器，可不吊芯检查，直接投运。

（2）故障变压器大修前检查。

对故障后的变压器，大修前首先应进行详细的检查。通过外部检查和必要的电气试验，确定故障原因和部位，再进行有针对性的检修，要达到事半功倍的效果。

应当进行的检查项目包括下述内容。

① 查看变压器运行记录。搜集变压器在运行中已暴露出并被运行人员记录在案的缺陷，对照这些缺陷到现场变压器上一一核对，制定有针对性的检修措施。

② 检查继电器是否动作。若气体继电器动作过，则说明由于严重内部故障已产生了大量气体。在因气体继电器动作引起跳闸后，应迅速鉴别气体的颜色、气味和可燃性，并据此推测故障和原因：不易燃的黄色气体是木材受热分解产生的；可燃、有强烈臭味的淡灰色气体是纸和纸板产生的；灰色或黑色易燃气体是变压器分解产生的。

③ 检查变压器外观，对各部件故障状况进行记录。在开箱吊芯前，尽快对故障变压器的

油枕、防爆管、油箱、高低压套管、上层油层油温、引线接头状况等进行检查记录。通过外部检查，发现上述部件故障，以便大修中进行处理。

④ 测定绕组绝缘电阻，判断是否有短路和接地。用兆欧表测定绕组绝缘电阻的方法在小修工艺中作了介绍。若测得绝缘电阻值很小，接近于零，说明存在接地或短路故障；若测得值不为零，但小于规定值，则可能是绝缘受潮，需进行烘潮处理。

⑤ 交流耐压试验。有的变压器绝缘击穿后，由于变压器油流入击穿点而使绝缘暂时恢复。这时，用摇表就不能判断出故障，需用交流耐压试验来进一步判定。配电变压器的交流耐压试验是对绕组连同套管一起进行的。表 2-5 所列数值为配电变压器交流试验标准。

表 2-5　配电变压器交流试验标准　　　　　　　单位：kV

试验条件	额　定　电　压						
	<0.5	3	6	10	15	20	33
出厂时	5	18	25	35	45	55	85
交接及大修时	2	15	21	30	38	47	72

⑥ 测量各相绕组直流电阻，判定是否有层间、匝间短路或分接开关、引线断线。由于绕组直流电阻值较小，直流电阻测量一般用双电桥进行。在三相直流电阻之间的差值大于一相电阻值的±5%，或电阻值与上次测得的数值相差 2%~3% 时，可判定该相绕组有故障。

⑦ 测定变压器变比，判定变压器的匝间短路。测定时，用较低的电压加在各相绕组高压侧，测取一、二次电压并计算变比。存在匝间短路的那一相，变比值会发生异常。如果试验时箱盖已吊开，器身浸在油中，还可看到短路点由于电流产生高热引起变压器油分解而冒出的气泡，从而可以判明故障相。

⑧ 测定变压器三相空载电流。在变压器一次侧上额定电压，二次侧开路时测量它的空载电流（励磁电流），可判断绕组和铁芯是否有故障。测得的空载电流与上次试验的数值比较不应偏大。在测得的本相空载电流之间进行比较应基本平衡；否则存在故障。

⑨ 变压器油的试验。取样进行简化试验，确定变压器油是否合格、是否需进行处理。

2）大修项目

配电变压器无论是确定为内部故障后的大修还是定期大修，一般都需进行以下各项工作。

（1）吊芯及吊芯后对器身的外部检查。

（2）器身检修。

（3）分接开关检修。

（4）油箱及其附件（箱盖、高低压套管、储油柜、呼吸器、防爆管、温度计、耐油密封圈等）的检修。

（5）气体继电器检修。

（6）滤油或换油。

（7）箱体内部清洁及涂漆。

（8）装配。

（9）试验。

3）变压器吊芯及吊芯后检查

由于变压器油和绕组绝缘对污秽、潮气很敏感，易于受到损坏，不宜长时间与空气接触。吊芯是变压器检修中技术性较强的一项工作。

（1）吊芯的注意事项。

① 吊芯应在相对湿度不大于75%的良好天气下进行，不要在雨雾天或湿度大的天气下吊芯。在江边和湖滨地区，日出前湿度大，应在日出后开始放油、吊芯。

② 注意吊芯场所的清洁。吊芯的工作场所应无灰烟、尘土、水汽。最好在专用的检修场所进行。

③ 必要时提高铁芯温度以免受潮。如果任务紧迫，必须在相对湿度大于75%的天气起吊，则应使变压器铁芯温度（按变压器上层油温计）比大气温度高出10℃以上，或使室内温度高出大气温度10℃且铁芯不低于室温时吊芯。

④ 器身暴露在空气中时间的规定。吊芯过程中应监视空气的相对湿度，控制变压器器身暴露在空气中的时间。器身暴露的时间按规定不超过以下值。

a. 干燥空气（相对湿度不超过65%），16 h。

b. 潮湿空气（相对湿度不超过75%），12 h。

（2）起吊时的绑扎。

起吊前应仔细检查钢丝绳的强度和勾挂的可靠性。起吊方案如图2-7所示。起吊时，应使每根吊绳与铅垂线间夹角不大于30°。当该角过大时，应适当加长钢丝绳或加木撑，采用图2-7（a）中起吊的方法。

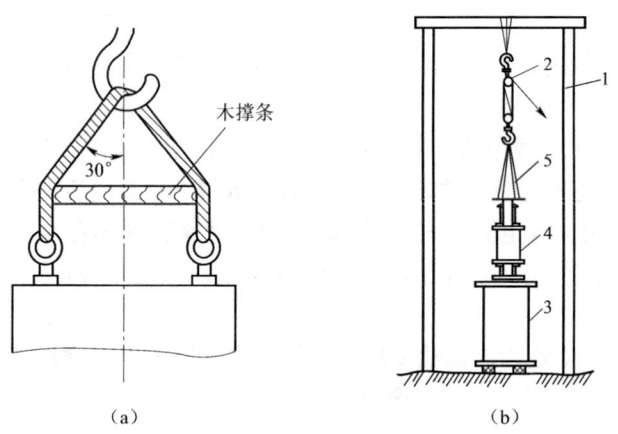

图2-7 变压器吊芯
（a）用木撑条起吊；(b) 用吊架吊芯
1—吊架；2—滑轮组；3—油箱；4—器身；5—绳套

（3）起吊时人员组织。

起吊时应有专人在一旁监视、指挥，防止器身的铁芯、绕组及各绝缘部件与油箱碰撞损坏。满足以上条件后，就可进行吊芯。

（4）吊芯的工艺程序。

① 拆线。变压器停电后，拆开高低压套管引线及气体继电器等设备的电缆。把各线头用胶布包好，做出标记，以便检修后装复。拆掉变压器接地线及小车垫铁，并对变压器安装位

置做好记号。

② 把变压器运至检修现场。对就地检修或检查的变压器，应搭好吊架及拉绳。为便于检查还可搭工作架（脚手架），它的高度以略低于油箱沿为宜。

③ 放油。对箱式结构，固定散热管的配电变压器，把油放至油面略低于箱沿即可。如果散热器是可拆的，需拆下散热器时，可把散热器两端蝶阀关闭，再通过散热器下端放油塞放尽散热器内的油，拆下散热器。

（5）拆卸箱盖上各部件。

拆卸套管、储油箱、安全气道、气体继电器，以免起吊时损坏。

（6）拆卸油箱的螺栓。

（7）吊芯。对容量 3 200 kVA 及以下的变压器，可把箱盖连同器身一起吊出。如果变压器容量大（大于 4 000 kVA），则器身较长，箱盖也长。为了避免箱盖起吊后变形，这时应先把箱盖拆下、吊开，再吊器身。

（8）把器身放至检修位置。

吊了器身后，如果起吊设备可以移动，则把器身移至检修地点；如果起吊设备不能移动，则应移开油箱。到工位后，把器身吊至离地面 200～300 mm 的位置停住，在器身下部放集油盘接收器身上滴下的残油。待残油基本滴净后，垫上枕木，把器身放在木块上检修。对安装前吊芯检查的变压器，也可以在器身吊出后，用枕木垫稳在箱沿上进行检查。这时，吊索和吊钩仍应略受力，以保证安全。

（9）吊芯后检查。

吊芯后首先应对器身进行冲洗，清除油泥和积垢。用干净的变压器油按从下到上再从上到下的顺序冲洗一次。不能直接冲到的地方，可用软刷进行刷洗，器身的沟凹处要用裹上浸有变压器油的布擦洗。冲洗后，进行以下项目的检查。

① 对螺栓、螺母的检查。检查器身及箱盖的全部螺栓、螺母，对松动的加以紧固。若有螺栓缺螺母，则一定要找到该螺母，将它拧紧在原位置，绝不允许它散落在油箱内或器身中。

② 对线圈的检查。检查变压器各线圈是否有松动、变形或位移，线圈间隔衬垫是否牢固，木夹件是否完好。绕组微小的变形、垫块变位脱落或木夹件的损坏，均表示绕组可能受到了机械力的损伤。应仔细查明原因予以消除。同时应检查并清理绕组中的纵向、横向油道，使其畅通。

（10）检查绕组和引出线绝缘是否老化。

从外观上对绝缘程度加以评定，可按优劣分为以下几种情况。

① 绝缘物富有弹性，色泽新鲜均衡，用手压时无残留变形，为良好绝缘。

② 绝缘颜色较深、质地较硬，但用手压时无裂纹和脱落，为合格绝缘。

③ 绝缘物变脆，颜色深暗，用手按压时隔不久便有轻微裂纹和变形，为不可靠绝缘，这种绝缘应根据具体情况予以更换，暂时不能更换者，应在检修记录中注明，并通知运行人员。

④ 绝缘物已碳化发脆，用手按压时产生显著变形、裂开和损坏。这时绝缘已经损坏，必须更换，重新绕制线圈。

在检查绕组整体绝缘的同时，还应对其局部绝缘的老化迹象进行检查。绕组绝缘整体同步老化，是变压器长期运行的结果；而局部绝缘老化则往往是由绕组内部有故障或隐患造成的。发现局部绝缘老化，立即停运，及时查出故障及故障点进行处理。若老化严重，应更换线圈。

（11）检查油箱及散热器内污秽情况。

对铁芯和绕组上有油泥、积垢的变压器，可判定它的油箱、散热器内也有污垢，应当进行油箱和散热器的清洗除垢。这时，应把全部变压器油放出（放出的油可送去过滤和再生），用铲刀铲除油箱和散热器内的油泥，再用不易脱纱和脱毛的布进行擦洗。擦洗干净后，用合格的变压器油清洗一遍。

值得指出的是，不可用碱液和汽油清洗变压器油箱及散热器内的油泥，以免残留的碱和汽油污染变压器油。

在以上各项中，安装前的新变压器一般只需检查前 5 项，针对查到的问题，消除后即可安装投运。故障后大修或定期大修的变压器，需对以上各项内容都进行认真、详细的检查，并把结果记入变压器档案。通过检查，弄清变压器各部分状况，对查出的故障进行相应检修或部件更换。

8. 分接开关检修

配电变压器普遍采用 SWX 和 SWXJ 型无励磁分接开关，上述型号中各字母含义为：S—三相；W—无励磁；X—星形连接中性点调压；J—触点为夹片式（无 J 为单片式）。触点的结构形式由工作电流确定，小于 60 A 时采用单片式，大于 60 A 则采用夹片式。

图 2-8 是 SWX 型单片式无励磁分接开关外形和接线。图 2-8（a）是外形结构。分接开关上部是开关盖，安装好后，开关盖位于变压器箱盖外面。开关的下部（包括动、静触点及各接线头）从箱盖上的孔伸入油箱中，浸在变压器油里。操作时，只需旋下变压器油箱外的开关盖，松开定位螺钉，旋转开关中心的轴，使动触点旋转，即可改变分接头位置，达到调压的目的。

由于分接开关的切换涉及电路的通断，而它本身又不具有断开电流的能力，故必须停电后（无励磁）才能进行切换操作。

图 2-8（b）是无励磁调压分接开关的接线原理。由图中可见，变压器三相高压绕组中性点抽头，通过分接开关接成 Y 形。当电源电压为额定值时，触点位置为图在"2"点，投入运行的高压绕组匝数也为额定值；当电源电压常高于额定值（如变压器位于配电线路始端），可把分接头位置旋至"1"，使高压侧匝数增多，降低变压器 3 次电压；当电源电压常低于额定电压（如变压器位于配电线路末端），则可让分接开关位于"3"，以升高二次电压。从图 2-8（b）可见，分接开关的触点，是变压器一次侧主回路的一部分。变压器运行中，如果这些触点接触不良，发生过热，将直接影响整个变压器的正常运行，甚至造成变压器损坏。因此，吊芯后分接开关的检修是大修的一个重要项目，必须认真进行。

对无励磁分接开关的检修应从以下几方面进行。

（1）检查动、静触点之间的接触情况。

对单片触点检查其接触是否良好，有无烧蚀痕迹；观察触点有无发热引起的变色，发热位置附近的绝缘是否有碳化现象；触点有无变形。对夹片式触点，除上述内容外，还应检查动触点在定触点内的位置是否处于中部。对触点上放电，烧蚀痕迹应使用细锉刀或 00 号砂纸打磨，消除缺陷。打磨触点时，应特别注意不能把金属屑掉入油箱或器身等部位。触点缺陷严重时，应予以更换。检查中，所有触点上均不应有油泥、污垢，若有则应清洗干净。

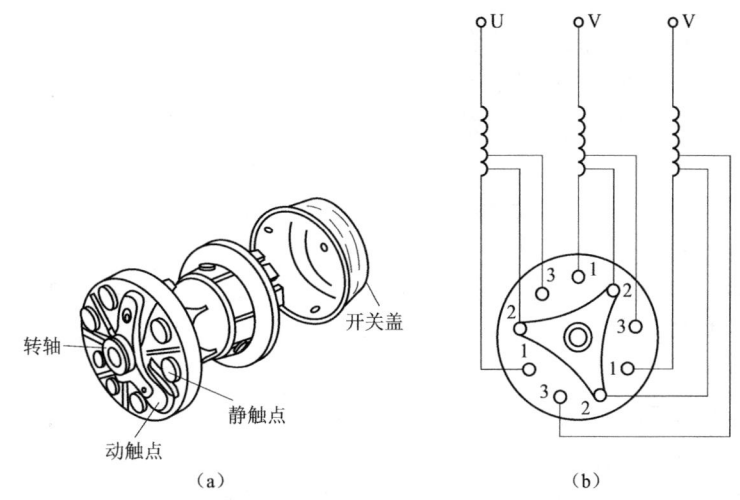

图 2-8 无励磁调压分接开关
(a) 外形；(b) 接线

（2）检查触点之间的接触压力是否足够。

检查触点弹簧片是否正常，有无受热退火、变色。动、静触点间用 005 塞尺检查，以塞不进去为合格；否则应调整接触面或更换新弹簧。对压力严重不足或有绝缘碳化和因放电而造成接触面严重灼伤不平的分接开关，必须更换。

（3）检查固定部分的导电是否良好。

分接头上与静触点相连的接线端常采用螺栓或铜焊、锡焊方式与绕组抽头线相连。该接点应连接良好。一般来说，用铜焊连接的接点是比较可靠的，但也须检查焊点是否有发热和断裂。对锡焊接点更要仔细检查是否有因发热而脱焊的情况。至于用螺栓连接的接点，不仅要看它是否曾经发热，还要检查是否松动，并用扳手逐一紧固。

（4）检查分接开关在箱盖上的固定情况。

分接开关整体在箱盖上应固定牢靠，无松动。开关与油箱盖间胶垫应完好，无漏油。

（5）转轴的检查。

检查转轴是否灵活，轴上的螺钉、开口销是否牢固。开关上部指示位置与下部触点接触位置是否符合。

（6）检查分接开关绝缘部件状况。

分接开关上各绝缘部件应清洁、无损伤、绝缘良好。

（7）测定动、静触点间的接触电阻。

经上述各项检查，确认正常后，用双电桥测量分接开关每一位置的接触电阻。测得值不大于 500 $\mu\Omega$ 为合格。若某一抽头位置电阻过大，则应查明原因予以消除。测量时，注意最后测变压器正常运行时那一挡的开关位置。测定合格后，不再切换，就此投入运行。另外，对测量结果应进行记录，留作以后参考。

9. 其他部件检修

除前面介绍过的各部件外，变压器大修时还需检修套管、油枕、呼吸器、防爆管、油箱、散热器等部件。

1）绝缘套管检修

配电变压器常用的高、低压绝缘套管结构，在前面已进行了介绍。它们的结构较简单，检修工艺也不复杂，检修时应做以下工作。

（1）将套管表面除污、擦净，仔细检查有无破损及裂纹，有无闪烁放电痕迹。损伤严重者原则上应予以更换。

（2）若套管破损不严重，又无备品可换时，允许用环氧树脂粘补修复。可使用原碎件黏合，或用树脂填充修复。

（3）检查各油封、胶垫，若有渗漏应更换。若检修时已将套管拆下，则应更换全部胶垫。

（4）引线导电螺杆应完好，接头无腐蚀、发热痕迹。若有则应更换。

2）油箱及散热管检修

油箱包括箱盖和箱体。它的作用是容纳变压器油并支承各部件。因此，油箱检修的重点是看连接处、焊缝是否漏油及是否有开裂。

连接处漏油大多是该处耐油胶垫的问题，大修时应检查以下几点。

（1）箱盖与箱体上的箱沿之间密封胶垫是否完好，有无渗漏。必要时更换新的耐油胶垫。

（2）箱盖上各孔与相应部件连接处的胶垫是否漏油。套管、油枕、防爆管、分接开关等部件拆下后，对原密封垫的结合面应铲干净。装复时，一般应更换新垫圈。

焊接处渗漏或弯曲和开裂，可结合大修进行带油或不带油补焊。在焊接不便的地方，可考虑使用胶粘止漏。这种方法是采用 3 种粘接剂对漏点进行粘补，操作得当，可取得良好的补漏效果。

粘接工艺步骤如下。

① 找准漏点，清除附近污垢、油漆。

② 用粗砂布打磨直至露出金属本色，并使金属表面粗糙。

③ 用丙酮或酒精清洗待粘表面，除去残余油迹。

④ 涂上配好的 911 块干胶。

⑤ 清洗后，再涂上一层胶 JW–1，用电吹风使粘接区保持 50 ℃～60 ℃ 1～2 h，再在外表涂一层 J11 块干胶。

采有 3 种胶分层粘接的原因，是 911 胶固结快，适用于带油堵漏。JW–1 胶强度高，耐油性好，适宜作粘补主剂，但耐酸性差，不宜在空气中长期暴露，再覆盖一层 J11 胶作保护。

3 种胶黏剂的配方和调制工艺如下。

（1）911 干胶。由甲组（胶）和乙组（速凝剂）组成。配方为甲:乙=（6～9）:1。按所需胶料滴在铜制调合板上（用铜调合板是为了散热，延缓凝结时间），再滴入乙组速凝剂，和竹签迅速调合。有一定黏度后，即可涂在处理好的待粘面上。911 胶固化条件是 25 ℃下 10 min。

（2）JW–1 无机胶黏剂。由甲组（氧化铜粉）和乙组（磷酸）组成。配方为甲:乙=（4～4.5）g:1 mg。配制时称适量甲组粉剂，置于调合板上。用竹签在粉中拨一个坑，把注射器中的磷酸按量注入坑内调匀，并能拉丝 10～20 mm 时即可使用。

（3）J11 块干胶。由甲组（胶）和乙组（凝固剂）组成，配方比例为1:1。与 911 调法类似，涂上后 25 ℃下经 24 h 固化。

四、任务实施

任务 1　变压器巡检

实施步骤如下。

（1）准备好巡检工具和巡检表格。
（2）穿戴劳保用品。
（3）指导老师组织学生进入企业变配电室巡检。
（4）按巡检表格中的项目逐一巡检并填写变压器巡检表（表2–6）。
（5）仔细对照标准值检查每项记录并归档，如有异常应及时报告。

表 2–6　变压器巡检表

柜号/编号			生产厂家		
规格型号			生产日期		
项　　目		标　　准	方法	结论	备注
变压器外部检查	本体外观检查	清洁、无积灰、无油污	目测		
	油枕检查	密封胶圈无龟裂渗油现象；油面高度处于正常油标线范围；油标管内的油色应透明微带黄色	目测		
	上层油温检测	正常应在 85 ℃以下，对强油循环水冷却的变压器在 75 ℃以下	读取温度计实际值（或手摸判定、测温仪实测）		
	变压器的响声检查	正常时为均匀的"嗡嗡"声	耳听		
	高低压绝缘套管检查	清洁、无渗油、无破损裂纹和放电烧伤痕迹，相序表示明显	目测		
	散热管道运行情况	散热的截门正常开启，管道油路畅通，无冷热明显差异	目测、手摸		
	高、低压套管接线检查	一、二次接线接触良好、无过热变色现象	目测，测温仪实测		
	防爆管检查	防爆膜（玻璃）应完整无裂纹、无存油	目测		
	呼吸器检查	呼吸器应畅通，硅胶吸潮不应达到饱和（观察硅胶颜色变化程度，一般看紫红色深浅，正常应为蓝色或白色）	目测		
	瓦斯继电器检查	瓦斯继电器本体及法兰连接胶垫无龟裂渗油现象，继电器充油窗口无空气，玻璃无裂痕，油质透明清晰	目测		
	接地检查	外壳接地良好，无锈蚀	目测		
变压器负荷检查	室外变压器负荷检查（无固定安装的电流表时）	测量高峰时段的最大负荷及代表性负荷	用钳型电流表（应做安全措施及有监护人）		

续表

项 目		标 准	方法	结论	备注
变压器负荷检查	室内变压器负荷检查（装有电流表、电压表）	应记录每小时负荷,并应画出日负荷曲线	目测		
	三相电流测量	对 Y/Y_{0-0} 连接的变压器,其中性线上的电流不应超过低压绕组额定电流的 25%	计算		
	变压器运行电压检测	正常运行电压不应超过额定电流的 ±5%	计算		

巡检人员：　　　　　　　　项目负责人：　　　　　　　　巡检日期：

备注：实际记录栏除需数据填写项目如实填写外，其余符合技术要求项目用"√"表示，不符合技术要求用"×"表示，并在相应备注栏注明原因。

任务 2　更换变压器散热油

实施步骤如下。
（1）制定换油实施方案。
（2）穿戴劳保用品。
（3）准备好所需工具、仪器及散热油。
（4）检查换油实施方案。
（5）指导老师组织学生进入学校实训基地的实训变压器场地。
（6）指导学生按实施方案的操作流程更换散热油。

五、考核评价

考核评价见表 2-7。

表 2-7　项目实施考核评分表

考核项目	考核内容及要求	分值	学生自评（A）	小组评分（B）	教师评分（C）	实得分（A×20%+B×30%+C×50%）
方法确定计划安排	方案的合理性和可行性	5				
	计划安排的周密性	5				
项目完成情况	根据各项目学习情况进行考核	50				
职业素养	遵守纪律	5				
	安全操作	3				
	正确使用工具	2				
完成时间	方案确定、计划安排	2				

续表

考核项目	考核内容及要求	分值	学生自评（A）	小组评分（B）	教师评分（C）	实得分（A×20%+B×30%+C×50%）
完成时间	仪表选型、安装	2				
	系统调试	1				
团队合作	沟通能力	4				
	协调能力	3				
	组织能力	3				
其他项目	课堂提问	5				
	作业	5				
	任务报告书	5				
总　　分		100				

六、思考与练习

（1）电力变压器的结构组成是什么？

（2）电力变压器检修时的安全注意事项有哪些？

（3）电力变压器检修时的安全措施有哪些？

项目二　电气开关检修

开关是指一个可以使电路开路、使电流中断或使其流到其他电路的电子元件。是各种电气线路中必不可少的控制、安全电气元件，在机电设备的控制线路、供配电系统中起着非常重要的作用。本项目主要学习常用开关结构和检修。

一、学习目标

（1）了解各种开关的结构和工作原理。

（2）掌握断路器检修方法。

二、工作任务

调整 ZN-10 型真空断路器的触点开距、超行程和总行程。

三、知识准备

1. 开关分类

按照用途分类，可分为拨动开关、波段开关、录放开关、电源开关、预选开关、限位开关、控制开关、转换开关、隔离开关、行程开关、墙壁开关和智能防火开关等。

按照结构分类，可分为微动开关、船形开关、钮子开关、拨动开关、按钮开关、按键开关，还有时尚潮流的薄膜开关、点开关。

按照接触类型分类，可分为 a 型触点、b 型触点和 c 型触点 3 种。接触类型是指，"操作（按下）开关后，触点闭合"这种操作状况和触点状态的关系。需要根据用途选择合适接触类型的开关。

按照开关数分类，可分为单控开关、双控开关、多控开关、调光开关、调速开关、门铃开关、感应开关、触摸开关、遥控开关、智能开关、插卡取电开关和浴霸专用开关。

2. 刀开关

1）刀开关作用和分类

刀开关又称闸刀开关或隔离开关，它是手控电器中最简单而使用又较广泛的一种低压电器。刀开关是带有动触点（闸刀），并通过它与底座上的静触点（刀夹座）相楔合（或分离），以接通（或分断）电路的一种开关，如图 2-9 所示。

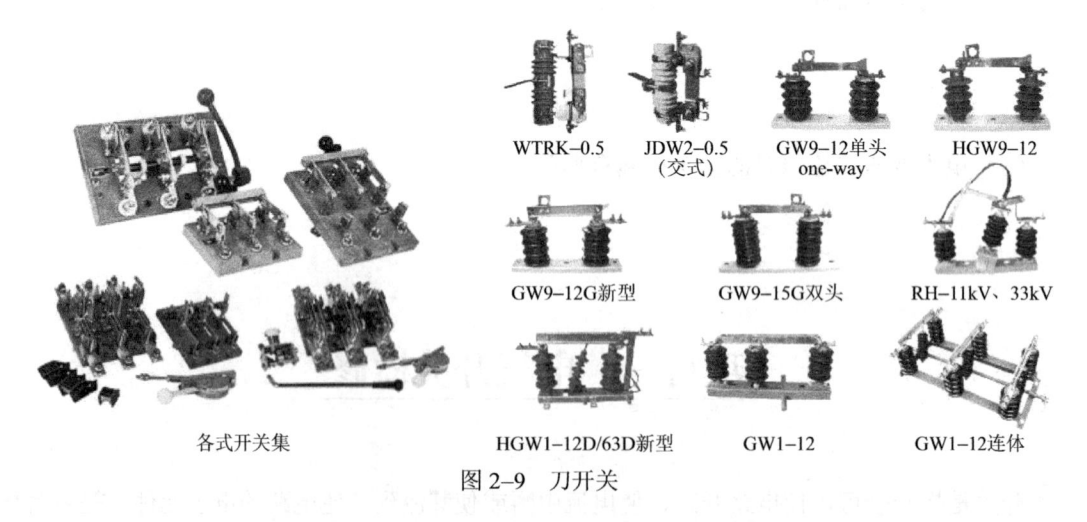

图 2-9 刀开关

作用：用于设备配电中隔离电源，也可用于不频繁接通与分断额定电流以下负载。

特性：不能切断故障电流，只能承受故障电流引起的电动力。

组成：刀开关通常由绝缘底板、动触刀、静触座、灭弧装置和操作机构组成。

分类如下。

（1）根据工作原理、使用条件和结构形式的不同，刀开关可分为刀形转换开关、开启式负荷开关（胶盖瓷底刀开关）、封闭式负荷开关（铁壳开关）、熔断器式刀开关和组合开关等。

（2）根据刀的极数和操作方式，刀开关可分为单极、双极和三极。常用的三极开关额定电流有 100 A、200 A、400 A、600 A 和 1 000 A 等。

通常，除特殊的大电流刀开关需电动机操作外，一般都采用手动操作方式。其中以熔断体作为动触点的，称为熔断器式刀开关，简称刀熔开关。

2）刀开关常用类型

常用的刀开关有 HD 型单投刀开关、HS 型双投刀开关（刀形转换开关）、HR 型熔断器式刀开关、HZ 型组合开关、HK 型闸刀开关、HY 型倒顺开关和 HH 型铁壳开关等。

3）刀开关的维护

刀开关的日常检查和维护内容如下。

（1）检查刀开关的外观是否有积尘，若有应停电清除；检查外观有无缺损，若有破损和缺件（如盖盒），影响灭弧和安全，则必须停电更换，切不可继续使用；否则会造成相间短路、火灾及烧伤操作人员等严重事故。

（2）检查刀开关安装是否正确。刀开关不可倒装或平装，以防误操作、误合闸。

（3）检查引线绝缘有无烧焦痕迹和焦臭味，若有应检查是过负荷引起还是压接螺钉未压紧引起；检查接线是否牢固。压接螺钉锈死或松动都会造成接线接触不良、导线发红、接线端子氧化发黑和缺相运行。

（4）检查保险丝是否符合要求，切不可盲目使用铜丝或过粗的保险丝，以防发生火灾及不能保护用电设备。刀开关过负荷运行，触点和触点座会生成黑色氧化层。

（5）检查刀闸的合闸是否到位，开关有无松动，触点与触点座的接触是否紧密。触点与触点座接触不良，会造成刀片烧红和缺相运行。

（6）触点和触点座因过负荷或接触不良而形成氧化层时，若情况不严重，可用细锉、小刀修刮光洁，并涂上一层导电膏处理；若情况严重，触点座已丧失弹性，则必须更换整个刀开关。

（7）检查触点与触点座间的接触压力是否适当。触点与触点座之间应保持一定的接触压力，增大压力可以减小接触电阻，避免触点过热；但若压力太大，反而会增大磨损。因此，在使用中应注意定期适当调整触点的接触压力。通常可用尖嘴钳钳压触点座来调整。

（8）检查刀开关金属外壳有无漏电现象，保护接地（接零）是否可靠，以确保人身安全。对于没有接地（接零）保护的瓷底胶盖闸刀之类的刀开关，如果使用环境潮湿或空气中有导电粉尘、酸碱等介质存在，会发生漏电。为此，应改善使用条件，加强日常维护，或更换安全型的开关。

（9）当刀开关的保险丝熔断后，不可贸然换上保险丝就投合运行，应先查明原因，并消除故障后方可再换上合适的保险丝投入运行。更换保险丝时，需将金属熔粒从刀开关内清除干净。如有电弧造成的炭粉，应用小刀刮去。若部件烧损严重，绝缘损坏，应予以更换，否则在拉、合闸时会引起相间短路事故。

（10）检查负荷电流是否超过刀开关的额定值，若超过应减轻负载或更换容量大的刀开关。

（11）检查绝缘连杆、底座等绝缘部分有无损坏和放电现象。若有必要，可用 500 V 兆欧表测量绝缘电阻。

（12）检查灭弧罩是否完好，有无被电弧烧焦的现象。烧伤轻微时，可用小刀修刮干净继续使用；严重时必须更换。

（13）检查三相闸刀的分、合闸同期性，并加以调整。

（14）检查操作机构是否灵活，销钉、拉杆等构件有无缺损、断裂。若有卡阻现象，应及时调整。

4）刀开关的故障及维修

（1）刀开关常见故障处理方法如表2-8所列。

表2-8　刀开关常见故障处理方法

现象	原因	处理方法
不能拉合	操作机构不灵活；刀片和定触点中心不在同一直线上	清理操作机构转动部分，加润滑油。轻轻活动操作机构，注意观察绝缘柱杆和操作机构的每一部分动作是否正常，调整动、静触点，使中心在同一直线上
触点过热，使触点金属光泽变暗发黑	① 压紧弹簧或螺母松动 ② 接触表面氧化，接触不良 ③ 刀片插入深度不够及合口不严等	① 更换弹簧、拧紧螺母 ② 清除氧化物，使之接触良好 ③ 修理、调整插入深度

（2）刀开关的检修。

① 合闸时静触点和动触点旁击故障。

这种故障是由于静触点和动触点的位置不合适，合闸时造成旁击，刀开关应检查动触点的紧固螺钉有无松动过紧。熔断器式刀开关检查静触点两侧的开口弹簧有无移位，或是否因接触不良而过热退火变形及损坏。

处理方法：刀开关调整三极动触点连接紧固螺钉的松紧程度及刀片间的位置，调整动触点紧固螺钉松紧程度，使动触点调至静触点的中心位置，做拉合试验，合闸时无旁击，拉闸时无卡阻现象。熔断器式刀开关调整静触点两侧的开口弹簧，使其静触点间隙置于动触点刀片的中心线，做拉合试验。

② 三极触点合闸深度偏差大。

三极刀开关和熔断器式刀开关合闸深度偏差值不应大于3 mm。造成偏差值大的主要原因是三极动触点的紧固螺钉和三极联动紧固螺钉松紧程度和位置（三极刀片之间的距离）调整不合适或螺钉松动。

处理方法：调整三极联动螺钉及刀片极间距离，检查刀片紧固螺钉紧固程度，熔断器式刀开关检查调整静触点两侧的开口弹簧。

③ 合闸后操作手柄反弹不到位。

刀开关和熔断器式刀开关合闸后操作手柄反弹不到位，其主要原因是开关手柄操作连杆行程调整不合适或静动触点合闸时有卡阻现象。

处理方法：调整操作连杆螺钉使其长度与合闸位置相符，处理静动触点卡阻故障。

④ 连接点打火或触点过热。

刀开关或熔断器式刀开关连接点打火主要是由于连接点接触不良，接触电阻大所致。触点过热是由于静动触点接触不良（接触面积小，压力不够）所致。

处理方法：停电检查连接点、触点有无烧蚀现象，用砂布打平连接点或触点的烧蚀处，重新压接牢固，调整触点的接触面和连接点压力。

⑤ 拉闸时灭弧栅脱落或短路。

拉闸时灭弧栅脱落是由于灭弧栅安装位置不当，灭弧栅不正，拉闸时与动触点相碰所致。拉闸时短路的原因有误操作，带负荷时拉无灭弧栅的刀开关或有灭弧栅的刀开关不全脱落，或超出刀开关拉合的电流范围。

⑥ 运行中的刀开关短路。

运行中的刀开关突然短路，其原因是刀开关的静动触点接触不良发热或连接点压接不良发热，使底板的绝缘介质炭化造成短路，应立即更换型号、规格合适的刀开关。

3. 熔断器

1）熔断器的结构及作用

熔断器的结构如图 2-10 所示。

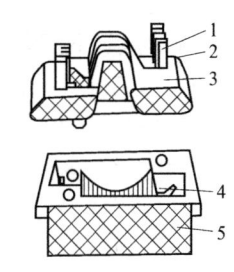

图 2-10　熔断器

定义：熔断器是根据电流超过规定值一段时间后，以其自身产生的热量使熔体熔化，从而使电路断开的一种电流保护器。

作用：熔断器广泛应用于高低压配电系统和控制系统以及用电设备中，作为短路和过电流的保护器，是应用最普遍的保护器件之一。

组成：熔断器主要由熔体、外壳和支座三部分组成，其中熔体是控制熔断特性的关键元件。

特性：熔断器熔体的熔断时间与熔断电流的大小有关，具有反时延特性，当过载电流小时，熔断时间长；过载电流大时，熔断时间短。因此，在一定过载电流范围内至电流恢复正常，熔断器的熔体不会熔断，可以继续使用。熔断器有各种不同的熔断特性曲线，可以适用于不同类型保护对象的需要。

2）熔断器巡视检查和维护

熔断器巡视检测和维护内容如下。

（1）检查熔断器和熔体的额定值与被保护设备是否相配合。

（2）检查熔断器外观有无损伤、变形，瓷绝缘部分有无闪烁放电痕迹。

（3）检查熔断器各接触点是否完好，接触是否紧密，有无过热现象。

（4）熔断器的熔断信号指示器是否正常。

4. 自动开关

1）自动开关定义和作用

自动开关如图 2-11 所示。

定义：自动开关又称自动空气开关、自动空气断路器。自动开关是一种可以用手动或电动分、合闸，而且在电路过负荷或欠电压时能自动分闸的低压开关电器。可用于非频繁操作的出线开关或电动机的电源开关。

图 2-11 自动开关

作用：自动开关集控制和多种保护功能于一身。除了能完成接触和分断电路外，当电路发生过载、短路和欠压等不正常情况时，能自动分断电路，同时也可以用于不频繁地启动电动机。

自动开关与刀开关和熔断器相比具有以下优点：结构紧凑，安装方便，操作安全，而且在进行短路保护时，由于用电磁脱扣器将电源同时切断，避免了电动机缺相运行的可能。另外，自动开关的脱扣器可以重复使用，不必更换。

2）自动开关的结构

自动开关由以下三大部分组成。

（1）触点和灭弧系统——通断电路的部件。

触点和灭弧系统主要承担电路的接通、分断任务。灭弧装置大多为栅片式，灭弧罩采用三聚氰胺耐弧塑料压制，两壁装有绝缘隔板，防止相间飞弧，灭弧室上方装设三聚氰胺玻璃布板制成的灭弧栅片，以缩小飞弧距离。

（2）操作机构和自动脱扣机构——中间联系部件。

操作机构又有脱扣机构、复位机构和锁扣机构。自动脱扣是指断路器在合闸状态或合闸过程中脱扣器能作用于脱扣机构使其断开。

（3）各种脱扣器——检测电路异常状态并做出反应，即保护性动作的部件。

脱扣器又称保护装置，是用来接收操作命令或电路非正常情况的信号，以机械动作或触发电路的方法，脱扣机构的动作部件包括过电流脱扣器、失压脱扣器、分励脱扣器和热脱扣器。另外，还可以装设半导体或带微处理器的脱扣器。

特点：自动开关具有操作安全，使用方便，工作可靠，安装简单，动作后（如短路故障排除后）不需要更换元件（如熔体）等优点。因此，在工业、住宅等方面获得广泛应用。

3）自动开关分类

（1）按极数分，可分为单极、两极和三极。

（2）按保护形式分，可分为电磁脱扣器式、热脱扣器式、复合脱扣器式（常用）和无脱扣器式。

（3）按全分断时间分，可分为一般和快速式（先于脱扣机构动作，脱扣时间在 0.02 s 以内）。

（4）按结构形式分，可分为塑壳式、框架式、限流式、直流快速式、灭磁式和漏电保护式。电力拖动与自动控制线路中常用的自动开关为塑壳式。

（5）按结构分，可分为万能式（框架式）和塑料外壳式（装置式）两种。控制线路中常用塑料外壳式自动开关作为电源引入开关或作为控制和保护不频繁起动、停止的电动机开关，以及用于宾馆、机场、车站等大型建筑的照明电路。其操作方式多为手动，主要有扳动式和按钮式两种。万能式（框架式）主要用于供、配电系统。

4）自动开关工作原理

工作原理：当电路发生短路、过载、欠压时，磁线圈在超出规定值范围后产生吸力使衔铁动作，使锁扣脱扣，从而分断主电路。自动开关的结构原理图如图2-12所示。

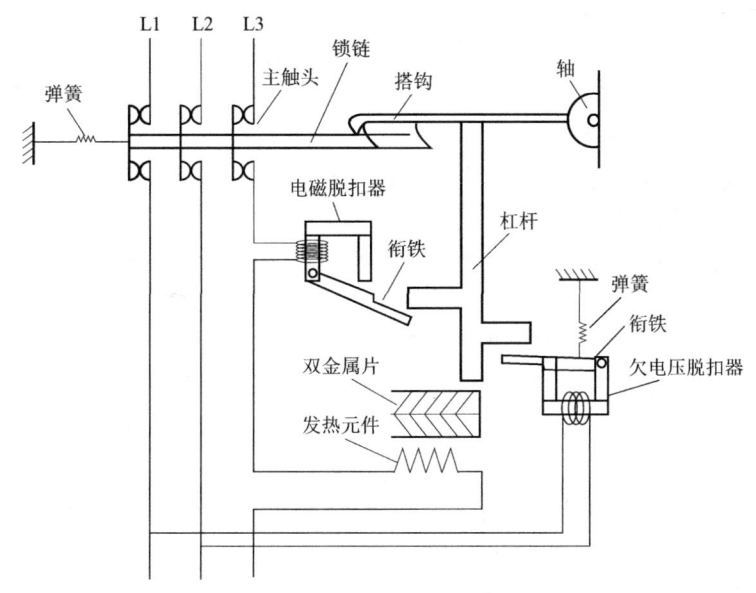

图2-12 自动开关结构原理

结构图中主触点有3对，串联在被保护的三相主电路中。手动扳动手柄为"合"位置（图中未画出），这时主触点由锁链保持在闭合状态，锁链由搭钩支持着。要使开关分断时，扳动手柄为"分"位置（图中未画出），搭钩被杠杆顶开（搭钩可绕轴转动），主触点就被弹簧拉开，电路分断。

自动开关的自动分断，是由电磁脱扣器、欠压脱扣器或热脱扣器使搭钩被杠杆顶开而完成的。电磁脱扣器的线圈和主电路串联，当线路工作正常时，所产生的电磁吸力不能将衔铁吸合，只有当电路发生短路或产生很大的过电流时，电磁吸力才能将衔铁吸合，撞击杠杆，顶开搭钩，使主触点断开，从而将电路分断。

欠压脱扣器的线圈并联在主电路上，当线路电压正常时，欠压脱扣器产生的电磁吸力能够克服弹簧的拉力而将衔铁吸合，如果线路电压降到某一值以下，电磁吸力小于弹簧的拉力，衔铁被弹簧拉开，衔铁撞击杠杆使搭钩顶开，则主触点分断电路。当线路发生过载时，过载电流通过热脱扣器的发热元件而使双金属片受热弯曲，于是撞击杠杆顶开搭钩，使触点断开，从而起到过载保护作用。根据不同的用途，自动开关可配备不同的脱扣器。

5）自动开关的日常检查和维护

自动开关在正常运行情况下应定期进行以下检查维护。

（1）运行中检查。

① 检查电流是否符合开关的额定值。
② 检查信号指示与电路分、合闸状态是否相符。
③ 过载热元件的容量与过负荷额定值是否相符。
④ 连接线的接触处有无过热现象。
⑤ 操作手柄和绝缘外壳有无破损现象。
⑥ 开关内部有无放电响声。
⑦ 电动合闸机构润滑是否良好,机件有无破损情况。

(2) 使用维护事项。

① 断开开关时,必须将手柄拉向"分"位置,闭合时将手柄推向"合"位置。

若将自动脱扣的开关重新闭合,应先将手柄拉向"分"位置,使开关再脱扣,然后将手柄推向"合"位置,使开关闭合。

② 装在开关中的电磁脱扣器,用于调整牵引杆与双金属片间距离的调节螺钉不得任意调整,以免引起脱扣器误动作而发生事故。

③ 当开关电磁脱扣器的整定电流与使用场所设备电流不相符时,应检验设备,重新调整后,开关才能投入使用。

④ 开关在正常情况下应定期维护,转动部分不灵活时,可适当加滴润滑油。

⑤ 开关断开短路电流后,应立即进行以下检查:上下触点是否良好,螺钉、螺母是否拧紧,绝缘部分是否清洁,发现有金属粒子残渣时应予清除干净;灭弧室的栅片间是否短路,若被金属粒子短路,应用锉刀将其清除,以免再次遇到短路时影响开关的可靠分断;电磁脱扣器的衔铁是否可靠地支撑在铁芯上,若衔铁滑出支点,应重新放入,并检查是否灵活;当开关螺钉松动造成分合不灵活时,应打开进行检查。

⑥ 过载脱扣整定电流值可进行调节,热脱扣器出厂整定后不可改动。

⑦ 开关因过载脱扣后,经 1~3 min 的冷却,可重新合闸继续工作。

⑧ 因选配不当,采用了过低额定电流热脱扣器的开关所引起的经常脱扣,应更换额定电流较大的热脱扣器的开关,切不可将热脱扣器同步螺钉旋松,否则开关热脱扣器在超过额定值下使用时,将因温升过高而使开关损坏。

6) 自动开关的故障及处理方法

自动开关常见故障与处理方法见表 2-9。

表 2-9 自动开关常见故障与处理方法

序号	故障现象	故 障 原 因	处 理 措 施
1	手动操作自动开关,触点不能闭合	① 失压脱扣器无电压或线圈烧毁	① 加以电压或更换新线圈
		② 储能弹簧变形,闭合力减小	② 更换储能弹簧
		③ 反作用弹簧力过大	③ 调整弹簧反作用力
		④ 机构不能复位再扣	④ 调整脱扣器接触面至规定值
2	电动操作自动开关,触点不能闭合	① 电源电压不符合操作电压	① 更换电源
		② 电磁铁拉杆行程不够	② 重新调整或更换拉杆
		③ 电机操作定位开关失灵	③ 重新定位

续表

序号	故障现象	故障原因	处理措施
2	电动操作自动开关,触点不能闭合	④ 控制器中整流器或电容器损坏	④ 更换损坏的元件
		⑤ 电源容量不够	⑤ 更换操作电源
3	有一相触点不闭合	开关的一相连杆断裂	更换连杆
4	合/分励脱扣器不能使自动开关分断	① 线圈短路	① 更换线圈
		② 电源电压太低	② 升高或更换电源电压
		③ 脱扣面太小	③ 重新调整脱扣面
		④ 螺钉松动	④ 紧固松动螺钉
5	失压脱扣器不能使自动开关分断	① 反力弹簧变小	① 调整更换弹簧
		② 若为储能释放,则储能弹簧变小	② 调整储能弹簧
		③ 机构卡死	③ 消除卡死原因
6	起动电动机时,自动开关立即分断	过电流脱扣器瞬动延时整定值不对	① 调整过电流脱扣器瞬时整定弹簧
			② 空气式脱扣器阀门可能失灵或橡皮膜破裂,查明后更换
7	自动开关工作一段时间后自行分断	① 过电流脱扣器长延时整定值不对	① 重新调整
		② 热元件和半导体延时电路元件变质	② 更换新元件
8	失压脱扣器有噪声	① 反力弹簧力太大	① 调整触点压力或更换弹簧
		② 铁芯工作面有油污	② 清除油污
		③ 短路环断裂	③ 更换衔铁或铁芯短路环
9	自动开关温度过高	① 触点压力过低	① 调整触点压力
		② 触点表面磨损严重或接触不良	② 更换或清扫接触面,如不能换触点时,应更换整台开关
		③ 两个导电元件连接处螺钉松动	③ 拧紧
10	辅助触点不通	① 辅助开关的动触桥卡死或脱落	① 更换或重装好动触桥
		② 辅助开关传动杆断裂或滚轮脱落	② 更换损坏部件
11	半导体过电流脱扣器误动作使自动开关断开	在查找故障时,确认半导体脱扣器本身无故障后,在大多数情况下,可能是别的电器动作产生巨大的电磁场脉冲,错误触发半导体脱扣器	需要仔细查找引起错误触发的原因,如大型电磁铁的分断、接触器的分断、电焊等,找出错误触发源予以隔离或更换线路

7) 自动开关的检修

自动开关的检修按以下项目进行。

(1) 电磁铁芯要进行除锈、清理及整修。要求吸合面清洁、平整,没有油垢及腐蚀现象,运行时脱扣器没有噪声。

（2）触点上的毛刺、金属颗粒应采用细锉锉光，修理后，触点银合金层厚度不得小于1 mm。触点的接触面在合闸后接触紧密良好，软连接导线没有断股或损伤。

（3）检查与调整触点的开距及超行程；测量始压力和终压力。上述各项不得小于产品的规定值，否则要更换触点或有关零件。

（4）检查及修理灭弧室，要求灭弧罩两壁没有烟痕和金属颗粒，栅片无严重烧损。

（5）自动开关组装后，触点在闭合、断开过程中，可动部分与灭弧室的零件不应有卡阻现象；操作手柄的开、合位置应正确。

（6）自动开关应垂直安装，其倾斜度不大于 5°。裸露在箱体外部且易触及的导线端子应加绝缘保护。

（7）自动开关失压脱扣器的线圈，应与该开关的常开辅助触点串联。

（8）有半导体脱扣装置的自动开关，其接线应符合相序要求，脱扣装置动作应可靠。

（9）自动开关的欠电压、分励脱扣器及电动操作等，应能在动作范围内正常工作。

（10）自动开关过电流等各项保护定值应符合设计要求，应按所保护的设备核对电流刻度。

四、维修案例

案例 2-1　断路器得到合闸（分闸）命令后断路器无动作。

1. 分析

操动机构发生拒动现象时，一般先分析拒动原因，是弹簧储能故障、二次回路故障还是机械部分故障，然后进行处理。

（1）弹簧储能故障是针对拒合而言的，可以参照合闸弹簧不能自动储能的处理办法进行故障排除。

（2）常见二次回路故障：分闸（合闸）线圈（电磁铁）烧毁、二次线头松动、电气闭锁回路不通、辅助转换开关故障、行程故障等。

（3）常见机械故障：分闸（合闸）半轴上的扣住构件卡入太深，使得操作力矩过大；机构机械卡涩。

2. 断路器拒合的故障处理

当发生断路器拒合时，首先应根据当时出现的有关信号及有关断路器位置指示的情况，判断故障的原因。若没有明显的信号，则应根据断路器的控制回路图进行查找。

（1）重新操作一次，目的是检查拒合是否由于操作不当，开关把手返回过早而引起的。

（2）根据开关位置指示灯判断开关的控制回路电源是否正常，熔断器是否熔断，如果是由于电源消失引起拒合，则将电源投入。

（3）应逐段检查控制回路是否正常，控制回路常见的故障如下。

① 控制回路断线或端子接触不良。

② 断路器操作把手的合闸位置触点接触不好。

③ 断路器的辅助触点不到位。

④ 有关继电器的触点卡死或接触不好。

⑤ 是否因断路器的"远方"和"就地"操作转换开关切至"就地"位置，而使"远方"操作失灵。

⑥ SF_6 气体压力降低而闭锁,是否有相应的报警信号。
⑦ 操作机构的压力是否降低而闭锁,检查相应的报警信号。
⑧ 合闸线圈烧坏或绝缘不好。
⑨ 液压弹簧机构的弹簧不储能,弹簧行程开关不到位。

做以上检查,发现故障应及时处理,如以上检查不能发现故障原因,则说明断路器机械出现故障,可更换断路器。

五、任务实施

调整 ZN-10 型真空断路器的触点开距、超行程和总行程。

1. 调整方法

(1) 检查断路器的超行程,并计算出触点开距,当超行程或总行程不符合要求时,应予以调整。

(2) 调整时可将带孔销卸去,旋转连接头,根据需要上旋或退下,调整完毕装上带孔销和开口销。

(3) 调整后超行程应为 3 mm+10 mm。

(4) 如需调整总行程,可增加或减少分闸缓冲器的垫圈。

2. 实施步骤

(1) 准备所需检修工具。

(2) 穿戴劳动防护用品。

(3) 按上述方法调整断路器。

六、考核评价

考核评价如表 2-10 所列。

表 2-10 项目实施考核评分表

考核项目	考核内容及要求	分值	学生自评（A）	小组评分（B）	教师评分（C）	实得分（A×20%+B×30%+C×50%）
方法确定计划安排	方案的合理性和可行性	5				
	计划安排的周密性	5				
项目完成情况	根据各项目学习情况进行考核	50				
职业素养	遵守纪律	5				
	安全操作	3				
	正确使用工具	2				
完成时间	方案确定、计划安排	2				
	仪表选型、安装	2				
	系统调试	1				

续表

考核项目	考核内容及要求	分值	学生自评（A）	小组评分（B）	教师评分（C）	实得分（A×20%+B×30%+C×50%）
团队合作	沟通能力	4				
	协调能力	3				
	组织能力	3				
其他项目	课堂提问	5				
	作业	5				
	任务报告书	5				
总　　分		100				

七、思考与练习

（1）试列举 4 种常用开关。

（2）自动开关上有个按钮为什么要每月按一次？请简述原因。

项目三　交流接触器检修

接触器分为交流接触器和直流接触器，多应用于电力、配电与用电。接触器广义上是指工业中利用线圈流过电流产生磁场，使触点闭合，以达到控制负载的电器。在电工学上，因为其为可快速切断交流与直流主回路和可频繁地接通与大电流控制（某些型别可达 800 A）电路的装置，所以常运用于电动机控制对象，也可用作控制工厂设备、电热器、工作母机和各样电力机组等电力负载，接触器不仅能接通和切断电路，而且还具有低电压释放保护作用。接触器控制容量大，适用于频繁操作和远距离控制，是自动控制系统中的重要元件之一。在工业电气中，接触器的型号很多，电流为 5~1 000 A，其用处相当广泛。

一、学习目标

（1）掌握交流接触器结构及工作原理。

（2）掌握交流接触器的故障检修方法。

二、工作任务

检修CJ10-10交流接触器。

三、知识准备

在电气设备应用中，为了控制较大电流的通断，需用一种具有很好的灭弧能力的开关，这就是交流接触器。交流接触器是用来频繁控制接通或断开主电路的自动控制电器，具有一定的电流分断能力。它与按钮结合使用可实现远程控制，通过控制环节还可实现欠压、零压（失压）保护。交流接触器具备控制容量大、操作频率高、工作可靠和性能稳定等优点。

1. 交流接触器结构

图2-13所示为交流接触器的外形与结构示意图。交流接触器由电磁机构、触点系统、灭弧装置、其他部件等四部分组成。

1）电磁机构

电磁机构由线圈、动铁芯（衔铁）和静铁芯组成，其作用是将电磁能转换成机械能，产生电磁吸力带动触点动作。

2）触点系统

其包括主触点和辅助触点。主触点用于通断主电路，通常为3对常开触点。辅助触点用于控制电路，起电气联锁作用，故又称为联锁触点，一般常开、常闭触点各两对。

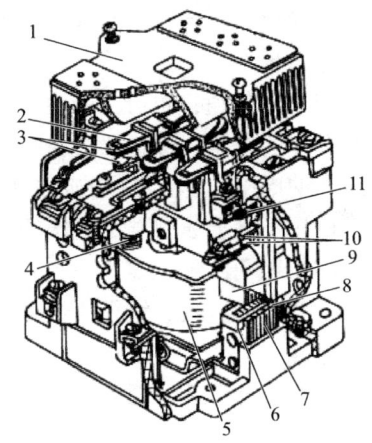

图2-13 CJ10-20型交流接触器
1—灭弧罩；2—触点压力弹簧片；3—主触点；
4—反作用弹簧；5—线圈；6—短路环；
7—静铁芯；8—弹簧；9—动铁芯；
10—辅助常开触点；11—辅助常闭触点

3）灭弧装置

容量在10 A以上的接触器都有灭弧装置，对于小容量的接触器，常采用双断口触点灭弧、电动力灭弧、相间弧板隔弧及陶土灭弧罩灭弧。对于大容量的接触器，采用纵缝灭弧罩及栅片灭弧。

4）其他部件

其包括反作用弹簧、缓冲弹簧、触点压力弹簧、传动机构及外壳等。

电磁式接触器的工作原理如下：线圈通电后，在铁芯中产生磁通及电磁吸力。此电磁吸力克服弹簧反力使得衔铁吸合，带动触点机构动作，常闭触点打开，常开触点闭合，互锁或接通线路。线圈失电或线圈两端电压显著降低时，电磁吸力小于弹簧反力，使得衔铁释放，触点机构复位，断开线路或解除互锁。

2. 交流接触器的工作原理

当吸引线圈两端施加额定电压时，产生电磁力，将动铁芯（上铁芯）吸下，动铁芯带动动触点一起下移，使动合触点闭合接通电路，动断触点断开切断电路，当吸引线圈断电时，铁芯失去电磁力，动铁芯在复位弹簧的作用下复位，触点系统恢复常态。

3. 交流接触器的基本参数

（1）额定电压：指主触点额定工作电压，应等于负载的额定电压。一只接触器常规定几个额定电压，同时列出相应的额定电流或控制功率。通常，最大工作电压即为额定电压。常用的额定电压值为 220 V、380 V、660 V 等。

（2）额定电流：接触器触点在额定工作条件下的电流值。380 V 三相电动机控制电路中，额定工作电流可近似等于控制功率的两倍。常用额定电流等级为 5 A、10 A、20 A、40 A、60 A、100 A、150 A、250 A、400 A、600 A。

（3）通断能力：可分为最大接通电流和最大分断电流。最大接通电流是指触点闭合时不会造成触点熔焊时的最大电流值；最大分断电流是指触点断开时能可靠灭弧的最大电流。一般通断能力是额定电流的 5～10 倍。当然，这一数值与通断电路的电压等级有关，电压越高通断能力越小。

（4）动作值：可分为吸合电压和释放电压。吸合电压是指接触器吸合前，缓慢增加吸合线圈两端的电压，接触器可以吸合时的最小电压。释放电压是指接触器吸合后，缓慢降低吸合线圈的电压，接触器释放时的最大电压。一般规定，吸合电压不低于线圈额定电压的 85%，释放电压不高于线圈额定电压的 70%。

（5）吸引线圈额定电压：接触器正常工作时，吸引线圈上所加的电压值。一般该电压数值以及线圈的匝数、线径等数据均标于线包上，而不是标于接触器外壳铭牌上，使用时应加以注意。

（6）操作频率：接触器在吸合瞬间，吸引线圈需消耗比额定电流大 5～7 倍的电流，如果操作频率过高，则会使线圈严重发热，直接影响接触器的正常使用。为此，规定了接触器的允许操作频率，一般为每小时允许操作次数的最大值。

（7）寿命：包括电气寿命和机械寿命。目前，接触器的机械寿命已达一千万次以上，电气寿命是机械寿命的 5%～20%。

4. 交流接触器的电路符号及型号含义

交流接触器的电路符号如 2-14 所示，型号组成及含义如图 2-15 所示。交流接触器的种类很多，国产的有 CJ0、CJ10 系列和比较新的 CJ20 系列、CJT1 系列，引进的新产品有 3TH 系列、3TB 系列。

例如，CJ10Z-40/3 交流接触器，设计序号 10，重任务型，额定电流 40 A，主触点为 3 极。CJ12T-250/3 为改型后的交流接触器，设计序号 12，额定电流 250 A，3 个主触点。

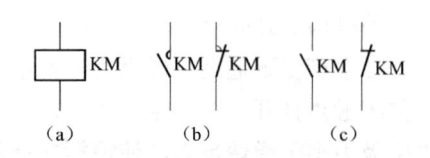

图 2-14 接触器的图形符号
（a）线圈；（b）主触点；（c）辅助触点

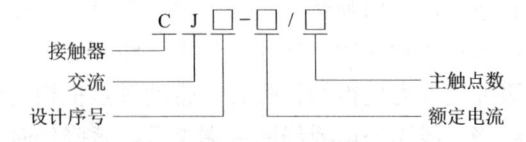

图 2-15 接触器的型号组成及含义

5. 交流接触器的选型

在选用接触器时，应注意它的额定电流、线圈电压及触点数量。CJ10 系列接触器的主触点额定电流有 5 A、10 A、20 A、40 A、60 A、100 A、150 A 等数种；线圈额定电压通常是

220 V、380 V，也有 36 V 和 127 V。

接触器额定电流是指接触器在长期工作下的最大允许电流，持续时间不大于 8 h，且安装于敞开的控制板上，如果冷却条件较差，选用接触器时，接触器的额定电流按负荷额定电流的 110%～120%选取。

对于持续运行的设备，接触器按 63%～75%计算，即 100 A 的交流接触器只能控制最大额定电流是 63～75 A 以下的设备。

对于间断运行的设备，接触器按 80%计算，即 100 A 的交流接触器只能控制最大额定电流是 80 A 以下的设备。

对于反复短时工作的设备，接触器按 116%～120%计算，即 100 A 的交流接触器只能控制最大额定电流是 116～120 A 以下的设备。

6. 交流接触器常见故障与处理方法

交流接触器常见故障与处理方法见表 2-11。

表 2-11 交流接触器常见故障与处理方法

故障现象	可能原因	处理办法
不动或动作不可靠	① 电源电压过低或波动过大 ② 操作回路电源容量不足或发生断线、接线错误及控制触点接触不良 ③ 控制电源电压与线圈电压不符 ④ 产品本身受损（如线圈断线或烧毁、机械可动部分被卡死、转轴歪斜等） ⑤ 触点弹簧压力与超程过大 ⑥ 电源离接触器太远，连接导线太细	① 调节电源电压 ② 增加电源容量，纠正、修理控制触点 ③ 更换线圈 ④ 更换线圈，排除卡住故障 ⑤ 按要求调整触点参数 ⑥ 更换较粗的连接导线
不释放或释放缓慢	① 触点弹簧压力过大 ② 触点熔焊 ③ 机械可动部分被卡死，转轴歪斜 ④ 反力弹簧损坏 ⑤ 铁芯极面有油污或灰尘 ⑥ E 形铁芯使用时间太长，去磁气隙消失，剩磁增大，使铁芯不释放	① 调整触点参数 ② 排除熔焊故障，修理或更换触点 ③ 排除卡死故障，修理受损零件 ④ 更换反力弹簧 ⑤ 清理铁芯极面 ⑥ 更换铁芯
线圈过热或烧损	① 电源电压过高或过低 ② 线圈技术参数（如额定电压、频率、负载因数及适用工作制等）与实际使用条件不符 ③ 操作频率过高 ④ 线圈制造不良或由于机械损伤、绝缘损坏等 ⑤ 使用环境条件特殊，如空气潮湿、含有腐蚀性气体或环境温度过高 ⑥ 运动部分卡住 ⑦ 交流铁芯极面不平或去磁气隙过大 ⑧ 交流接触器派生直流操作的双线圈，因常闭联锁触点熔焊不释放而使线圈过热	① 调整电源电压 ② 调换线圈或接触器 ③ 选择其他合适的接触器 ④ 更换线圈，排除引起线圈机械损伤的故障 ⑤ 采用特殊设计的线圈 ⑥ 排除卡住现象 ⑦ 清除极面或调换铁芯 ⑧ 调整联锁触点参数及更换烧坏线圈

续表

故障现象	可能原因	处理办法
电磁铁（交流）噪声大	① 电源电压过低 ② 触点弹簧压力过大 ③ 磁系统歪斜或机械上卡住，使铁芯不能吸平 ④ 极面生锈或因异物（如油垢、尘埃）黏附铁芯极面 ⑤ 短路环断裂 ⑥ 铁芯极面磨损过度而不平	① 提高操作回路电压 ② 调整触点弹簧压力 ③ 排除机械卡住故障 ④ 清理铁芯极面 ⑤ 调换铁芯或短路环 ⑥ 更换铁芯
触点熔焊	① 操作频率过高或产品超负荷使用 ② 负载侧短路 ③ 触点弹簧压力过小 ④ 触点表面有金属颗粒突起或有异物 ⑤ 操作回路电压过低或机械卡住，致使吸合过程中有停滞现象，触点停顿在刚接触的位置上	① 调换合适的接触器 ② 排除短路故障，更换触点 ③ 调整触点弹簧压力 ④ 清理触点表面 ⑤ 提高操作电源电压，排除机械卡住故障，使接触器吸合可靠
8 h 工作制触点过热或灼伤	① 触点弹簧压力过小 ② 触点上有油污，或表面高低不平、金属颗粒突出 ③ 环境温度过高或使用在密闭的控制箱中 ④ 铜触点用于长期工作制 ⑤ 触点的超程太小	① 调高触点弹簧压力 ② 清理触点表面 ③ 接触器降容使用 ④ 接触器降容使用 ⑤ 调整触点超程或更换触点
短时内触点过度磨损	① 接触器选用欠妥，在以下场合时，容量不足： ● 反接制动 ● 有较多密接操作 ● 操作频率过高 ② 三相触点不同时接触 ③ 负载侧短路 ④ 接触器不能可靠吸合	① 接触器降容使用或改用适于繁重任务的接触器 ② 调整至触点同时接触 ③ 排除短路故障，更换触点 ④ 见动作不可靠处理办法
相间短路	① 可逆转换的接触器联锁不可靠，由于误动作，致使两台接触器同时投入运行而造成相间短路，或因接触器动作过快，转换时间短，在转换过程中发生电弧短路 ② 尘埃堆积或粘有水气、油垢，使绝缘变坏 ③ 产品零部件损坏（如灭弧罩碎裂）	① 检查电气联锁与机械联锁；在控制线路上加中间环节延长可逆转换时间 ② 经常清理，保持清洁 ③ 更换损坏零部件

四、任务实施

检修 CJ10-10 交流接触器。

任务实施步骤如下。

（1）准备所需检修工具——万用电表、螺丝刀、镊子等。

（2）穿戴劳动防护用品。

（3）对照表 2-11 检修接触器。

（4）检修完成后，各小组交流检修心得体会。

五、考核评价

考核评价见表 2-12。

表 2-12　项目实施考核评分表

考核项目	考核内容及要求	分值	学生自评(A)	小组评分(B)	教师评分(C)	实得分(A×20%+B×30%+C×50%)
方法确定	方案的合理性和可行性	5				
计划安排	计划安排的周密性	5				
项目完成情况	根据各项目学习情况进行考核	50				
职业素养	遵守纪律	5				
	安全操作	3				
	正确使用工具	2				
完成时间	方案确定、计划安排	2				
	仪表选型、安装	2				
	系统调试	1				
团队合作	沟通能力	4				
	协调能力	3				
	组织能力	3				
其他项目	课堂提问	5				
	作业	5				
	任务报告书	5				
总　　分		100				

六、思考与练习

（1）导致接触器的触点已闭合而铁芯尚未完全吸合的故障原因有哪些？

（2）分析 CJ10-10 交流接触器，通电后没有反应不能动作的原因，并简述检修方法。

（3）导致接触器触点过热的故障原因有哪些？

项目四 继电器的检修

继电器是一种电控制器件,它具有控制系统(又称输入回路)和被控制系统(又称输出回路),通常应用于自动控制电路中,它实际上是用较小的电流去控制较大电流的一种"自动开关"。故在电路中起着自动调节、安全保护、转换电路等作用。继电器的种类很多,在电气控制系统中常用的有电压继电器、电流继电器、中间继电器、热继电器、时间继电器、速度继电器。本项目主要对热继电器、时间继电器、速度继电器进行检修。

一、学习目标

(1)了解继电器分类及结构功能。
(2)理解继电器工作原理。
(3)掌握继电器检修方法和技能。

二、工作任务

任务一 检修 JR36-20 热继电器。
任务二 JS7-2A 型时间继电器延时时间整定。

三、知识准备

1. 继电器的分类
1)按继电器的工作原理或结构特征分类

(1)电磁继电器。利用输入电路内电路在电磁铁铁芯与衔铁间产生的吸力作用而工作的一种电气继电器。

(2)固体继电器。它指电子元件履行其功能而无机械运动构件的,输入和输出隔离的一种继电器。

(3)温度继电器。当外界温度达到给定值时而动作的继电器。

(4)舌簧继电器。利用密封在管内,具有触电簧片和衔铁磁路双重作用的舌簧动作来开闭或转换线路的继电器

(5)时间继电器。当加上或除去输入信号时,输出部分需延时或限时到规定时间才闭合或断开其被控线路的继电器。

(6)高频继电器。用于切换高频、射频线路而具有最小损耗的继电器。

(7)极化继电器。有极化磁场与控制电流通过控制线圈所产生的磁场综合作用而动作的继电器。继电器的动作方向取决于控制线圈中流过的电流方向。

(8)其他类型的继电器。如光继电器、声继电器、热继电器、仪表式继电器、霍尔效应继电器和差动继电器等。

2)按继电器的外形尺寸分类

(1)微型继电器。

（2）超小型微型继电器。

（3）小型微型继电器。

3）按继电器的负载分类

（1）微功率继电器。

（2）弱功率继电器。

（3）中功率继电器。

（4）大功率继电器。

4）按继电器的防护特征分类

（1）密封式继电器。

（2）封闭式继电器。

（3）敞开式继电器。

5）按继电器动作原理分类

（1）电磁型。

（2）感应型。

（3）整流型。

（4）电子型。

（5）数字型。

6）按反应的物理量分类

（1）电流继电器。

（2）电压继电器。

（3）功率方向继电器。

（4）阻抗继电器。

（5）频率继电器。

（6）气体（瓦斯）继电器。

7）按继电器在保护回路中所起的作用分类

（1）启动继电器。

（2）量度继电器。

（3）时间继电器。

（4）中间继电器。

（5）信号继电器。

（6）出口继电器。

2. 热继电器

热继电器是利用流过继电器的电流所产生的热效应而反时限动作的继电器。反时限动作是指电器的延时动作时间随着通过电路电流的增加而缩短。热继电器主要用于电动机的过载保护、断相保护及其他电气设备发热状态的控制。

热继电器主要由双金属片、热元件、动作机构、触点系统、电流整定装置、复位机构和温度补偿元件等部分组成,其结构原理如图 2-16 所示。

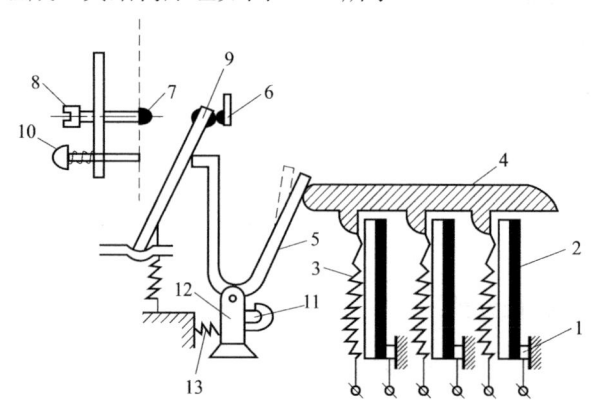

图 2-16 热继电器结构原理

1—双金属片固定件;2—双金属片;3—热元件;4—导板;5—补偿双金属片;
6,7,9—触点;8—复位调节螺钉;10—复位按钮;11—调节旋钮;12—支撑件;13—弹簧

若电动机出现过载情况,绕组中电流增大,通过热继电器元件中的电流增大使双金属片温度升得更高,弯曲程度加大,推动人字形拨杆,人字形拨杆推动常闭触点,使触点断开而断开交流接触器线圈电路,使接触器释放,切断电动机的电源,电动机停车而得到保护。热继电器使用时,将热继电器的三相热元件分别串接在电动机的三相主电路中,常闭触点串接在控制电路的接触器线圈回路中。

热继电器的整定电流是指它长期不动作的最大电流,通常按被保护的电机额定电流的 0.95~1.05 倍调节。当电机超负荷运行,工作电流超过热继电器的整定电流,热继电器会在 3~5 s 动作,从而保护电机。

热继电器的电路符号如图 2-17 所示,型号含义如图 2-18 所示。

图 2-17 热继电器的图形符号　　图 2-18 热继电器的型号含义

3. 热继电器的日常检查和维护内容

热继电器应每周检查一次,其维护内容如下。

(1)检查热继电器外观是否清洁。定期用干布擦净灰尘和污垢。需停电进行,擦拭时防止整定位置变化。

(2)检查热继电器的整定值是否与被保护电动机相配合。

(3)对用于反复短时工作电动机的过载保护时,为得到较可靠的过载保护,应注意现场试验、调整,可先将热继电器的额定电流调得比电动机的额定电流小一些,运行时如发现经常脱扣停机,则逐渐调大电流,直到能满足要求为止。

(4)检查热继电器使用的环境温度是否超出允许范围(-30 ℃~+40 ℃)。对于不同环境温度,整定值的修正同(3)。

(5) 检查热继电器使用的环境温度与被保护设备的环境温度的差别，若前者比后者高出 15 ℃～25 ℃时，应调换大一号等级的热元件；若低于 15 ℃～25 ℃时，应调换小一号等级的热元件。

(6) 检查热继电器与外部连接导线的连接是否牢固，有无过热现象。如果连接导线较细，即使螺钉旋到底也压不紧导线，这时可将导线对折加粗后压紧。

(7) 必须按规范正确选用连接导线。如果连接导线太细，会缩短热继电器的脱扣动作时间；反之，导线太粗，则会延长热继电器的脱扣动作时间。

(8) 检查热继电器动作机构是否灵活可靠（通常可用手拨动数次进行观察），复位按钮是否灵活，调整部件有无松动。若调整部件松动，应加以紧固，并重新进行试验和调整。

(9) 热继电器一般具有手动复位和自动复位两种形式，并可借复位螺钉的调节，成为手动复位或自动复位。能自动复位的热继电器，应在脱扣动作后 5 min 内自动复位。手动复位要求在 2 min 内用手按下手动复位按钮时，能可靠复位。

(10) 注意热继电器的安装位置是否远离热源或冷源；否则，会影响热继电器的正常工作。

4. 热继电器的故障及维修

热继电器的故障一般有热元件烧坏、误动作和不动作等现象。

1) 热继电器常见故障与处理方法

热继电器常见故障与处理方法见表 2-13。

表 2-13 热继电器常见故障与处理方法

故障现象	可 能 原 因	处 理 办 法
热元件烧断	① 负载短路电流过大 ② 操作频率高	① 排除故障后，更换热继电器 ② 更换合适参数的热继电器
用电设备操作正常但热继电器频繁动作或电气设备烧毁但热继电器不动作	① 热继电器整定电流与被保护设备额定电流值不符 ② 热继电器可调整部件固定螺钉松动，不在原整定点上 ③ 热继电器通过了巨大短路电流后，双金属片已经产生永久变形 ④ 热继电器久未校验，灰尘聚积或生锈，或动作机构卡住、磨损，胶木零件变形等 ⑤ 热继电器可调整部件损坏或未对准刻度 ⑥ 热继电器盖子未盖上或未盖好 ⑦ 热继电器外接线螺钉未拧紧或连接线不符合规定 ⑧ 热继电器安装方式不符合规定或安装环境温度与保护电气设备的环境温度相差太大	① 按保护设备容量来更换热继电器 ② 将螺钉拧紧，重新进行调整试验 ③ 对热继电器重新进行调整试验 ④ 清除灰尘污垢，重新进行校验，正常一年一次 ⑤ 修好损坏部件，并对准刻度，重新调整 ⑥ 盖好热继电器的盖子 ⑦ 把螺钉拧紧或换上合适的接线 ⑧ 将热继电器按规定方向安装并按两地温度相差的情况配置适当的热继电器
热继电器动作时快时慢	① 内部机构有某些部件松动 ② 在检修中使双金属片弯曲 ③ 外接螺钉未拧紧	① 将机构部件加固拧紧 ② 用高倍电流试验几次或将双金属片拆下热处理，以去除热应力 ③ 拧紧外接螺钉
热继电器接入后主电路不通	① 热元件烧毁 ② 外接线螺钉未拧紧	① 更换热元件或热继电器 ② 拧紧外接螺钉

续表

故障现象	可能原因	处理办法
热继电器控制电路不通	① 触点烧毁或动片弹性消失,动静触点不能接触 ② 由于刻度盘或调整螺钉转不到合适位置将触点顶开	① 修理触点和触片 ② 调整刻度盘或调整螺钉

2)热继电器的检修

当热继电器出现故障后,应判别故障类型,分类进行检修。大致可分为以下几种情况。

(1)热元件烧断。当热继电器动作频率太高,负载侧发生短路或电流过大,致使热元件烧断。欲排除此故障应先切断电源,检查电路排除短路故障,重新选用合适的热继电器,并重新调整定值。

(2)热继电器误动作。这种故障的原因是:整定值偏小,以致未过载就动作;电动机起动时间过长,使热继电器在起动过程中就有可能脱扣;操作频率过高,使热继电器经常受起动电流冲击;使用场所强烈的冲击和振动,使热继电器动作机构松动而脱扣。另外,如果连接导线太细也会引起热继电器误动作。针对上述故障现象应调换适合上述工作性质的热继电器,并合理调整整定值或更换合适的连接导线。

(3)热继电器不动作。由于热元件烧断或脱落,电流整定值偏大,以致长时间过载仍不动作;导板脱扣;连接线太粗等原因,使热继电器不动作,因此对电动机也就起不到保护作用。根据上述原因,可进行针对性修理,修理坏的部件,重新调整整定值,对准刻度,更换合适的连接导线。另外,热继电器动作脱扣后,不可立即手动复位,应过 2 min,待双金属片冷却后再使触点复位。

(4)热继电器因使用日久,发生积尘锈蚀或动作机构卡住、磨损、胶木零件变形等故障时,应清除热继电器上的灰尘和污垢,重新校验。

(5)如在安装时,将热继电器可调整部件碰坏,或没有对准刻度。应修理坏的部件,重新调整,对准刻度。

(6)通电试验,应满足动作时间特性(表 2-14)。

表 2-14 热继电器动作时间特性

通电状况	温度补偿	整定电流倍数		周围温度/℃
		2 h	<2 h	
各相平衡	无	1.05	1.2	
	有	1.05	1.2	+20
		1.05	1.3	−5
		1.05	1.2	+40
两相通电	无	1.05	1.32	
	有	1.05	1.32	+20

续表

通电状况	温度补偿	整定电流倍数		周围温度/℃
负载不平衡	有	两相 1.0	两相 1.15	
		一相 0.9	一相 0	

注：1. 2 h 动作是紧接着 2 h 不动作而进行的。

2. 对各相平衡负载下的动作特性，还必须满足：$1.50I_e$ 时，动作时间小于 2 min，$6I_e$ 时，动作时间大于 5 s。

四、时间继电器

在生产中经常需要按一定的时间间隔来对生产机械进行控制，时间控制通常是利用时间继电器来实现的。时间继电器的种类很多。按照工作原理可分为电磁式、空气阻尼式、晶体管式和电动式。本项目仅介绍空气阻尼式时间继电器。

1. 空气阻尼式时间继电器的结构及工作原理

1）空气阻尼式时间继电器的结构

JS7-A 系列空气阻尼式时间继电器的外形和结构示意图如图 2-19 所示。按照延时方式可分为通电延时型和断电延时型。

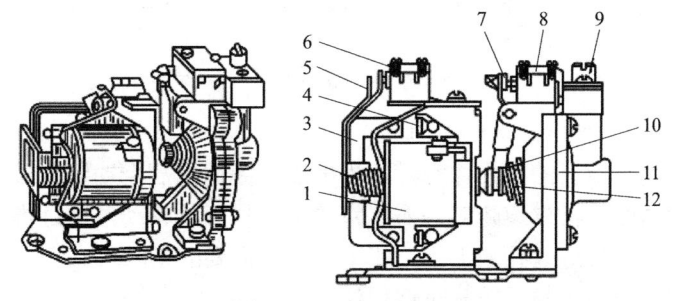

图 2-19 时间继电器

1—线圈；2—反力弹簧；3—衔铁；4—铁芯；5—弹簧片；6—瞬时触点；
7—杠杆；8—延时触点；9—调节螺钉；10—推杆；11—空气室；12—宝塔形弹簧

空气阻尼式时间继电器又称为气囊式时间继电器，是利用气囊中的空气通过小孔节流的原理来获得延时动作的。根据触点延时的特点，可分为通电延时动作型和断电延时复位型两种。其结构包含以下部件。

（1）电磁系统：由线圈、铁芯和衔铁组成。

（2）触点系统：包括两对瞬时触点（一对动合触点、一对动断触点，有的没有）和两对延时触点（一对动合触点、一对动断触点），瞬时触点和延时触点分别是两个微动开关的触点。

（3）空气室：空气室为一空腔，由橡皮膜、活塞等组成。橡皮膜可随空气的增减而移动，顶部的调节螺钉可调节延时时间。

（4）传动机构：由推杆、活塞杆、杠杆及各种类型的弹簧等组成。

（5）基座：用金属板制成，用以固定电磁机构和气室。

2）空气阻尼式时间继电器工作原理

空气阻尼式时间继电器工作原理可概述为，线圈通电后，动静铁芯吸合，瞬时触点动作，活塞杆在塔形弹簧的作用下带动活塞和橡皮膜缓慢向上移动,经过一段时间延时后活塞杆移动到最上端杠杆压动延时开关动作,常闭触点断开常开触点闭合,起到通电延时作用。

2. 通电延时型和断电延时型时间继电器

1）通电延时型和断电延时型时间继电器电路符号

通电延时型时间继电器的电路符号如图2-20所示。

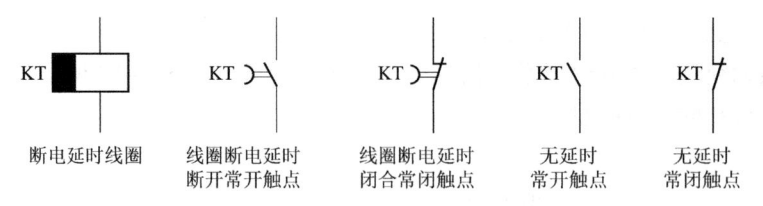

图2-20 通电延时型时间继电器的电路符号

断电延时型时间继电器的电路符号如图2-21所示。

图2-21 断电延时型时间继电器的电路符号

2）通电延时型时间继电器工作原理

通电延时型时间继电器的工作原理是：当电磁线圈通电后,动铁芯吸合,瞬时触点立即动作,而与气室相紧贴的橡皮膜随着进入气室的空气量开始移动,通过推杆使延时触点延时一定时间后才动作,调节进气孔的大小,即可获得所需要的延时量。

断电延时型的工作原理与通电延时型相似。

3. 时间继电器的型号规格及主要数据

空气阻尼式时间继电器型号规格如图2-22所示。其主要技术数据如下。

（1）供电电压：交流（24 V、36 V、110 V、220 V、380 V）。

（2）延时规格：0.4～60 s、0.4～180 s。

图2-22 时间继电器的型号规格

时间继电器种类繁多,选择时应综合考虑适用性、功能特点、额定工作电压、额定工作电流、使用环境等因素,做到选择恰当、使用合理。

4. 空气式时间继电器的故障维修

空气式时间继电器的气囊损坏或密封不严而漏气,使延时动作时间缩短,甚至不产生延时；空气室内要求极清洁，若在拆装过程中使灰尘进入气道内，气道将会阻塞，时间继电器的延时时间会变得很长。针对上述情况可拆开气室，更换橡胶薄膜或清除灰尘，即可排除故障。空气式时间继电器受环境温度变化和长期存放等情况影响，会发生延时时间变化，可针对具体情况适当调整。

五、速度继电器

速度继电器的作用是依靠速度大小为信号与接触器配合，实现对电动机的反接制动。故速度继电器又称为反接制动继电器。速度继电器常用型号为 JY1 型和 JFZ0 型两种。

1. 速度继电器的结构与工作原理

速度继电器主要由定子、转子、可动支架、触点系统及端盖等部分组成。结构原理如图 2-23（a）、图 2-23（b）所示。速度继电器的轴与电动机的轴连接在一起，轴上有圆柱形永久磁铁，永久磁铁的外边有嵌着鼠笼式绕组可以转动一定角度的外环。该外环相当于异步电动机的定子。

速度继电器的工作原理：当电动机旋转时，带动与电动机同轴连接的速度继电器的转子旋转，相当于在空间中产生一个旋转磁场，从而在定子笼型短路绕组中产生感生电流。感生电流与永久磁铁的旋转磁场相互作用，产生电磁转矩。使定子随永久磁铁转动的方向偏转，与定子相连的胶木摆杆也随之偏转。当定子偏转到一定角度时，胶木摆杆推动簧片，使继电器的触点动作。胶木摆杆可向左拨动触点，也可向右拨动触点使其动作。当速度继电器轴的速度低于某一转速时，胶木摆杆便恢复原位，处于中间位置。

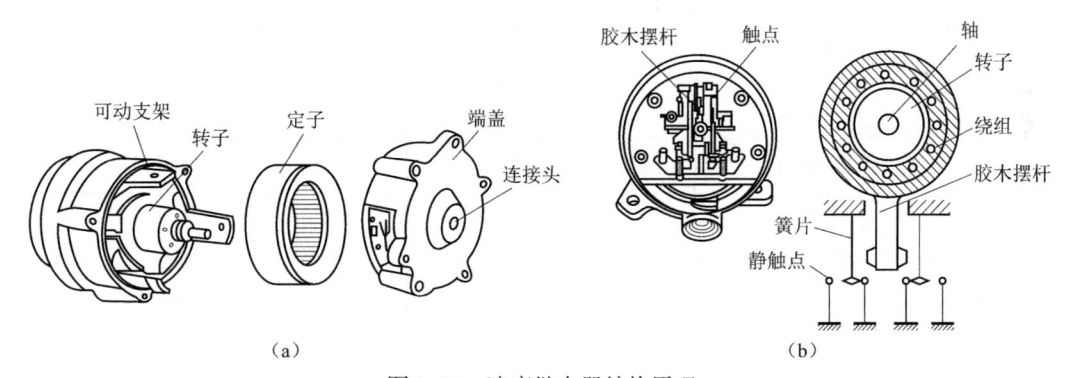

图 2-23 速度继电器结构原理

2. 速度继电器的故障和维修

速度继电器发生故障后，一般表现为电动机停车时不能制动停转。此故障如果不是触点接触不良，就可能是调整螺钉调整不当或胶木摆杆断裂引起的，只要拆开速度继电器的后盖进行检修即可。

六、任务实施

按以下步骤检修故障热继电器。

（1）准备所需检修工具。
（2）穿戴劳动防护用品。

(3) 对照表2-13，先判定故障类型，然后按照对应处理方法检修故障热继电器。
(4) 检修完成后，各小组总结检修情况。
(5) 指导教师点评检修情况。

七、考核评价

按表2-15进行考核评分。

表2-15 项目实施考核评分表

考核项目	考核内容及要求	分值	学生自评(A)	小组评分(B)	教师评分(C)	实得分(A×20%+B×30%+C×50%)
方法确定计划安排	方案的合理性和可行性	5				
	计划安排的周密性	5				
项目完成情况	根据各项目学习情况进行考核	50				
职业素养	遵守纪律	5				
	安全操作	3				
	正确使用工具	2				
完成时间	方案确定、计划安排	2				
	仪表选型、安装	2				
	系统调试	1				
团队合作	沟通能力	4				
	协调能力	3				
	组织能力	3				
其他项目	课堂提问	5				
	作业	5				
	任务报告书	5				
总 分		100				

八、思考与练习

(1) 写出时间继电器的主要组成部分和工作原理。

（2）写出速度继电器的结构和工作原理。

（3）时间继电器有哪些常见故障现象？应如何处理？

（4）速度继电器有哪些常见故障现象？应如何处理？

项目五　蓄电池管理与维护

蓄电池是直流系统中不可缺少的电源设备。这种电源广泛应用于企业、变电站等大型不间断供电电源系统中，还用于汽车、叉车、通信基站等供电电源系统中。正常时，直流系统中的蓄电池组处于浮充电备用状态，当交流电失电时，蓄电池迅速向事故性负荷提供能量。如各类直流泵、事故照明、交流不停电电源、事故停电、断路器跳合闸等，同时也必须为事故停电时的控制、信号、自动装置、保护装置及通信等负荷提供电力，是社会生产经营活动和人类生活中不可或缺的电力设备。

一、学习目标

（1）了解蓄电池结构功能。
（2）掌握蓄电池管理维护流程及巡检记录填写方法。

二、工作任务

（1）任务一　蓄电池日常检查。
（2）任务二　填写蓄电池组充、放电记录。

三、知识准备

1. 蓄电池简介

普通蓄电池又称为铅酸蓄电池，它的电极由铅和铅的氧化物构成，电解液是硫酸的水溶液。其主要优点是电压稳定、价格便宜；缺点是比能低（即每千克蓄电池存储的电能）、使用寿命短和日常维护频繁。老式普通蓄电池一般寿命在两年左右，而且需定期检查电解液的高度并添加蒸馏水。不过随着科技的发展，普通蓄电池的寿命变得更长而且维护也更简单。

铅酸蓄电池最明显的特征是其顶部有 6 个可拧开的塑料密封盖，上面还有通气孔。这些密封盖是用来加注、检查电解液和排放气体。从理论上说，铅酸蓄电池需要在每次保养时检查电解液的高度，如果电解液过少需添加电解液或蒸馏水。但随着蓄电池制造技术的升级，铅酸蓄电池的维护也不再复杂。正常使用，2~3年间铅酸蓄电池都无须添加电解液或蒸馏水。

化学性质：

当放电进行时，硫酸溶液的浓度将不断降低，当溶液的密度降到 1.18 g/mL 时应停止使用，需进行充电。

充电：$2PbSO_4+2H_2O=PbO_2+Pb+2H_2SO_4$（电解池）

放电：$PbO_2+Pb+2H_2SO_4=2PbSO_4+2H_2O$（原电池）

阳极：$PbSO_4+2H_2O-2e^-=PbO_2+4H^++SO_4^{2-}$

阴极：$PbSO_4+2e^-=Pb+SO_4^{2-}$

负极：$Pb+SO_4^{2-}-2e^-=PbSO_4$

正极：$PbO_2+4H+SO_4^{2-}+2e^-=PbSO_4+2H_2O$

免维护铅酸电池结构如图 2-24 所示，铅酸蓄电池组如图 2-25 所示。

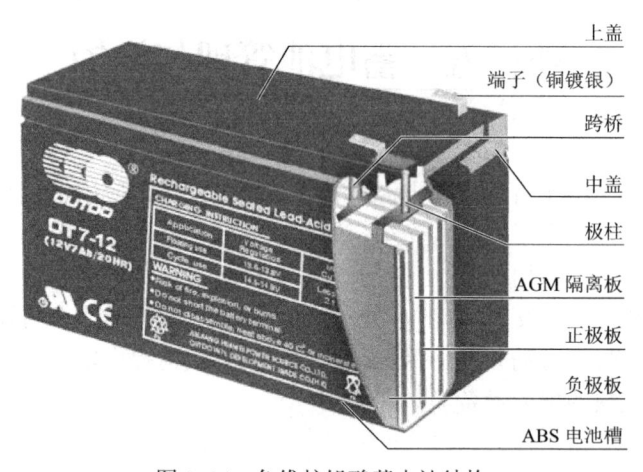

图 2-24 免维护铅酸蓄电池结构

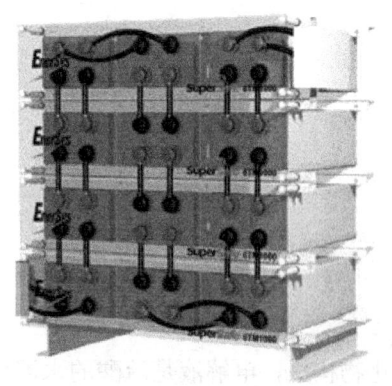

图 2-25 铅酸蓄电池组

2. 蓄电池运行环境要求

（1）避免将蓄电池与金属容器直接接触，应采用防酸和阻热材料，否则会引起冒烟或燃烧。

（2）使用指定的充电器在指定的条件下充电，否则可能会引起电池过热、放气、泄漏、燃烧或破裂。

（3）不要将蓄电池安装在密封的设备里，否则可能会使设备破裂。

（4）将电池使用在医护设备中时，请安装主电源外的后备电源，否则主电源失效会引起伤害。

（5）将蓄电池放在远离能产生火花设备的地方，否则火花可能会引起电池冒烟或破裂。

（6）不要将蓄电池放在热源附近（如变压器）；否则会引起电池过热、泄漏、燃烧或破裂。

（7）应用中蓄电池数目超过一只时，请确保蓄电池间连接无误，且与充电器或负载连接无误，否则会引起电池破裂、燃烧或电池损害，某些情况下还会伤人。

（8）特别注意别让蓄电池砸在脚上。

（9）蓄电池的指定使用温度范围如下。超出此范围可能会引起蓄电池损害。

① 蓄电池的正常操作范围：77 ℉（25 ℃）。

② 蓄电池放电后（装在设备中）：5 ℉～122 ℉（-15 ℃～50 ℃）。

③ 充电后：32 ℉～104 ℉（0 ℃～40 ℃）。

④ 储存中：5 ℉～104 ℉（-15 ℃～40 ℃）。

（10）不要将装在机车上的蓄电池放在高温下、直射阳光中、火炉或火前；否则可能会造成电池泄漏、起火或破裂。

（11）不要在充满灰尘的地方使用蓄电池，可能会引起电池短路。在多尘环境中使用蓄电池时应定期检查蓄电池。

3. 蓄电池安装调试及注意事项

1）使用注意事项

（1）铅酸蓄电池使用在自然通风良好，环境温度最好在 25 ℃±10 ℃ 的工作场所。

（2）铅酸蓄电池在这些条件下使用将十分安全：导电连接良好，不严重过充，热源不直接辐射，保持自然通风。

（3）使用带有绝缘套的工具，如钳子等。使用不绝缘的工具会造成电池短路、发热或燃烧，损害电池。

（4）不要将电池放置在密闭的房间或近火源的地方，否则可能会由于电池释放的氢气造成爆炸或起火。

（5）不要用稀释剂、汽油、煤油或合成液去清洁电池。使用上述材料会导致电池外壳破裂泄漏或起火。

（6）当处理 45 V 或更高电压的电池时，要采取安全措施，戴上绝缘橡皮手套，否则可能会遭到电击。

（7）不要将电池放在可能被水淹的地方。如果电池浸在水中，它可能会燃烧或电击伤人。

（8）拆卸电池时请缓慢处理。不要使电池破裂、泄漏。

（9）将电池装在设备上时，应尽量将它装在设备的最下面，以便检查、保养和更换。

（10）电池充电时不要搬动。不要低估电池的重量，不细心的处理方式可能会对操作者造成伤害。

（11）不要用能产生静电的材料覆盖电池。静电会引发起火或爆炸。

（12）在电池端子、连接片上使用绝缘盖，以防电击伤人。

（13）电池的安装和维护需要由专门技术人员进行。不熟练的人进行此操作可能会造成危险。

2）蓄电池安装注意事项

（1）蓄电池应离开热源和易产生火花的地方，其安全距离应大于 0.5 m。

（2）蓄电池应避免阳光直射，不能置于含大量放射性、红外线辐射、紫外线辐射、有机溶剂气体和腐蚀气体的环境中。

（3）安装地面应有足够的承载能力。

（4）由于电池组件电压较高，存在电击危险，因此在装卸导电连接条时应使用绝缘工具，安装或搬运电池时应戴绝缘手套、围裙和防护眼镜。电池在安装搬运过程中，只能使用非金属吊带，不能使用钢丝绳等。

(5) 脏污的连接条或不紧密的连接均可引起电池打火，甚至损坏电池组，因此安装时应仔细检查并清除连接条上的脏污，拧紧连接条。

(6) 不同容量、不同性能的蓄电池不能互连使用，安装末端连接件和导通电池系统前，应认真检查电池系统的总电压和正、负极，以保证安装正确。

(7) 电池外壳，不能使用有机溶剂清洗，不能使用二氧化碳灭火器扑灭电池火灾，可用四氯化碳之类的灭火器具。

(8) 蓄电池与充电器或负载连接时，电路开关应位于"断开"位置，并保证连接正确：蓄电池的正极与充电器的正极连接；负极与负极连接。

3）使用前注意事项

(1) 确保在电池和设备之间和周围采取充分的绝缘措施。不充分的绝缘措施可能引起电击、短路发热、冒烟或燃烧。

(2) 充电应用充电器，直接连在直流电源可能会引起电池泄漏、发热或燃烧。

(3) 由于自放电，电池容量会缓慢减少。在储存长时间后使用前，请重新对电池充电。

4）电池运行检查和记录

(1) 电池投入运行后，应至少每季测量浮充电压和开路电压一次，并做记录：每个单体电池浮充电压或开路电压值；蓄电池系统的端电压（总压）；环境温度。

(2) 每年应检查一次连接导线是否有松动和腐蚀污染现象，松动的导线必须及时拧紧，腐蚀污染的接头应及时进行清洁处理。

(3) 运行中，如发现以下异常情况，应及时查找故障原因，并更换故障的蓄电池：电压异常；物理性损伤（壳、盖有裂纹或变形）；电池液泄漏；温度异常。

4. 蓄电池管理

蓄电池的最佳工作温度为25 ℃±5 ℃，环境温度对电池的容量影响较大，温度高，电池容量增加，电池寿命缩短；温度低，电池容量减小，电池寿命延长。当温度每大10 ℃则电池使用寿命将缩短一半，为此需加强对蓄电池室温度及维护的管理，对蓄电池的巡检也应制度化、规范化。

日常维护应经常检查以下项目。

(1) 单体和蓄电池组浮充电压。

(2) 蓄电池外壳或极柱温度。

(3) 连接处有无松动、腐蚀现象。

(4) 蓄电池壳体有无渗漏和变形。

(5) 极柱、安全阀周围是否有酸溢漏。

(6) 每月应记录每个单体电池浮充电压、电池组总电压、环境温度、电池的外表温度，并保存好记录。

5. 固定型铅酸蓄电池的管理和维护

1）定期检查

值班人员或蓄电池工要定期对蓄电池进行外部检查，一般每班或每天检查一次。

检查内容有以下几个。

(1) 室内温度、通风和照明情况。

(2) 玻璃缸和玻璃盖的完整性。

（3）电解液液面的高度，有无电解液漏出缸外。
（4）典型蓄电池的电解液密度和电压、温度是否正常。
（5）线与极板等的连接是否完好，有无腐蚀，有无涂抹凡士林油。
（6）室内的清洁情况是否良好，门窗是否严密，墙壁有无剥落。
（7）浮充电的电流值是否适当。
（8）各种工具仪表及劳保工具是否完整。

2）每月检查

蓄电池专职技术人员或电站负责人应会同蓄电池工每月进行一次详细检查。检查内容有以下几个。

（1）每个蓄电池的电压、电解液密度和温度。
（2）每个蓄电池的电解液液面高度。
（3）极板有无弯曲、硫化和短路。
（4）沉淀物的厚度。
（5）隔板、隔棒是否完整。
（6）蓄电池绝缘是否良好。
（7）进行充、放电过程的情况，有无过充电、过放电或充电不足等情况。
（8）蓄电池运行记录簿是否完整，记录是否及时、正确。

3）日常维护工作的主要项目

（1）清扫灰尘，保持室内清洁。
（2）及时检修不合格的落后蓄电池。
（3）清除漏出的电解液。
（4）定期给连接端点涂抹凡士林油。
（5）定期进行充电、放电。
（6）调整电解液的液面高度和密度。

4）检查蓄电池是否完好的标准

（1）运行正常，供电可靠。

① 蓄电池组能满足正常供电的需要。
② 室温不得低于 0 ℃，不得超过 30 ℃；电解液温度不得超过 35 ℃。
③ 各蓄电池电压、电解液密度应符合要求，无明显落后的蓄电池。

（2）构件无损，质量符合要求。

① 外壳完整，盖板齐全，无裂纹和缺损。
② 台架牢固，绝缘支柱良好。
③ 导线连接可靠，无明显腐蚀。
④ 建筑符合要求，通风系统良好，室内整洁无尘。

（3）主体完整，附件齐全。

① 极板无弯曲、断裂、短路和生盐现象。
② 电解液质量符合要求，液面高度超出极板 10～20 mm。
③ 沉淀物无异状，无脱落，沉淀物和极板之间的距离在 10 mm 以上。
④ 具有温度计、比重计、电压表和劳保用品等。

（4）技术资料齐全、准确，应具备的资料有以下几种。

① 制造厂家的说明书。

② 每个蓄电池的充、放电记录。

③ 蓄电池维修记录。

四、案例

1. 案例 1 某公司蓄电池组维护检查作业指导

下面是某公司详细的作业指导和检查表格（表 2–16），在维护检测过程中，应严格按照作业指导书进行。

表 2–16 作业指导和检查

作业指导书
目的： ① 对在运行蓄电池组进行充、放电检查及容量核对性试验，判断电池的好坏，防止蓄电池事故发生 ② 对在运行蓄电池组进行活化，延长蓄电池使用寿命 任务：通信蓄电池充放电检查及容量核对性试验 方案： ① 有备用电池时可做蓄电池离线容量全核对性试验，即按照 10 h 放电程序进行 ② 无备用电池时只能做蓄电池在线容量核对性试验，即按照 5 h 放电程序进行 工种：检测维护 业主：×××公司　　　　　　　　维护：××公司 编制：　　　　　　　　　　　　　日期： 审核：　　　　　　　　　　　　　日期： 批准：　　　　　　　　　　　　　日期： 版本 /　修订：A /0
第一部分：资源配置
1.1　人员需求 ● 检测维护工（朗尔蓄电池检测维护）2 人 ● 业主负责人（业主协调人）1 人 注：① 检测维护工经通信岗位技术考试合格并持证上通信岗位 ② 业主负责人具有设备维护管理资格 1.2　工时 ● 每次 3 个工作日（放电 10 h，充电 10 h） 1.3　安全用具 ● 红布及标示牌 1.4　个人防护用品（PPE）要求 ● 绝缘手套 2 对 ● 工作服 3 套 ● 工作鞋 3 双 1.5　工器具 ● 专用蓄电池放电设备一套 ● 万用表 ● 电流表 ● 工具箱 1 套 ● 备品，备件，资料，图纸 1.6　工作票 ● 业主许可工作票

续表

1.7 技术文件				
《GM 蓄电池使用维护说明书》				
《朗尔电气蓄电池检测维护制度》				
第二部分：作业安全分析				
2.1 风险分析				
风险类别	风险名称	风险级别	风险描述	控制措施
安全	人员触电	高	误碰交流输入端	设专人监护
			检查蓄电池组时短路	设专人监护，并交代危险点
	雷击	高	检查防雷设施时突然打雷	设专人监护，天气不好停止工作
	化学腐蚀	低	触摸漏液蓄电池	严禁触摸，用眼观察
	腿部碰伤	低	人员工作时碰到蓄电池组外沿	集中注意力
健康	人员中毒	低	进入通风较差的机房	进入前先通风
质量	不合格	低	蓄电池设备检修没消缺	探索办法，积极解决

2.2 预防措施
- 在邻近带电体工作时，应设置专职监护人，必要时应将邻近带电线路停电
- 工作使用工具应确保绝缘，蓄电池正负极不会由于工具误碰而短路
- 遇雷雨天气时，应立即停止工作
- 进入工作现场前做好通信室的通风工作
- 作业前应确认工作人员的精神状态良好，无服用影响工作的药物或喝酒
- 工作现场需配备急救药箱

2.3 禁止
- 工作票未经当值值班员许可，不得进行该项工作
- 未经业主负责人的许可，工作人员不得开始工作

2.4 授权范围
- 该项作业只能在业主负责人的批准下方能开展
- 所有检测维护人员需通过朗尔电气检测维护考试并合格

2.5 应急处理
遇紧急情况，工作人员应根据具体情况按照紧急处理程序进行处理

第三部分：作业程序

作 业 步 骤	存在的风险
3.1 准备仪表、工具、放电设备 按检修计划，到达站内，做好工作前的准备工作 3.2 办理工作票 与业主办理工作票 3.3 蓄电池充、放电检查 3.3.1 对蓄电池进行外观检查仪表测试 3.3.2 记录蓄电池浮充电流，电机输出电流、电压、负荷电流及单电池电压 3.3.3 将蓄电池充满电，用万用表测量并记录 3.3.4 用蓄电池放电测试仪开始测试，注意测试前设定好参数 3.3.5 蓄电池电压放电至终止电压，停止放电	- 人员触电 - 腿部碰伤 - 雷击 - 化学腐蚀 - 人员中毒

续表

作　业　步　骤	存在的风险
3.3.6　绘制电池组放电电压曲线及缺陷电池的放电曲线 3.3.7　按 C10/10 的电流为蓄电池充电，并记录每小时各蓄电池的电压、电流及总电压 3.3.8　待蓄电池电压到充电终止电压维持波动误差为"0"时，停止充电 3.3.9　填写蓄电池充放电记录 3.3.10　恢复通信设备电源正常运行方式 3.3.11　记录充电机输出电压、电流及电池浮充电流、负荷电流 3.3.12　绘制电池组充电电压曲线及缺陷电池的充电曲线 3.3.13　制作试验报告 3.4　判断缺陷 核对记录，判断是否存在缺陷，若有缺陷，书面通知业主并提出合理解决方案 3.5　清理工作现场 整理所用工具，清理现场，保持机房环境整洁 3.6　结束工作票 检测维护人确认工作已完成、设备已恢复正常；结束工作票时，检测维护人必须向业主负责人汇报内容如下：工作完成情况、检测维护人员已撤离、可以恢复正常工作状态，并在一周内提送蓄电池试验报告	● 人员触电 ● 腿部碰伤 ● 雷击 ● 化学腐蚀 ● 人员中毒

2. 案例 2　某通信基站 UPS 系统蓄电池维护作业项目及周期

1) 每个月检查项目（表 2–17）

表 2–17　每个月检查项目

项目	内　容	基　准	维　护
蓄电池组浮充总电压	用电压表测量蓄电池组正负极输出端端电压	① 测量值与表盘显示浮充电压一致并符合当时温度浮充电压标准 ② 温度补偿后的浮充电压值误差为 ±50 mV 内	① 偏离标准值时，以实际测量值为准 ② 对于通过监控模块进行调整后仍然达不到允许误差范围的，要将监控模块进行修理或返厂
蓄电池外观	检查电池壳、盖有无鼓胀、漏酸及损伤	外观正常	外观异常先确认其原因，若影响正常使用则加以更换
	检查有无灰尘污渍	外观清洁	用湿布清扫灰尘污渍
	检查连接线、端子等处有无生锈等异常	无锈迹	出现锈迹则进行除锈、更换连接线、涂拭防锈剂等处理
蓄电池温度	利用远红外温度测试仪测定蓄电池的端子及电池壳的表面温度	35 ℃以下	温度高于标准值时，要调查其原因，并进行相应处理
连接部位	利用扳手检查紧固螺栓、螺母有无松动	连接牢固（扭矩见扭矩表）	发现有松动现象要及时拧紧松动的螺栓、螺母
	蓄电池组连接条、端子清洁	无腐蚀现象	轻微腐蚀时将连接条拆下，用清水浸泡清除。严重腐蚀时更换连接条，各连接点用钢刷清洁后重新连接拧紧

续表

项目	内 容	基 准	维 护
安全阀检查（2 V 电池）	右手轻轻晃动安全阀，检查安全阀安装是否牢固	安全阀安装牢固，无活动现象	发现安全阀有晃动现象，应对安全阀进行紧固安装
	检查安全阀排气是否正常，利用泡沫液体涂抹在安全阀周围，观察排气是否正常	有阶段性气泡产生	安全阀常闭或者常开，均属于不正常现象，需要更换安全阀（同时必须对蓄电池的失水情况进行检查）
切换	切断交流，切换为UPS、电源柜或直流屏	交流供电顺利切换为UPS、电源柜或直流屏	纠正可能偏差

2）每季度检查项目

除了每个月检查维护项目外，增加表2-18所列内容。

表2-18 每季度检查项目

项目	内 容	基 准	维 护
每个蓄电池的浮充电压	用四位半数字万用表测量当时温度浮充状态下各单体蓄电池端电压	蓄电池组内单体电压差应符合以下标准： 2 V系列 90 mV 6 V系列 240 mV 12 V系列 480 mV	偏离基准值时，对蓄电池组放电后先均衡充电，再转浮充观察1～2个月，若仍偏离基准值，请与厂家联系
存在落后单体蓄电池的修复	① 全组均充：用均充电压上限值进行充电，充电时间10 h以上，严重时要进行3次充放电循环 ② 单体在线修复：将活化仪或充电机按正对正负对负接入在线落后电池两端，对单体电池进行充电	蓄电池组内单体蓄电池浮充电压差应符合以下标准： 2 V系列 90 mV 6 V系列 240 mV 12 V系列 480 mV	单体仍然不能修复后，应对其进行更换
活化充、放电	对蓄电池进行一个循环的充放电操作，用均充电压下限值进行充电	大约释放出标称容量的30%	对于在线6个月以上没有发生放电的浮充电池进行此项操作

3）每年度检查项目

除了每季度检查维护项目外，增加表2-19所列内容。

表2-19 每年度检查项目

项目	内 容	基 准	维 护
核对性放电试验	断开交流电带负载放电，放出蓄电池额定容量的30%～40%	放电结束时，蓄电池电压应大于1.90 V/单体	低于基准值时，对蓄电池组放电后先均衡充电，再转浮充观察1～2个月，若仍偏离基准值，请与厂家联系

续表

项目	内　　容	基　　准	维　　护
容量试验	利用在线容量测试仪或用假负载放电，放出标称容量的60%~80%	容量存量80%以上	对放电试验过程中的各项参数进行记录储存，发现落后蓄电池进行相应处理

3. 案例3　充、放电记录填写

维护过程中需要观测电池组充放电情况并认真填写电池充（放）电记录，见表2-20。

表2-20　蓄电池调整及充、放电记录

年　月　日												室内温度___℃　湿度___%	
充、放电电压/V												蓄电池型号	
充、放电电流/A													
测量时间													
序号 \ 电压 \ 次数	0	1	2	3	4	5	6	7	8	9	10	蓄电池额定容量/Ah	
1													
2												蓄电池放电容量/Ah	
3													
4													
5												试验结论	
6													
7													
8													
9													
10													
11													
12													
13													
14													
15												备注	
16													
17													
18													
19													
20													
21													

续表

次数 序号 电压	0	1	2	3	4	5	6	7	8	9	10	蓄电池额定容量/Ah
22												
23												
24												
检测人												
记录人												

4. 案例 4　异常情况记录

在维护检测过程中发现存在异常情况的，需填写事故、障碍及异常运行记录，见表 2–21。

表 2–21　事故、障碍及异常运行记录

年　　月　　日　　时　　分　　发生　　性质
问题：
发生经过：
事故损失情况（少送电量）
原因及责任分析：
对策：
结论：

负责人签字：　　　　　　　　　　　　　　　　　　　　　　　　　　　填表人：

五、任务实施

任务 1　蓄电池日常检查

实施步骤如下。

(1) 准备好日常检查工具及记录表（参考案例 2 "月检查项目"拟定）。
(2) 穿戴劳保用品。
(3) 按记录表检查项目逐一检查并记录。
(4) 对照标准检查记录结果并归档，发现问题应及时上报。

任务 2　填写电池组充、放电记录

实施步骤如下。
(1) 准备好测量工具，并参照表 2–20 所列"蓄电池调整及充、放电记录"自制表格。
(2) 穿戴劳保用品。
(3) 按表格要求逐一记录充、放电情况。
(4) 仔细检查记录情况，发现异常及时上报。

六、考核评价

按表 2–22 进行考核评分。

表 2–22　项目实施考核评分表

考核项目	考核内容及要求	分值	学生自评（A）	小组评分（B）	教师评分（C）	实得分（A×20%+B×30%+C×50%）
方法确定计划安排	方案的合理性和可行性	5				
	计划安排的周密性	5				
项目完成情况	根据各项目学习情况进行考核	50				
职业素养	遵守纪律	5				
	安全操作	3				
	正确使用工具	2				
完成时间	方案确定、计划安排	2				
	仪表选型、安装	2				
	系统调试	1				
团队合作	沟通能力	4				
	协调能力	3				
	组织能力	3				
其他项目	课堂提问	5				
	作业	5				
	任务报告书	5				
总　分		100				

七、思考与练习

(1) 蓄电池组检测维护时为什么需要两人以上？

(2) 如蓄电池组发生异常，应按照怎样的流程来处理？

项目六　低压配电柜的管理及检修

低压成套开关设备和控制设备俗称低压开关柜，也称低压配电柜（Low-tension distribution box），它是指交、直流电压在 1 000 V 以下的成套电气装置。广泛用于发电厂、石油、化工、冶金、纺织、高层建筑等行业，作为输电、配电及电能转换之用。

一、学习目标

(1) 学习常用低压电气设备的结构和工作原理。
(2) 掌握低压配电柜日常管理及检修方法和技能。

二、工作任务

检修低压配电柜，并填写操作票及维修记录。

三、知识准备

1. 低压电器分类

低压电器的种类繁多，分类方法有很多种。

1) 按动作方式划分

(1) 手动电器。依靠外力直接操作来进行切换的电器，如刀开关、按钮开关等。

(2) 自动电器。依靠指令或物理量变化而自动动作的电器，如接触器、继电器等。

2) 按用途和控制对象不同划分

(1) 配电电器。主要用于电力网络系统。属于此类的有低压断路器、熔断器、刀开关、转换开关等。对配电电器的主要技术要求是分断能力强、限流效果好、动稳定和热稳定性高以及操作过电压较低。

(2) 低压控制电器。主要在低压配电系统及动力设备中起控制作用。主要有接触器、起动器、主令电器、各种控制继电器等。对控制电器的主要技术要求是有适当的转换能力、操作频率高、电寿命和机械寿命长等。

3）按种类划分

按种类可分为刀开关、刀形转换开关、熔断器、低压断路器、接触器、继电器、主令电器和自动开关等，如表2-23所示。

表2-23 常见低压电器的分类和用途

序号	类别	主要品种	用途
1	刀开关	负载开关、熔断器式开关、板形式开关	主要用于电路的隔离，也能接通和分断额定电流
2	转换开关	组合开关、换向开关	用于两种电源和负载的转换、接通或分断电路
3	低压断路器	塑壳式低压断路器、框架式低压断路器、限流式低压断路器、漏电保护开关	用于线路过载、短路或欠压保护，也可用作不频繁接通和断开电路
4	熔断器	无填料式熔断器、有填料式熔断器、快速熔断器、自动熔断器	用于电气设备的过载和短路保护
5	接触器	交流接触器、直流接触器	用于远距离频繁起动和控制电动机，接通和分断正常工作的电路
6	继电器	电流接触器、电压继电器、时间继电器、中间继电器、温度继电器、热继电器	主要用于控制系统，控制其他电器或作主电路的保护之用
7	主令电器	按钮、限位开关、微动开关、万能转换开关、脚踏开关、接近开关	主要用作接通分断控制电路，以发布命令或用作程序控制

2. 低压电器的选型基本原则

在电力拖动和传输系统中使用的主要低压电器元件，据不完全统计，我国生产120多个系列，近600个品种，上万个规格。这些低压电器具有不同的用途和不同使用条件，因而也就有不同的选用方法，但是总的要求应遵循以下两个基本原则。

1）安全原则

使用安全可靠是对任何电器的基本要求，保证电路和用电设备的可靠运行，是使生产和生活得以正常进行的重要保障。

2）经济原则

经济性考虑又可分电器本身的经济价值和使用开关电器产生的价值。前者要求选择得合理、适用；后者则考虑在运行中必须可靠，而不致因故障造成停产或损坏设备，危及人身安全等问题从而造成经济损失。

3. 低压电器的结构特点

低压电器一般都有两个基本部分：一个是感测部分，它感测外界的信号，做出有规律的反应，在自控电器中，感测部分大多由电磁机构组成，在受控电器中，感测部分通常为操作手柄等；另一个是执行部分，如触点是根据指令进行电路的接通或切断的。低压电器常用使用类别及其代号见表2-24。

表 2-24　低压电器常用使用类别及其代号

电流种类	使用类别代号	典型用途举例	有关产品
A.C.	AC-1	无感或低感负载、电阻炉	低压接触器和电动机起动器
	AC-2	绕线式感应电动机的起动、分断	
	AC-3	鼠笼式感应电动机的起动、运转中分断	
	AC-4	鼠笼式感应电动机的起动、反接制动或反向运转、点动	
	AC-5a	放电灯的通断	
	AC-5b	白炽灯的通断	
	AC-6a	变压器的通断	
	AC-6b	电容器组的通断	
	AC-7a	家用电器和类似用途的低感负载	
	AC-7b	家用的电动机负载	
	AC-8a	具有手动复位过载脱扣器的密封制冷压缩机中的电动机控制	
	AC-8b	具有自动复位过载脱扣器的密封制冷压缩机中的电动机控制	
	AC-12	控制电阻负载和光耦合器隔离的固态负载	控制电路电器和开关元件
	AC-13	控制变压器隔离的固态负载	
	AC-14	控制小容量电磁铁负载	
	AC-15	控制交流电磁铁负载	
	AC-20	空载条件下闭合和断开电路	低压开关、隔离器、隔离开关及熔断器组合电器
	AC-21	通断电阻负载,包括通断适中的过载	
	AC-22	通断电阻电感混合负载,包括通断适中的过载	
	AC-23	通断电动机负载或其他高电感负载	
A.C.和 D.C.	A	无额定短时耐受电流要求的电路保护	低压断路器
	B	具有额定短时耐受电流要求的电路保护	
D.C.	DC-1	无感或低感负载,电阻炉	低压接触器
	DC-3	并励电动机的起动、反接制动或反向运转、点动,电动机在动态中分断	
	DC-5	串励电动机的起动、反接制动或反向运转、点动,电动机在动态中分断	
	DC-6	白炽灯的通断	
	DC-12	控制电阻负载和光耦合器隔离的固态负载	控制电路电器及开关元件
	DC-13	控制直流电磁铁	
	DC-14	控制电路中有经济电阻的直流电磁铁负载	

续表

电流种类	使用类别代号	典型用途举例	有关产品
D.C.	DC-20	空载条件下闭合和断开电路	低压开关、隔离器、隔离开关及熔断器组合电器
	DC-21	通断电阻负载,包括通断适中的过载	
	DC-22	通断电阻电感混合负载,包括通断适中的过载（如并励电动机）	
	DC-23	通断高电感负载（如串励电动机）	

4. 常用低压电器结构及工作原理

对于刀开关、自动开关、接触器、继电器电气设备知识和检修方法在前面的实训项目中已学习,在此不再重复,这里只介绍主令电器。图 2-26 所示为各种主令电器外观及结构。

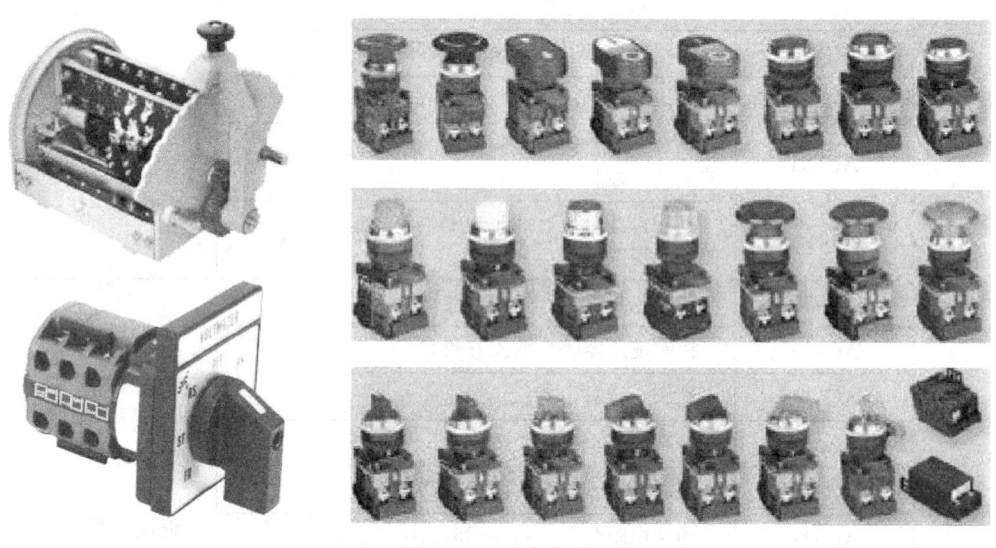

图 2-26 主令电器

作用：用于切换控制电路,通过它来发出指令或信号以便控制电力拖动系统及其他控制对象的起动、运转、停止或状态的改变,它是一种专门发送动作命令的电器。

组成：主要由触点系统、操作机构和定位机构组成。

特性：主要用来控制电磁开关（继电器、接触器等）、电磁线圈与电源的接通和分断。

种类：按其功能可分为控制按钮（按钮开关）、万能转换开关、行程开关、主令控制器、其他主令电器（如脚踏开关、倒顺开关等）。

5. 转换开关的日常检查和维护内容

转换开关的日常检查和维护内容如下。

（1）检查使用环境是否多尘、潮湿或有导电介质存在,因为在这类环境中使用时,转换开关易发生漏电、短路及失控等故障。如果使用环境条件较差,平时应加强除尘和维护工作,并努力改善环境条件。

（2）检查开关操作转动是否灵活、有无卡阻现象。若转动费力,可在各活动部位加润滑油润滑。

(3) 检查手柄在盘面上组装是否牢固，使之在操作时灵活、可靠。

(4) 检查接线是否牢固，压紧螺钉是否紧固。要求多股导线不应有破股裸线伸出；否则会造成短路或失控故障。

(5) 检查操作把手是否与开关的位置、灯光、信号、仪表的指示相对应，若不对应，应检查并纠正接线。

(6) 当开关有故障时应切断电源，检查机械是否卡阻、弹簧是否变形、接线头是否松脱、触点是否良好、消弧垫是否严重磨损以及绝缘有无烧焦和击穿等现象。

(7) 检查触点有无烧毛。如已烧毛，可用细锉修磨，并涂上薄薄一层导电膏；烧毛严重时，应予以更换。

(8) 检修、拆装转换开关时，应除净所有零部件上的灰尘、污垢，并在转动部位稍加一点润滑油，必要时可在触点表面涂上薄薄一层导电膏。导电膏不宜多涂，否则不但不会改善触点接触状况，还容易积尘。装配时应将所有零部件一个不漏地按原样安装好。要使活动触点和固定触点相互保持正确的位置，叠片连接应紧密。

(9) 修复后的万能转换开关应进行10次通断试验。若不合格，应拆开重新装配。

6. 低压电器的常见故障及维修

各种电器元件经过长期使用或因使用不当可能发生故障或造成损坏，这时就必须及时进行维修。维修电器时，拆卸必须仔细，要注意各零部件的装配次序，千万不可硬拆、硬敲而造成不必要的损失。

电气线路中使用的电器很多，结构繁简不一，这里首先分析各电器所共有的各零部件常见故障及维修方法，然后再分析一些常用电器的常见故障及维修方法。

1) 触点的故障及维修

(1) 触点过热。触点接通时，有电流通过便会发热，正常情况下触点是不会过热的。当动静触点接触电阻过大或通过电流过大，则会引起触点过热，当触点温度超过允许值时，会使触点特性变坏，甚至产生熔焊。产生触点过热的具体原因分析如下。

① 通过动、静触点间的电流过大。任何电器的触点都必须在其额定电流值下运行，否则触点会过热。造成触点电流过大原因有：系统电压过高或过低；用电设备超载运行；电器触点容量选择不当和故障运行4种可能。

② 动静触点间的接触电阻变大。接触电阻的大小关系到触点的发热程度，其增大的原因有：一是因触点压力弹簧失去弹力而造成压力不足或触点磨损变薄，针对这种情况应更换弹簧或触点；二是触点表面接触不良，如在运行中，粉尘、油污覆盖在触点表面，加大了接触电阻，再如，触点闭合分断时，因有电弧会使触点表面烧毛、灼伤，致使残缺不平和接触面积减小，而造成接触不良。因此，应注意对运行中的触点加强保养。

对铜制触点表面氧化层和灼伤的各种触点可用刮刀或细锉修正；对大、中电流的触点表面，不求光滑，重要的是平整；对小容量触点则要求表面质量好；对银及银基触点只需用棉花浸汽油或四氯化碳清洗即可，其氧化层并不影响接触性能。在修磨触点时，切记不要刮削过大，以免影响使用寿命，同时不要使用砂布或砂轮修磨，以免石英砂粒嵌于触点表面，反而影响触点接触性能。

对于触点压力的测试可用纸条凭经验来测定。将一条比触点略宽的纸条（厚0.01 mm）夹在动、静触点间，并使开关处于闭合位置，然后用手拉纸条，一般小容量的电器稍用力，纸条即可拉出；对于较大容量的电器，纸条拉出后有撕裂现象。以上现象表示触点压力合适。若纸条被轻易拉出，则说明压力不够；若纸条被拉断，说明触点压力太大。

调整触点的压力可通过调整触点弹簧来实现。如触点弹簧损坏可更换新弹簧或按原尺寸自制。触点压力弹簧常用碳素钢弹簧丝来制造，新绕制的弹簧要在250 ℃～300 ℃的条件进行回火处理，保持时间20～40 min，钢丝直径越大，所需时间越长。镀锌的弹簧要进行去氧处理，在200 ℃左右温度中保持2 h，以便去脆性。

（2）触点磨损。触点磨损有两种：一种是电磨损，是由于触点间电火花或电弧的高温使触点金属气化所造成的；另一种是机械磨损，由于触点闭合时的撞击触点接触面滑动摩擦等原因造成。

触点在使用过程中，因磨损会越来越薄，当剩下原厚度的1/2左右时，就应更换新触点；若触点磨损太快，应查明原因，排除故障。

（3）触点熔焊。动静触点表面被熔化后焊在一起而分断不开的现象，称为触点的熔焊。当触点闭合时，由于撞击和产生震动，在动静触点间的小间隙中产生短路电流，电弧温度高达3 000 ℃～6 000 ℃；可使触点表面被灼伤或熔化，使动、静触点焊在一起。发生触点熔焊的常见原因有：选用不当，使触点容量太小，而负载电流过大；操作频率过高；触点弹簧损坏初压力减小。触点熔焊后，只能更换新触点，如果因触点容量不够而产生熔焊，则应选用容量大一些的电器。

2）电磁系统的故障及维修

（1）铁芯噪声大。

电磁系统在工作时发生一种轻微的"嗡嗡"声，这是正常的；若声音过大或异常，可判断电磁机构出现了故障。

① 衔铁与铁芯的接触面接触不良或衔铁歪斜。铁芯与衔铁经过多次碰撞后端面会变形和磨损，或因接触面上积有尘垢、油污、锈蚀等，都将造成相互间接触不良而产生振动和噪声。铁芯的振动会使线圈过热，严重时会烧毁线圈，对E形铁芯，铁芯中柱和衔铁之间留有0.1～0.2 mm的气隙，铁芯端面变形会使气隙减小，也会增大铁芯噪声。铁芯端面若有油垢，应拆下清洗；端面若有变形或磨损，可用细砂布平铺在平板上，修复端面。

② 短路环损坏。铁芯经过多次碰撞后，装在铁芯槽内的短路环可能会出现断裂或脱落。短路环断裂常发生在槽外的转角和槽口部分，维修时可将断裂处焊牢，两端用环氧树脂固定；若不能焊接也可换短路环或铁芯，短路环跳出时，可先将短路环压入槽内。

③ 机械方面的原因。如果触点压力过大或因活动部分运动受卡阻，使铁芯不能完全吸合，都会产生较强的振动和噪声。

（2）线圈的故障及维修。

① 线圈的故障。当线圈两端电压一定时，它的阻抗越大，通过的电流越小。当衔铁在分离位置时，线圈阻抗最小，通过的电流最大；铁芯吸合过程中，衔铁与铁芯间的间隙逐渐减小，线圈的阻抗逐渐增大，当衔铁完全吸合后，线圈电流最小，不管是何原因，如果衔铁与铁芯间不完全吸合会使线圈电流增大，线圈过热，甚至烧毁。如果线圈绝缘损坏或受机械损伤而形成匝间短路或对地短路，在线圈局部就会产生很大的短路电流，使温度剧增，直至使整个线圈烧毁。另外，如果线圈电源电压偏低或操作频率过高，都会造成线圈过热烧毁。

② 线圈的修理。线圈烧毁一般应重新绕制。如果短路的匝数不多，短路又在接近线圈的端头处，其他部分尚完好，即可拆去已损坏的几圈，其余的可继续使用，这时对电器的工作

性能的影响不会很大。

3）灭弧系统的故障及维修

灭弧系统的故障是指灭弧罩破损、受潮、炭化、磁吹线圈匝间短路以及弧角和栅片脱落等。这些故障均能引起不能灭弧或灭弧时间延长。若灭弧罩受潮，烘干即可使用；炭化时可将积垢刮除；磁吹线圈短路时可用一字改锥拨开短路处；弧角脱落时应重新装上；栅片脱落和烧毁时可用铁片按原尺寸配做。

7. 熔断器的故障及维修

1）熔断原因分析

熔体熔断时，要认真分析熔断的原因，可能的原因有以下几个。

（1）短路故障或过载运行而正常熔断。

（2）熔体使用时间过久，熔体因受氧化或运行中温度高，使熔体特性变化而误断。

（3）熔体安装时有机械损伤，使其截面积变小而在运行中引起误断。

2）拆换熔体

拆换熔体时，要求做到以下几点。

（1）安装新熔体前，要找出熔体熔断原因，未确定熔断原因，不要拆换熔体试送。

（2）更换新熔体时，要检查熔体的额定值是否与被保护设备相匹配。

（3）更换新熔体时，要检查熔断管内部烧伤情况，如有严重烧伤，应同时更换熔断管。瓷熔管损坏时，不允许用其他材质管代替。填料式熔断器更换熔体时，要注意填充填料。

3）熔断器应与配电装置同时进行维修工作

（1）清扫灰尘，检查接触点接触情况。

（2）检查熔断器外观（取下熔断管）有无损伤、变形，瓷件有无放电闪烁痕迹。

（3）检查熔断器、熔体与被保护电路或设备是否匹配，如有问题应及时调查。

（4）注意检查在 TN 接地系统中的 N 线，设备的接地保护线上不允许使用熔断器。

（5）维护检查熔断器时，要按安全规程要求切断电源，不允许带电摘取熔断器管。

四、低压成套开关设备

由一个或多个低压开关设备和相应的控制、测量、信号、保护等电器元件，以及所有内部的电气和机械的相互连接的结构部件组装成的一种组合体，称为低压成套开关设备，通称低压配电柜（屏）。

低压成套开关设备在低压供电系统中负责完成电能的控制、保护、测量、转换和分配，作为输电、配电及电能转换的设备。由于低压成套开关设备深入到生产现场、公共场所、居民住宅等地点，可以说凡是使用电气设备的地方都要配备该设备，如图 2-27 所示。

1. 类型

低压成套开关设备有以下类型。

（1）MNS 低压开关柜。

（2）GCL 低压抽出式开关柜。

（3）GCS 型低压抽出式开关柜。

图 2-27 低压配电柜

(4) GCS 型低压开关柜。

(5) GCK 抽出式开关柜。

(6) GGD 低压固定式开关柜。

(7) 组装式低压开关柜。

2. 低压成套开关设备使用条件

(1) 周围空气温度不得超过 40 ℃，不低于 –5 ℃，而且在 24 h 内其平均温度不得超过 35 ℃。

(2) 空气清洁，在最高温度为 40 ℃时，其相对湿度不得超过 50%，在较低温度时，允许有较大的相对湿度。

(3) 污染等级 3 级。GGD 低压固定式开关柜安装场地的海拔不得超过 2 000 m。特殊使用条件，订货时可另行协商。

3. 分类

1) 从结构方式上划分

(1) 固定式。

能满足各电器元件可靠地固定于柜体中确定的位置。柜体外形一般为立方体，如屏式、箱式等，也有棱台体，如台式等。这种柜有单列也有排列。

为了保证柜体形位尺寸，往往采取各构件分步组合方式，一般是先组成两片或左右两侧，然后再组成柜体，或先满足外形要求，再顺次连接柜体内部支件。组成柜体各棱边的零件长度必须正确（公差取负值），才能保证各方面几何尺寸，从而保证整体外形要求。对于柜体两侧面，因考虑排列需要，中间不能有隆起现象。

另外，从安装角度考虑，底面不能有下陷现象。在排列安装中，地基平整是先决条件，但干整度和柜体本身都有一定误差，在排列中要尽量抵消横向差值，而不要造成差值积累，因为差值积累将造成柜体变形，影响母线连接及产生组件安装异位、应力集中，甚至影响电器寿命。故在排列时宜用地基最高点为安装参考点，然后逐步垫正扩排，在底面平整度较理想并可预测条件下，也可采取由中间向两侧扩排方式，使积累差值均布。

为了易于调整，抵消公差积累，柜体宽度公差都取负值。柜体的各个构件结合体完成以后，视需要还应进行整形，以满足各部分形位尺寸要求。对定型或批量较大的柜体制造时应充分考虑用工装夹具，以保证结构的正确统一，夹具的基准面以取底面为妥，夹具中的各定位块布置以工作取出方便为准，对于柜体的外门等因易受运输和安装等影响，一般在安装时进行统一调整。

(2) 抽出式。

抽出式是由固定的柜体和装有开关等主要电器元件的可移装置部分组成，可移部分移换时要轻便，移入后定位要可靠，并且相同类型和规格的抽屉能可靠互换。抽出式中的柜体部分加工方法基本和固定式中柜体相似，但由于互换要求，柜体的精度必须提高，结构的相关部分要有足够的调整量，至于可移装置部分，要既能移换，又要可靠地承装主要元件，所以要有较高的机械强度和较高的精度，其相关部分还要有足够的调整量。

制造抽屉式低压柜的工艺特点如下。

① 固定和可移两部分要有统一的参考基准。

② 相关部分必须调整到最佳位置，调整时应用专用的标准工装，包括标准柜体和标准抽屉。

③ 关键尺寸的误差不能超差。

④ 相同类型和规格的抽屉互换性要可靠。

2) 从连接方式上划分

(1) 焊接式。

它的优点是加工方便、坚固可靠；缺点是误差大、易变形、难调整、欠美观，而且工件一般不能预镀。另外，对焊接夹具有一定的要求。

① 刚性好、不会受工件变形影响。

② 外形尺寸略大于工件名义尺寸，可抵消焊后收缩影响。

③ 平整、简易、方便操作，尽量减少可转动机构，避免卡损。

④ 为防止焊蚀，易于检修调整，要选择好工件支持，还要支持加置防焊蚀垫件。

工件焊后变形现象是焊接时由于焊接处受热分子膨胀，挤压产生微观位移，冷却后不能复位而产生的应力所致。为了克服变形影响，必须考虑整形工艺。整形的方法一般有以下几种。

通过试验预测工件变形范围，在焊接前强迫工件向反方向变形，以期焊后达到预定尺寸；焊后用过正方法矫正；击、压焊接后相对收缩部分，而得到应力平衡；加热焊接后相对松凸部分，达到与焊接处同样收缩的目的；必要时对构件进行整体热处理。

另外，焊接点选择、焊缝走向、焊接次序、点焊定位对焊后变形现象都有一定的影响，如处理得当可减少变形，但这要视具体情况而定。

(2) 紧固件连接式。

它的优点是适于工件预镀，易变化调节，易美化处理，零部件可标准化设计，并可预生产库存，构架外形尺寸误差小。缺点是不如焊接坚固，要求零部件的精度高，加工成本相对上升。紧固件一般都为标准件，其种类主要有常规的螺钉、螺母和铆钉、拉铆钉，以及预紧而可微调的卡箍螺母和预紧的拉固螺母，还有自攻螺钉等，也有专用紧固螺钉（如国外引进的低压柜大多用专用紧固螺钉）。

工艺特点：以夹具定形，工装定位，并视需要配以压力垫圈；铆接一般要配钻，且预镀件要防止镀层被破坏；对于用精密的加工中心或专用设备加工的构件，如各连接孔径与紧固件直径能保持微量间隙时，则可以不用夹具进行装合，一次成形；对导向及定位件的紧固，应以专用量具先定位再以标准工装检测。

4. 低压配电柜（屏）完好标准

1) 零部件质量要求

(1) 柜（屏）应接地良好，并有供携带型接地线用的螺栓。

(2) 柜（屏）本体、母线及柜（屏）上电器应达到安装和检修质量标准。

(3) 继电保护装置齐全，整定值正确，动作可靠。

(4) 仪表和信号指示装置齐全完好。

(5) 高压开关柜安全联锁装置齐全，动作准确、可靠。

(6) 高压开关柜顶部及两侧安全隔板齐全牢固，网状遮栏完整，门锁完好；低压屏成列组装时，最外两屏的侧面应有边屏。

（7）手车或抽屉应推拉灵活，主触点和二次回路触点接触良好。

（8）高压开关柜内供维护检修用的照明完好。

2）运行情况要求

（1）在额定状况下能长期稳定运行。

（2）主回路各连接点运行温度不超过 70 ℃。

（3）各电器在运行中声音正常，绝缘件无闪络、放电现象。

（4）开关操作机构动作灵活，分、合闸和信号指示正确，安全联锁装置可靠。

3）技术资料要求

（1）有设备履历卡片。

（2）有与实际情况相符的电气原理图及二次接线图。

（3）检修、试验和运行记录齐全、准确。

4）设备及其环境要求

（1）柜、屏内外漆层完整，无损伤和锈斑，无积灰和油渍。同一室内柜、屏漆色应一致。

（2）充油设备无渗漏，油质合格，油位正常；真空开关无闪络或漏气迹象。

（3）二次线及端子排列整齐美观。端子板字迹工整、清晰。

（4）母线母排相色符合规定，相序与系统一致。

（5）电力电缆头不漏油，安装良好，芯线相色与母线一致。控制电缆头及引向端子排的导线束整齐美观。

（6）配电室内清洁，门窗完整，不漏水，警告牌、警戒线明显正确。

（7）室内照明充足，绝缘垫完整良好，备有必要的安全用具和消防器材且放置得当。

五、低压开关柜的日常维护

1. 巡回检查的周期和内容

1）检查周期

巡回检查周期对于有人值班的设备为每班一次，无人值守的设备为每周一次。

2）检查内容

（1）检查配电屏及屏上的电器元件的名称、标志、编号等是否清楚、正确，盘上所有的操作把手、按钮和按键等的位置与现场实际情况是否相符、固定是否牢靠、操作是否灵活。

（2）观察母线的支持绝缘子及开关设备中的绝缘件是否有裂纹及放电痕迹。

（3）检查电气设备是否有不正常的响声和异味。

（4）检查母线及主回路导电连接处有无过热情况。

（5）观察充油设备有无渗漏，油位是否正常，油色是否炭化。

（6）检查接触器及刀开关的消弧罩有无脱落、破裂或残缺。

（7）检查刀开关、断路器、熔断器和互感器等的触点是否牢靠，有无过热、变色现象。

（8）检查仪表、继电器的运行情况是否正常，信号回路指示是否正确，断路器、继电器等动作指示器的位置是否与实际运行状态相等。

（9）检查二次回路导线的绝缘是否破损、老化。

（10）检查配电室的门窗有无漏缝、破损，屋顶是否漏雨，电缆沟、地面有无积水，有无防止小动物进入的设施等。

（11）检查配电室内是否清洁，照明是否完好，安全用具和消防设施是否齐全，易耗备品是否充足。

2. 定期检查的周期和内容

1）检查周期

低压配电装置每月进行一次定期检查。

2）检查内容

定期检查内容与巡检相同。

六、低压开关柜常见故障及维修

低压开关柜常见故障及处理方法见表 2–25。

表 2–25 低压开关柜常见故障及处理方法

故障现象	产生原因	处理方法
框架断路器不能合闸	① 控制回路故障 ② 储能机构未储能或储能电路出现故障 ③ 电气联锁故障 ④ 合闸线圈坏	① 用万用表检查开路点及二次熔芯 ② 手动或电动储能，如不能储能，再用万用表逐级检查电机或开路点 ③ 检查联锁线是否接入 ④ 用目测和万用表检查
塑壳断路器不能合闸	① 机构脱扣后，没有复位 ② 断路器带欠压线圈而进线端无电源 ③ 操作机构没有压入	① 查明脱扣原因并排除故障后复位 ② 使进线端带电，将手柄复位后再合闸 ③ 将操作机构压入后再合闸
断路器经常跳闸	① 断路器过载 ② 断路器过流参数设置偏小	① 适当减小用电负荷 ② 重新设置断路器参数值
断路器合闸就跳	出线回路有短路现象	切不可反复多次合闸，必须查明故障，排除后再合闸
接触器发响	① 接触器受潮，铁芯表面锈蚀或产生污垢 ② 有杂物掉进接触器，阻碍机构正常动作 ③ 操作电源电压不正常	① 清除铁芯表面的锈或污垢 ② 清除杂物 ③ 检查操作电源，恢复正常
不能远程控制操作	① 控制回路有远程控制操作，而远程控制操作线未正确接入 ② 负载侧电流过大，使热元件动作 ③ 热元件整定值设置偏小，使热元件动作	① 正确接入远程控制操作线 ② 查明负载过电流原因，将热元件复位 ③ 调整热元件整定值并复位
电容柜不能自动补偿	① 控制回路无电源电压 ② 电流信号线未正确连接	① 检查控制回路，恢复电源电压 ② 正确连接信号线

续表

故障现象	产 生 原 因	处 理 方 法
补偿器始终只显 1.00	电流取样信号未送入补偿器	从电源进线总柜的电流互感器上取电流信号至控制仪的电流信号端子上
电网负荷是滞后状态（感性），补偿器却显示超前（容性），或者显示滞后，但投入电容器后功率因数值不是增大，反而减小	电流信号与电压信号相位不正确	① 220 V 补偿器电流取样信号应与电压信号（电源）在同一相上取样，如电压为 U_{AN}=220 V 电流就取 A 相 ② 380 V 补偿器电流取样信号应在电压信号不同相上取得；如电压为 U_{AC}=380 V 电流就取 B 相 ③ 如电流取样相序正确，可将控制器上电流或电压其中一个的两个接线端互相调换位置即可
电网负荷是滞后，补偿器也显示滞后，但投入电容器后功率因数值不变，其值只随负荷变化而变化	投入电容器产生的电流没有经过电流取样互感器	使电容器的供电主电路取至进线主柜电流互感器的下端，保证电容器的电流经过电流取样互感器

七、低压配电柜开关柜的保养

保养的目的是确保低压配电柜和各设备控制柜的正常安全运行。保养范围适合低压配电室配电柜，各设备的控制柜视具体情况参照有关条款执行。由具有电力安装维修资质的工程部门维修保养，每年对其进行一次全面检查保养，每 3 个月进行一次例行检查，并在最短的停电时间完成保养工作。保养内容如下。

1. 准备工作

（1）在配电柜停电保养的前一月通知用户停电起止时间。

（2）停电前做好一切准备工作，特别是工具的准备应齐全，并以最短的停电时间完成保养工作。

2. 保养程序

（1）实行分段保养，先保养保安负荷段（表 2–26）。

（2）停保安负荷电，其余负荷照常供市电。断开供保安负荷市电的空气开关，断开发电机空气开关，把发电机选择开关置于停止位置，拆开蓄电池正、负极线，挂标示牌，以防发电机发送电。

（3）检查母线接头处有无变形，有无放电变黑痕迹，紧固连接螺栓，螺栓若有生锈应予更换，确保接头连接紧密。检查母线上的绝缘有无松动和损坏。

（4）用手柄把总空气开关从配电柜中摇出，检查主触点是否有烧熔痕迹，检查灭弧罩是否烧黑和损坏，紧固各接线螺钉、清洁柜内灰尘，试验机械的合闸、分闸情况。

（5）把各分开关柜从抽屉柜中取出，紧固各接线端子。检查电流互感器、电流表、电度表的安装和接线，检查手柄操作机构的灵活可靠性，紧固空气开关进出线，清洁开关柜内和配电柜后面引出线处的灰尘。

（6）保养电容柜时，应先断开电容器总开关，用 10 mm² 以上的导线把电容器逐个对地放电，然后检查接触器、电容器接线螺钉、接地装置是否良好，检查电容器有无胀肚现象，并用吸尘器清洁柜内灰尘。

（7）停电保养母线段：逐级断开低压侧空气开关，然后断开供电变压器的高压侧真空断路器，合上接地开关，悬挂"禁止合闸，有人工作"标示牌。

（8）按（3）～（6）项所有要求保养完毕配电柜后，拆除安全装置，断开高压侧接地开关，合上真空断路器，观察变压器投入运行无误后，向低压配电柜逐级送电。

3．安全注意事项

（1）停电后应验电。

（2）在分段保养配电柜时，带电和不带电配电柜交界处应装设隔离装置。

（3）操作高压侧真空断路器时，应穿绝缘靴，戴绝缘手套，并有专人监护。

（4）保养电容器柜时，在电容器对地放电之前，严禁触摸。

（5）保养完毕送电前，应先检查有无工具遗留在配电柜内。

表 2–26　检修工作票

车间：			年　　月　　日		No.
检修位置			签发人		
计划工种/工时			实际工种/工时		
计划检修时间	年　月　日　时　分　至　年　月　日　时　分				
实际检修时间	年　月　日　时　分　至　年　月　日　时　分				
检修技术内容要求					
危险源辨识及安全事项					
安全负责人		技术负责人		检修负责人	
采取的工艺处理及安全措施已实施完毕，设备已经停电，同意于　年　月　日　时　分开始检修。 工艺值班长：					
检修内容简要记录					
检修内容已实施完毕，同意于　年　月　日　时　分交付使用。 工艺值班长：　　　　　　　专项负责人：　　　　　　　检修负责人：					
备注：					

4. 相关文件及记录

（1）检修工作票。

（2）配电柜、控制柜年保养记录。

（3）设备维修记录。

八、任务实施

检修低压配电屏 GGD2-39G，并填检修工作票及维修记录。

实施步骤如下。

（1）企业参观低压配电柜设备及使用环境。

（2）邀请企业技术员介绍配电柜结构功能和维护保养方法以及安全操作规程。

（3）各小组制定低压配电柜安全操作规程和检修实施方案。

（4）准备所需检修工具。

（5）穿戴劳动防护用品。

（6）按检修方案检修低压配电柜。

九、考核评价

考核评价见表 2-27。

表 2-27 项目实施考核评分表

考核项目	考核内容及要求	分值	学生自评（A）	小组评分（B）	教师评分（C）	实得分（A×20%+B×30%+C×50%）
方法确定计划安排	方案的合理性和可行性	5				
	计划安排的周密性	5				
项目完成情况	根据各项目学习情况进行考核	50				
职业素养	遵守纪律	5				
	安全操作	3				
	正确使用工具	2				
完成时间	方案确定、计划安排	2				
	仪表选型、安装	2				
	系统调试	1				
团队合作	沟通能力	4				

续表

考核项目	考核内容及要求	分值	学生自评（A）	小组评分（B）	教师评分（C）	实得分（A×20%+B×30%+C×50%）
团队合作	协调能力	3				
	组织能力	3				
其他项目	课堂提问	5				
	作业	5				
	任务报告书	5				
总　　分		100				

十、思考与练习

（1）请列举出4种低压配电柜型号。

（2）请说明（1）中所列型号低压配电柜特点和使用场合。

项目七　变频器日常检查及保养

变频器（Variable-Frequency Drive，VFD）是应用变频技术与微电子技术，通过改变电机工作电源频率方式来控制交流电动机的电力控制设备（如图2-28所示）。变频器主要由整流（交流变直流）、滤波、逆变（直流变交流）、制动单元、驱动单元、检测单元、微处理单元等组成。变频器靠内部IGBT的开断和调整输出电源的电压和频率，根据电机的实际需要来提供其所需要的电源电压，进而达到节能、调速的目的。另外，变频器还有很多的保护功能，如过流、过压、过载保护等。随着工业自动化程度的不断提高，变频器也得到了非常广泛的应用。

一、学习目标

（1）了解变频器的结构和工作原理。
（2）了解变频器的作用。
（3）掌握变频器常见故障的维修方法。

二、工作任务

生产车间变频器维护保养。

三、知识准备

1. 变频器发展历史简介

变频技术诞生背景是交流电机无级调速的广泛需求。传统的直流调速设备因体积大、故障率高而应用受限。

图 2-28　变频器

20 世纪 60 年代以后,电力电子器件普遍应用了晶闸管及其升级产品,但其调速性能远远无法满足需要。1968 年,以丹佛斯为代表的高技术企业开始批量化生产变频器,开启了变频器工业化的新时代。

20 世纪 70 年代开始,脉宽调制变压变频(PWM-VVVF)调速的研究得到突破,20 世纪 80 年代以后微处理器技术的完善使得各种优化算法得以实现。

20 世纪 80 年代中后期,美、日、德、英等发达国家的 VVVF 变频器技术实用化,商品投入市场,得到了广泛应用。最早的变频器可能是日本人买了英国专利研制的。不过美国和德国凭借电子元件生产和电子技术的优势,高端产品迅速抢占市场。

步入 21 世纪后,国产变频器逐步崛起,现已逐渐抢占高端市场。上海和深圳成为国产变频器发展的前沿阵地,涌现出了像汇川变频器、英威腾变频器、安邦信变频器、欧瑞变频器等一批知名国产变频器。其中安邦信变频器生产厂家成立于 1998 年,是我国最早生产变频器的厂家之一。十几年来,安邦信人以浑厚的文化底蕴作为基石,支撑并成长,企业较早通过 TUV 机构 ISO 9000 质量体系认证,被授予"国家级高新技术企业",多年被评为"中国变频器用户满意十大国内品牌"。

2. 变频器基本结构

变频器通常分为 4 部分,即整流单元、滤波单元、逆变器和控制器,如图 2-29 所示。

1)整流单元

将工作频率固定的交流电转换为直流电。它把工频电源变换为直流电源。也可用两组晶体管变流器构成可逆变流器（图 2-30），由于其功率方向可逆，可以进行再生运转。

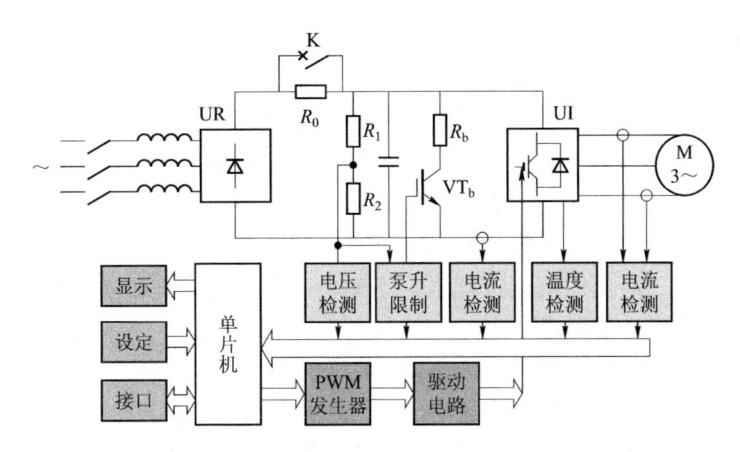

图 2-29 变频器电路结构框图

2）滤波单元

在整流器整流后的直流电压中，含有电源 6 倍频率的脉动电压，此外逆变器产生的脉动电流也使直流电压变动（图 2-31）。为了抑制电压波动，采用大容量电感和电容吸收脉动电压（电流）。装置容量小时，如果电源和主电路构成器件有余量，可以省去电感，采用简单的平波回路。

图 2-30 晶体管变流器

图 2-31 变频器输出 du/dt 滤波器

3）逆变器

与整流单元相反，逆变器是将直流功率变换为所要求频率的交流功率，以所确定的时间使 6 个开关器件导通、关断就可以得到三相交流输出，其外形如图 2-32 所示。以电压型 PWM 逆变器为例示出开关时间和电压波形。

4）控制器

按设定的程序工作，控制输出方波的幅度与脉宽，使叠加为近似正弦波的交流电驱动交流电动机。它由频率、电压的"运算电路"，主电路的"电压、电流检测

图 2-32 逆变器

电路"、电动机的"速度检测电路"，将运算电路的控制信号进行放大的"驱动电路"，以及逆变器和电动机的"保护电路"组成。

3. 变频器的节能作用

1）变频节能

变频节能主要表现在风机、水泵的应用上。为了保证生产的可靠性，各种生产机械在设计配用动力驱动时，都留有一定的余量。当电机不能在满负荷下运行时，除达到动力驱动要求外，多余的力矩增加了有功功率的消耗，造成电能的浪费。风机、泵类等设备传统的调速方法是通过调节入口或出口的挡板、阀门开度来调节给风量和给水量，其输入功率大，且大量的能源消耗在挡板、阀门的截流过程中。当使用变频调速时，如果流量要求减小，通过降低泵或风机的转速即可满足要求。

电动机使用变频器的作用就是为了调速，并降低启动电流。为了产生可变的电压和频率，设备首先要把电源的交流电变换为直流电（DC），这个过程叫整流。把直流电（DC）变换为交流电（AC）的装置，其科学术语为"Inverter"（逆变器）。一般逆变器是把直流电源逆变为一定的固定频率和一定电压的逆变电源。对于逆变为频率可调、电压可调的逆变器称为变频器。变频器输出的波形是模拟正弦波，主要是用于三相异步电动机调速，又叫变频调速器。对于主要用在仪器仪表的检测设备中的、波形要求较高的可变频率逆变器，要对波形进行整理，可以输出标准的正弦波，叫变频电源。一般变频电源是变频器价格的 15～20 倍。由于变频器设备中产生变化的电压或频率的主要装置叫"Inverter"，故该产品本身就被命名为"Inverter"，即变频器。

变频不是到处可以省电，有不少场合用变频并不一定能省电。作为电子电路，变频器本身也要耗电（为额定功率的 3%～5%）。一台 1.5 匹的空调自身耗电算下来也有 20～30 W，相当于一盏长明灯。变频器在工频下运行，具有节电功能，这是事实。但是它的前提条件是：大功率并且为风机/泵类负载；装置本身具有节电功能（软件支持）；长期连续运行。

这是体现节电效果的 3 个条件。此外，如果不加前提条件地说变频器工频运行节能，就是夸大或是商业炒作。

2）功率因数补偿节能

无功功率不但增加线损和设备的发热，更主要的是功率因数的降低导致电网有功功率的降低，大量的无功电能消耗在线路中，设备使用效率低下、浪费严重、使用变频调速装置后，由于变频器内部滤波电容的作用，从而减少了无功损耗，增加了电网的有功功率。

3）软启动节能

电机硬启动不但对电网造成严重的冲击，而且还会对电网容量要求过高，启动时产生的大电流和震动时对挡板和阀门的损害极大，对设备、管路的使用寿命极为不利。而使用变频节能装置后，利用变频器的软启动功能可使启动电流从零开始，最大值也不超过额定电流，减轻了对电网的冲击和对供电容量的要求，延长了设备和阀门的使用寿命，节省了设备的维护费用。

从理论上讲，变频器可以用在所有带有电动机的机械设备中，电动机在启动时，电流会比额定值高 5～6 倍，不但会影响电机的使用寿命，而且消耗较多的电量。系统设计时在电机选型上会留有一定的余量,电机的速度是固定不变的,但在实际使用过程中,有时要以较低或者较高的速度运行,因此进行变频改造是非常有必要的。变频器可实现电机软启动、补偿功率因数、通过改变设备输入电压频率达到节能调速的目的,而且能给设备提供过流、过压、过载等保护功能。

4. 变频器的维护

1) 日常维护(表 2–28)

表 2–28 变频器日常维护

检查地点	监察项目	监察	周期			监察方法	标 准	测量仪表
			每天	1年	2年			
全部	周围环境	① 有灰尘否 ② 环境温度和湿度足够否	○ ○			参考注意事项	温度:-10 ℃~+40 ℃ 没有风 湿度:50%以下没有露珠	温度计 湿度计 记录仪
	设备	有异常振动或者噪声否	○			看,听	无异常	
	输入电压	主电路输入电压正常否	○			测量在端子 R、S、T 之间的电压		数字万用表/测试仪
主电路	全部	① 高阻表检查(主电路和地之间) ② 有无固定部件活动 ③ 每个部件有无过热的迹象		○ ○ ○	○	① 松开变频器,将端子 R、S、T、U、V、W 短路,在这些端子和地之间测量 ② 紧固螺钉 ③ 肉眼检查	超过 5 MΩ没有故障	DC 500 V 类型高阻表
	导体配线	① 导体生锈否 ② 配线外皮损坏否	○ ○			肉眼检查	没有故障	
	端子	有无损坏	○			肉眼检查	没有故障	
	IGBT模块/二极管	检查端子间阻抗			○	① 松开变频器的连接和测试仪测量 ② R、S、T<->P、N、U、V、W<->P、N 之间的电阻	(参考下页)	数字万用表/模拟测量仪

续表

检查地点	监察项目	监察	周期			监察方法	标　　准	测量仪表
			每天	1年	2年			
主电路	滑动电阻器	① 是否有液体渗出 ② 安全针是否突出 ③ 有没有测量电容的膨胀	○ ○	○			没有故障 超过额定容量的85%	电容测量设备
主电路	继电器	① 在运行时有无抖动噪声 ② 触点有无损坏		○ ○			没有故障	
主电路	电阻	① 电阻的绝缘有无损坏 ② 在电阻其中的配线有无损坏（开路）		○ ○			没有故障 误差必须在显示电阻值的±10%以内	数字万用表/模拟测试仪
控制电路保护电路	运行检查	① 在输出电压的每相是否不平衡 ② 在执行了顺序保护运行后显示电路不能有错误		○ ○		① 测量输出端子U、V、W之间的电压 ② 短路和打开变频器保护电路输出	对于200 V(800 V)类型来说，每相电压差不能超过4 V(8 V) 根据次序，故障电路起作用	数字万用表/校正伏特计
冷却系统	冷却扇	① 是否有异常振动或噪声 ② 是否连接区域松动	○ ○			① 关断电源后用手旋转风扇 ② 紧固连接	① 必须平滑旋转 ② 没有故障	
显示	表	显示的值正确否？	○	○		检查在面板外部的测量仪的读数	检查指定和管理值	伏特计/电表等
电机	全部	① 是否有异常振动或噪声 ② 是否有异常气味	○ ○			① 听，感官，肉眼检查 ② 检查过热或者损坏	没有故障	
电机	绝缘电阻	高阻表检查（在输出端子和接地端子之间）			○	松开U、V、W连接和紧固电机配线	超过5 MΩ	500 V类型高阻表

2）定期维护

根据变频器使用情况，可以短期或3~6个月对变频器进行一次定期常规检查，以消除故障隐患，确保长期高性能稳定运行。在实施维护前必须对变频器主回路、控制回路全部断电，并等待 3~5 min 后方可进行。

（1）常规维护内容，见表 2-29。

表 2-29 变频器定期维护内容

检查项目	检查内容	检查事项	判定标准
冷却系统	风机	转动是否灵活，是否有异声	无异常
主回路	全貌	紧固件是否松动 有否有过热痕迹 有否有放电现象 灰尘是否太多 风道是否堵塞	无异常
	电解电容	表面有无异常	无异常
	导线 导线排	有无松动、移位、变色 有无接触不良	无异常
	接触器	触点是否拉弧、打火，接触电阻是否符合要求	无异常
控制回路	端子	螺栓或螺钉有无松动，有无打火或烧痕	无异常
	控制板件	灰尘是否太多 分立元件是否松动 各类插接件是否松动	无异常
	通讯光纤	插头是否松动	无异常

（2）维护要领。

① 紧固。紧固时应使用绝缘工具，用力应均匀，严禁用蛮力硬拧，紧固程度应适中，并按原力矩标志进行，避免因过度紧固损坏端子或元器件。

② 清洁。清灰时应使用吸尘器，如使用吹风机，则应开启室内通风机，将吹出的灰尘及时排出室外。对元器件（散热器）擦拭必须先用棕毛刷（钢刷）清除灰垢，然后用棉布蘸酒精清洗，对于可拆卸出的元器件，也可进行拆卸清灰。清灰作业时，一要注意避免将柜内的控制线路的插件、端子等弄松脱；二要注意采取防静电措施。

③ 测试。有必要时才进行，主要是对变频器进出电缆、电机绝缘进行测试。对变频器的绝缘测试：一是首先拆除变频器与电源及变频器与电机之间的所有连接，并将所有的主回路输入、输出端子用导线可靠短接后，再对地进行测试；二是使用合格的兆欧表；三是严禁仅连接单个主回路端子对地进行绝缘测试；四是切勿对控制端子进行绝缘测试；五是测试完毕后，切记拆除所有短接主回路的导线，否则会造成功率元件不必要的损坏。

④ 对电机进行绝缘测试。必须将电机与变频器之间连接的导线完全断开后，再单独对电机进行测试，否则将有损坏变频器的危险。

（3）易损件更换。

为保证变频器可靠运行，除定期保养、维护外，还应对机内长期承受机械损耗的器件——所有冷却风扇和用于主回路的电解电容器以及印制电路板、熔断器等进行定期更换。一般连续使用时，可按表 2-30 的规定更换，另外应视使用环境、负荷情况及变频器现状等具体情况而定。

表 2–30　变频器内长期承受机械损耗的器件更换周期

器件名称	标准更换时间	
	ABB、SIMENS、ALSTON、AEG	其他公司
冷却风扇	60 000 h	30 000～40 000 h
电解电容器	100 000 h	40 000～50 000 h
印制电路板	150 000 h	100 000 h
熔断器	80 000 h	60 000 h

四、变频器常见故障及处理方法

1. 过电流保护（OC）

1）故障说明

当变频器的输出电流大于变频器的额定电流的 200% 时，变频器关断它的输出。

2）故障原因

（1）加速、减速时间太短。

（2）负载大于变频器额定负载。

（3）当电机自由运行时，变频器有输出。

（4）输出短路或者接地故障。

（5）电机机械制动运行太快。

（6）冷却风扇故障。

3）处理方法

（1）增加加速/减速时间。

（2）增加变频器容量。

（3）在电机停止后启动。

（4）检查输出配线。

（5）检查机械制动。

（6）检查冷却风扇。

注意：校正错误后再运行变频器；否则会损坏 IGBT。

2. 过电压保护（OV）

1）故障说明

如果主电路的直流电压高于额定值，或者当电机减速，或者由于再生负载引起的再生能量回流到变频器时，变频器关断其的输出。这个故障也可能因为在电源供应系统中产生浪涌电压而出现。

2）故障原因

（1）对负载来说减速时间比较短。

（2）输出侧有再生负载。

（3）输入电压太高。

3）处理方法

（1）增加减速时间。

（2）增加制动电阻。

（3）检查输入电压。

3. 过载保护（OLT）

1）故障说明

当变频器的输出电流达到变频器的额定电流的180%并超过电流限制时间（S/W）时，变频器关断其输出。

2）故障原因

（1）负载比变频器额定负载大。

（2）选择了不正确的变频器容量。

（3）设定了不正确的V/F方式。

3）处理方法

（1）增加电机和变频器的容量。

（2）选择正确的变频器容量。

（3）选择正确的V/F方式。

4. 散热片过热（OH）

1）故障说明

由于风扇损坏，或者通过检测散热片的温度检查到有外物进入到冷却风扇引起散热片过热时，变频器关断其输出。

2）故障原因

（1）冷却风扇损坏或者外物进入。

（2）冷却系统故障。

（3）周围环境温度过高。

3）处理方法

（1）更换冷却风扇或者清除异物。

（2）检查散热片中其他异物。

（3）保持环境温度在40 ℃以下。

5. 电子热量（ETH）

1）故障说明

如果电机超载，变频器的内部电子热量决定了电机过热。此时，变频器关断其输出。当驱动的是多极电机或者是多个电机时，变频器不能保护电机。因此，为每个电机考虑安装热继电器或者其他热保护设备。

2）故障原因

（1）电机过热。

（2）负载大于变频器的额定值。

（3）ETH等级过低。

（4）选择了不正确的变频器容量。

（5）设定了不正确的V/F方式。

（6）在低速的情况下运行时间过长。

3）处理方法

（1）减小负载或者运行任务。

（2）增加变频器容量。

（3）调整 ETH 等级至合适的等级。

（4）选择正确的变频器容量。

（5）设定正确的 V/F 方式。

（6）安装一个单独的冷却风扇。

6. 低电压保护（LO）

1）故障说明

当变频器的输入电压下降时，因为出现扭矩不够或者电机过热，直流电压低于可以检测到的等级时，变频器关断其输出。

2）故障原因

（1）线电压过低。

（2）连接至线的负载超过了线容量。

（3）变频器的输入端磁性开关损坏。

3）处理方法

（1）检查线电压。

（2）增加线容量。

（3）更换磁性开关。

7. 输出缺相（OPO）

1）故障说明

当一个或者多个输出（U、V、W）缺相时，变频器关断输出。变频器通过检测输出电流检测输出缺相状态。

2）故障原因

（1）输出的磁性开关故障。

（2）错误的输出配线。

3）处理方法

（1）在变频器的输出端检查电磁开关。

（2）检查输出配线。

五、案例

1. 案例1　变频器面板无显示修复

如果变频器面板无任何显示，可先检查熔断器是否损坏。如果熔断器损坏，说明三相桥式输出电路短路，如大功率双极型结型晶体管 BJT（Bipolar Junction Transistor）、可关断晶闸管 GTO（Gate-Turn-Off Thyristor）、功率场效应晶体管或绝缘栅双极型晶体管 IGBT（Isolated-Gate Bipolar Transistor）击穿短路。

如果熔断器未损坏，说明主电路基本正常，可检查控制电路，特别是作为控制器供电的开关电源。

例如，有一台中达自动化公司生产的 VFD110B43A 变频器，故障现象为操作面板全无显示。首先用万用表蜂鸣挡检查熔断器，熔断器完好，说明主电路未发生短路故障。接通电源后用万用表直流 1 000 V 挡检查电解电容两端直流电压约为 640 V，说明三相桥式整流电路及电容滤波电路基本正常。进一步检查模块驱动电源和单片机电源，发现电源电压全无，初步断定开关电源电路有故障。检查开关电源驱动场效应三极管 K1120，三极管正常，怀疑开关电源控制芯片 UC3842 损坏，将旧芯片焊下，换上新芯片后，一切恢复正常。

2. 案例 2　变频器过压报警处理

（1）故障主要原因：减速时间太短或制动电阻损坏。

（2）实例：一台台安 N2 系列 3.7 kW 变频器在停机时跳 "OU"。

（3）分析与维修：在修这台机器之前，首先要搞清楚 "OU" 报警的原因何在，这是因为变频器在减速时，电动机转子绕组切割旋转磁场的速度加快，转子的电动势和电流增大，使电机处于发电状态，回馈的能量通过逆变环节中与大功率开关管并联的二极管流向直流环节，使直流母线电压升高所致。

（4）故障处理：应该着重检查制动回路，测量放电电阻没有问题，在测量制动管（ET191）时发现已击穿。更换后上电运行，且快速停车都没有问题。

3. 案例 3　变频器欠压处理

（1）故障主要原因：因为主回路电压太低（220 V 系列低于 200 V、380 V 系列低于 400 V），整流桥某一路损坏或可控硅三路中有工作不正常的都有可能导致欠压故障的出现。其次主回路接触器损坏，导致直流母线电压损耗在充电电阻上面，有可能导致欠压。还有就是电压检测电路发生故障而出现欠压问题。

（2）实例：一台 DANFOSSVLT5004 变频器，上电显示正常，但是加负载后跳 "DCLINKUNDERVOLT"（直流回路电压低）。

（3）分析与维修：这台变频器从现象上看比较特别，但是仔细分析发现，该变频器同样也是通过充电回路、接触器来完成充电过程的，上电时没有发现任何异常现象，估计是加负载时直流回路的电压下降所引起，而直流回路的电压又是通过整流桥全波整流，然后由电容平波后提供的。

（4）故障处理：着重检查整流桥，经测量发现该整流桥有一路桥臂开路。更换新品后故障排除。

六、任务实施

1. 任务

生产车间变频器维护与保养。

2. 实施步骤

（1）深入企业生产车间参观使用变频器的生产设备，了解变频器的功能和使用场所。

（2）邀请企业技术员介绍变频器的维护保养规定和方法。

（3）学生根据讲义学习及参观企业制定变频器维护和保养方案。

（4）按照实施保养方案对变频器进行维护和保养。

七、考核评价

考核评价如表 2-31 所示。

表 2-31 项目实施考核评分表

考核项目	考核内容及要求	分值	学生自评（A）	小组评分（B）	教师评分（C）	实得分（A×20%+B×30%+C×50%）
方法确定计划安排	方案的合理性和可行性	5				
	计划安排的周密性	5				
项目完成情况	根据各项目学习情况进行考核	50				
职业素养	遵守纪律	5				
	安全操作	3				
	正确使用工具	2				
完成时间	方案确定、计划安排	2				
	仪表选型、安装	2				
	系统调试	1				
团队合作	沟通能力	4				
	协调能力	3				
	组织能力	3				
其他项目	课堂提问	5				
	作业	5				
	任务报告书	5				
总 分		100				

八、思考与练习

（1）变频器常见故障代码有哪些？各自代表什么故障？

（2）变频器维护中有哪些注意事项？

项目八　电动机管理与维护

电动机是一种旋转式机电设备，它将电能转变为机械能，它主要包括一个用以产生磁场的电磁铁绕组或分布的定子绕组和一个旋转电枢或转子。在定子绕组旋转磁场的作用下，其在电枢鼠笼式铝框中有电流通过并受磁场的作用而使其转动。这些设备中有些类型可作电动机用，也可作发电机用。通常电动机的做功部分做旋转运动，这种电动机称为转子电动机；也有做直线运动的，称为直线电动机。

电动机能提供的功率范围很大，从毫瓦级到千瓦级。机床、水泵需要电动机带动；电力机车、电梯，需要电动机牵引。家庭生活中的电扇、冰箱、洗衣机，甚至各种电动玩具都离不开电动机。电动机已经应用在现代社会工业、生活的各个方面。

一、学习目标

（1）掌握电机的结构和工作原理。
（2）掌握电动机点检要点和维护方法。

二、工作任务

（1）任务 1　电动机点检。
（2）任务 2　电动机预防维护。

三、知识准备

1. 电动机的分类

电动机应用广泛，种类繁多，主要分类如下。
根据电动机的不同划分方法，大致可进行下列划分。
（1）按工作电源种类划分，可分为交流电动机（图 2-33）和直流电动机（图 2-34）。其中，交流电动机还可分为单相电动机和三相电动机。
（2）按结构和工作原理划分，可分为直流电动机、异步电动机、同步电动机。

异步电动机的转子转速总是略低于旋转磁场的同步转速。同步电动机的转子转速与负载大小无关，而始终保持为同步转速。

直流电动机可划分为有刷直流电动机和无刷直流电动机。

图 2-33　交流电动机　　　　图 2-34　直流电动机

有刷直流电动机可划分为电磁直流电动机和永磁直流电动机。

电磁直流电动机可划分为串励直流电动机、并励直流电动机、他励直流电动机和复励直流电动机。

永磁直流电动机可划分为稀土永磁直流电动机、铁氧体永磁直流电动机和铝镍钴永磁直流电动机。

异步电动机可划分为感应电动机和交流换向器电动机。

感应电动机可划分为三相异步电动机、单相异步电动机和罩极异步电动机等。

交流换向器电动机可划分为单相串励电动机、交直流两用电动机和推斥电动机。

同步电动机可划分为永磁同步电动机、磁阻同步电动机和磁滞同步电动机。

（3）按启动与运行方式划分可分为电容启动式单相异步电动机、电容运转式单相异步电动机、电容启动运转式单相异步电动机和分相式单相异步电动机。

（4）按用途划分可分为驱动用电动机和控制用电动机。

驱动用电动机划分为电动工具（包括钻孔、抛光、磨光、开槽、切割、扩孔等工具）用电动机、家电（包括洗衣机、电风扇、电冰箱、空调器、录音机、录像机、影碟机、吸尘器、照相机、电吹风、电动剃须刀等）用电动机及其他通用小型机械设备（包括各种小型机床、小型机械、医疗器械、电子仪器等）用电动机。

控制用电动机又划分为步进电动机和伺服电动机等。

（5）按转子的结构划分可分为笼型感应电动机（又称为鼠笼型异步电动机）和绕线转子感应电动机（又称为绕线型异步电动机）。

（6）按运转速度划分可分为高速电动机、低速电动机、恒速电动机、调速电动机。

低速电动机又分为齿轮减速电动机、电磁减速电动机、力矩电动机和爪极同步电动机等。调速电动机除可分为有级恒速电动机、无级恒速电动机、有级变速电动机和无级变速电动机外，还可分为电磁调速电动机、直流调速电动机、PWM 变频调速电动机和开关磁阻调速电动机。

2. 电动机的基本结构

1）三相异步电动机的结构

三相异步电动机由定子、转子和其他附件组成，如图 2-35 所示。

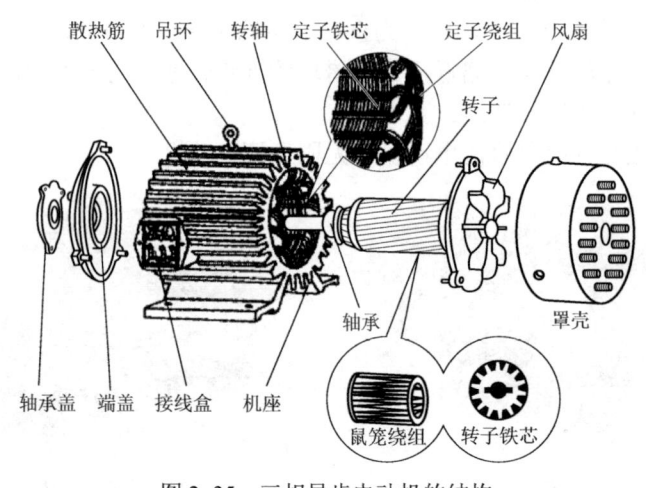

图 2-35 三相异步电动机的结构

(1) 定子（静止部分）。

① 定子铁芯。

作用：电机磁路的一部分，并在其上放置定子绕组。

构造：定子铁芯一般由 0.35～0.5 mm 厚表面具有绝缘层的硅钢片冲制、叠压而成，在铁芯的内圆冲有均匀分布的槽，用以嵌放定子绕组。

定子铁芯槽型有以下几种。

半闭口型槽：电动机的效率和功率因数较高，但绕组嵌线和绝缘都较困难。一般用于小型低压电机中。

半开口型槽：可嵌放成形绕组，一般用于大型、中型低压电机。成形绕组即绕组可事先经过绝缘处理后再放入槽内。

开口型槽：用以嵌放成形绕组，绝缘方法方便，主要用在高压电机中。

② 定子绕组。

作用：电动机的电路部分，通入三相交流电，产生旋转磁场。

构造：由 3 个在空间互隔 120°电角度对称排列的、结构完全相同的绕组连接而成，这些绕组的各个线圈按一定规律分别嵌放在定子各槽内。

定子绕组的主要绝缘项目有以下 3 种（保证绕组的各导电部分与铁芯间的可靠绝缘以及绕组本身间的可靠绝缘）。

- 对地绝缘：定子绕组整体与定子铁芯间的绝缘。
- 相间绝缘：各相定子绕组间的绝缘。
- 匝间绝缘：每相定子绕组各线匝间的绝缘。

电动机接线盒内的接线：电动机接线盒内都有一块接线板，三相绕组的 6 个线头排成上下两排，并规定上排 3 个接线桩自左至右排列的编号为 1（U1）、2（V1）、3（W1），下排 3 个接线桩自左至右排列的编号为 6（W2）、4（U2）、5（V2），将三相绕组接成星形接法或三角形接法。凡制造和维修时均应按这个序号排列。

③ 机座。

作用：固定定子铁芯与前后端盖以支撑转子，并起防护、散热等作用。

构造：机座通常为铸铁件，大型异步电动机机座一般用钢板焊成，微型电动机的机座采用铸铝件。封闭式电机的机座外面有散热筋以增加散热面积，防护式电机的机座两端端盖开有通风孔，使电动机内外的空气可直接对流，以利于散热。

(2) 转子（旋转部分）。

① 三相异步电动机的转子铁芯。

作用：作为电机磁路的一部分以及在铁芯槽内放置转子绕组。

构造：所用材料与定子一样，由 0.5 mm 厚的硅钢片冲制、叠压而成，硅钢片外圆冲有均匀分布的孔，用来安置转子绕组。通常用定子铁芯冲落后的硅钢片内圆来冲制转子铁芯。一般小型异步电动机的转子铁芯直接压装在转轴上，大、中型异步电动机（转子直径在 300～400 mm 以上）的转子铁芯则借助转子支架压在转轴上。

② 三相异步电动机的转子绕组。

作用：切割定子旋转磁场产生感应电动势及电流，并形成电磁转矩而使电动机旋转。

构造：分为鼠笼式转子和绕线式转子。按转子结构的不同，三相异步电动机可分为笼式和绕线式两种。

a. 鼠笼式转子。转子绕组由插入转子槽中的多根导条和两个环形的端环组成。若去掉转子铁芯，整个绕组的外形像一个鼠笼，故称笼型绕组。如图 2-36 所示。小型笼型电动机采用铸铝转子绕组，对于 100 kW 以上的电动机采用铜条和铜端环焊接而成。

b. 绕线式转子。绕线转子绕组与定子绕组相似，也是一个对称的三相绕组，一般接成星形，3 个出线头接到转轴的 3 个集流环上，再通过电刷与外电路连接，如图 2-37 所示。

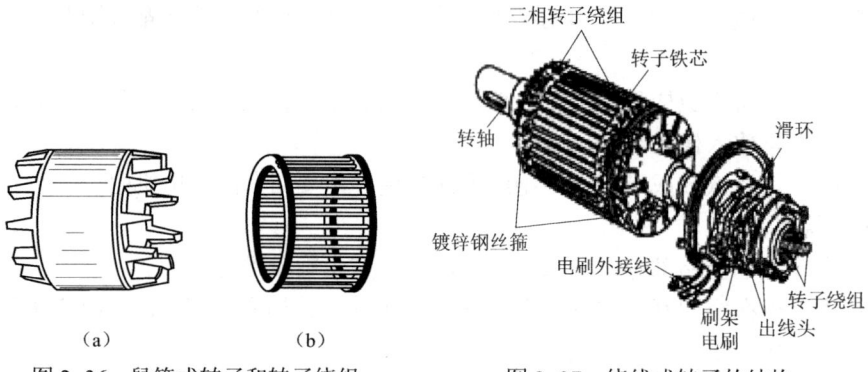

图 2-36 鼠笼式转子和转子绕组

图 2-37 绕线式转子的结构

特点：鼠笼式转子的异步电动机结构简单、运行可靠、重量轻、价格便宜，得到了广泛的应用，其主要缺点是调速困难。

绕线式三相异步电动机的转子和定子一样，也设置了三相绕组并通过滑环、电刷与外部变阻器连接。绕线式转子结构较复杂，故绕线式电动机的应用不如鼠笼式电动机广泛。但通过集流环和电刷在转子绕组回路中串入附加电阻等元件，用以改善异步电动机的起动、制动性能及调速性能，故在要求一定范围内进行平滑调速的设备，如吊车、电梯、空气压缩机等上面采用。

（3）三相异步电动机的其他附件。
- 端盖：支撑作用。
- 轴承：连接转动部分与不动部分。
- 轴承端盖：保护轴承。
- 风扇：冷却电动机。

2）直流电动机的结构

常见中、小型直流电动机的外形如图 2-38 所示，内部结构由定子（主极）、电枢（转子部分）、换向器等部件组成。下面分别介绍各部分结构。

图 2-38 中、小型直流电动机的内部结构

（1）定子。定子包括主磁极、转向磁极、机座、端盖及刷架等。

（2）主磁极。主磁极是产生磁场的，主要由三部分组成，即铁芯、极靴和励磁绕组，如图 2-39 所示。当励磁线圈通过直流电时，铁芯就成为一个固定极性的磁极。主磁极的数目有 2 极、4 极、6 极等。主磁极的铁芯采用 1 mm 厚的薄钢片叠成，并用螺栓固定在机座上。极靴可挡住套在铁芯上的励磁绕组,并使空气隙中的磁通密度分布均匀。如图 2-40 所示。

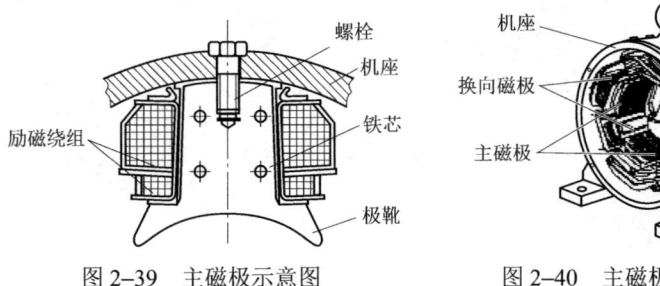

图 2-39 主磁极示意图

图 2-40 主磁极的整体结构

(3) 换向磁极。当电枢绕组中的线圈电流换向时,与该线圈相连的换向片同电刷之间会产生火花。为了减小火花,改善换向性能,通常在两个主磁极的中间装一个换向磁极(又称间极),换向磁极的结构如图 2-41 所示。其铁芯一般采用整块扁钢,大容量电动机才采用薄钢片叠成。其励磁绕组的匝数较少,导线较粗,与电枢绕组串联。换向磁极的极性应与前面主磁极的极性相同,如图 2-42 所示。这就是说,如果一台电动机从换向器侧去看是逆时针方向旋转,则顺着旋转方向,间极极性应与前面主磁极的极性相同。

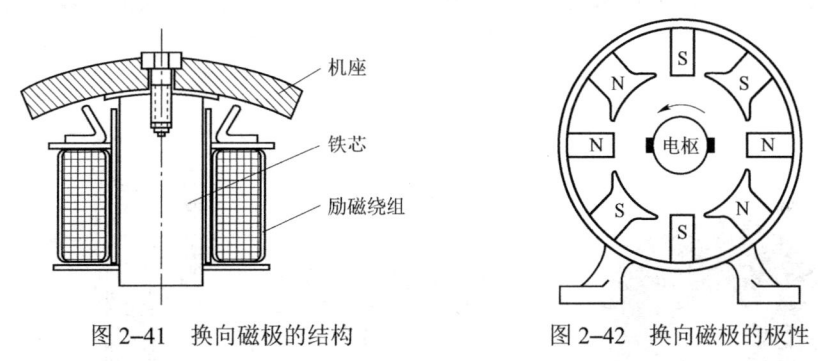

图 2-41 换向磁极的结构

图 2-42 换向磁极的极性

(4) 机座。机座除了起支撑整个电动机的作用外,还是磁路的一部分。由于钢比铸铁的导磁性能好,所以机座大多采用钢板焊接或铸钢制成。

(5) 端盖。电动机机座的两端各装一个端盖,用以保护电动机免受外界损害,同时支撑轴承、固定刷架。端盖通常用铸铁制成。

(6) 刷架。刷架是将电源的直流电引入旋转电枢的一个重要部件,由刷杆座、刷杆、刷握和电刷等组成,如图 2-43 所示。刷杆座固定在端盖上,刷杆固定在刷杆座上,刷杆的根数与主磁极的数目相等。每根刷杆上装有一个或几个刷握,多少视电动机的容量大小而定。电刷插在刷握中。电刷的顶上有一块弹簧压板,使电刷在换向器上保持一定的接触压力。

(7) 电枢(又称为转子)。电枢主要包括电枢铁芯、电枢绕组、换向器、风扇及转轴等,如图 2-44 所示。

(8) 电枢铁芯。电枢铁芯既是主磁路的组成部分,又是电枢绕组支撑部分,电枢绕组就嵌放在电枢铁芯的槽内。为减少电枢铁芯内的涡流损耗,铁芯一般用厚 0.5 mm 且冲有齿、槽的型号为 DR530 或 DR510 的硅钢片叠压夹紧而成。电枢铁芯采用 0.5 mm 的硅钢片叠成,硅钢片的两面涂有绝缘漆,先冲成电枢冲片,然后再叠压成铁芯。

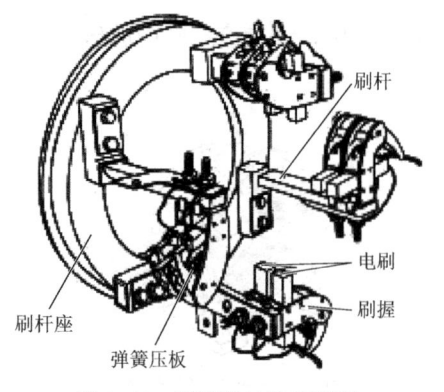

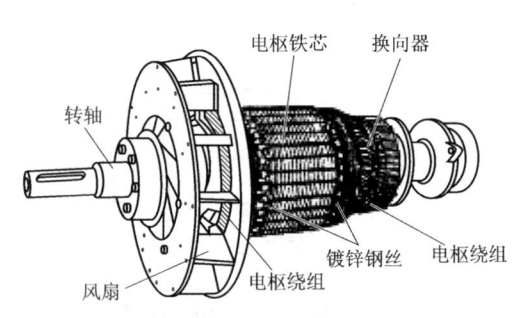

电枢铁芯的外圆周上有均匀分布的槽,用来嵌放电枢绕组的线圈,如图 2-45 所示。小型电机的电枢铁芯冲片直接压装在轴上,大型电机的电枢铁芯冲片先压装在转子支架上,然后再将支架固定在轴上。为改善通风,冲片可沿轴向分成几段,段间留有 8~10 mm 的径向风道,以改善冷却条件。小容量电动机的电枢铁芯上装有风翼,较大容量的电动机则在轴上装有风扇。

(9) 电枢绕组。电枢绕组由一定数目的电枢线圈按一定的规律连接组成,它是直流电机的电路部分,也是产生电动势,产生电磁转矩进行机电能量转换的部分。线圈用绝缘的圆形或矩形截面的导线绕成,嵌入电枢铁芯的槽内,然后按一定规则与换向片相连而成电枢绕组,如图 2-46 所示。

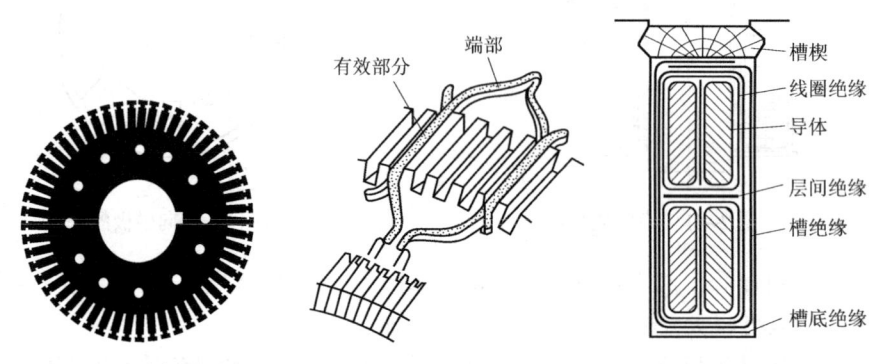

图 2-45 电枢铁芯

图 2-46 电枢绕组

槽内导线与槽壁之间需要很好地绝缘。槽口用槽楔固定,而在槽外的绕组端部用镀锌钢丝箍住,防止电枢绕组因离心力作用而发生径向位移。大型电机电枢绕组的端部通常紧扎在绕组支架上。

(10) 换向器。在直流电动机中,换向器起逆变作用,因此换向器是直流电机的关键部件之一。换向器工作得好坏在很大程度上决定了电动机运行的可靠性。它主要由紧压在一起的许多换向片组成,片间用云母片隔开。整个换向片组用V形钢环和螺旋压圈固定在钢套上。在换向片组和钢套、V形钢环间用特制的V形云母环和绝缘套筒来妥善绝缘,如图 2-47 所示。小型以下的都采用塑料结构的换向器。

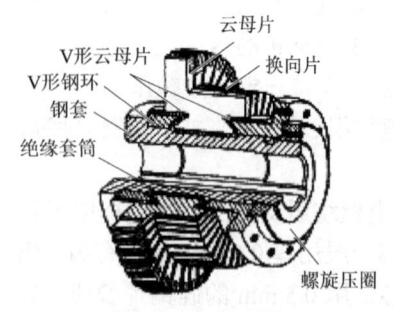

图 2-47 换向器

3. 电动机的维护和保养

电动机应定期进行维护和保养，及时排除各项潜在隐患，保障其正常运转。

1）启动前的准备和检查

（1）检查电动机和启动设备接地是否可靠和完整，接线是否正确与良好。

（2）检查电动机铭牌所示额定电压，额定频率是否与电源电压、频率相符合。

（3）新安装或者长期停用的电动机（停用 3 个月以上），启动前应检查绕组相对相、相对地的绝缘电阻值（用 1 000 V 兆欧表测量）。绝缘电阻应该大于 0.5 MΩ。如果低于这个值，应该将绕组烘干。

（4）对绕线型转子应检查其集电环上的电刷以及提刷装置是否能正常工作，电刷的压力是否符合要求。电刷压力为 1.5～2.5 N/cm。

（5）检查电动机的转子转动时是否灵活可靠，滑动轴承内的油是否达到规定的油位。

（6）检查电动机所用的熔断器的额定电流是否符合要求。

（7）检查电动机的各个紧固螺栓以及安装螺栓是否牢固并符合要求。

如上述检查达标后方可启动电机，电机启动后空载运行 30 s。注意观察电机有无异常现象，若有噪声、震动、发热等不正常情况，应采取措施，待原因检查清楚，问题解决之后方可运行。启动绕线型电动机时，应将启动变阻器接入转子电路中。对有电刷提升机构的电动机，应该放下电刷，并断开短路装置，合上定子电路开关，扳动变阻器。当电动机接近额定转速时，提上电刷，合上短路装置，电动机启动完毕。

2）运行中的日常巡检维护

电动机运行时，日常巡回检查内容及方法如表 2–32 所示。

表 2–32 电动机巡回检查内容及方法

检查部位	检查内容	检查方法
外部	壳体表面有无尘埃的堆积，表漆有无变色剥落、腐蚀、损坏等现象	目测
	通风道有无未拧紧或松动现象	目测
	各部件有无未拧紧或松动现象	目测、手摸
轴承	声音是否有异常	用耳朵或听音棒检测
	温度	将温度计读数与平时的读数比较，不能安装温度计的地方，可根据手摸的感觉而定
	振动的大小，振动的变化	根据手摸的感觉来判断，振动大时用振动计测定
	润滑油油量是否适中	从油位计判明油量
	甩油环是否旋转灵活	从检查孔观察
	各部分轴承是否漏油	目测
定子	铁芯、绕组的温度	用埋入式温度计测量，不能安装这种温度计的，根据手摸的感觉来判断或用便携式测温仪测定外壳温度，应测定手摸感觉温度最高的部位

续表

检查部位	检查内容	检查方法
定子	进、排气的温度	看温度计读数，不能安装温度计的部位，根据手摸的感觉来判断或用便携式测温仪测定。测定位置应固定在一个部位，测定温度时，还要检查有无异常气味、声音和振动
	电压和电流	每隔一定的时间读电压表、电流表读数并做记录
空气过滤器	网眼有无堵塞	目测判断
集电环和换向器	平滑度和膜层的状态，有无火花	停转时用目测或手摸判断平滑度和膜层状态，运转时目测有无火花
集电环提升短路装置	接触状态，有无不正常响声	目测变色情况来判断温度，目测接触面来判断平滑度，用目测和耳听检查与固定部件有无相擦接触
电刷与滑环	接触状态，随动性，温度	目测和手摸运转中电刷的振动情况，判断电刷接触状态，停运时检查电刷的紧贴程度，判断上下随动性能，查看电刷线嵌接部位的颜色，判断电刷温度

3）运行中的故障及处理

（1）启动时的故障。

当合上断路器或自动开关后，电动机不转，只听到"嗡嗡"的声响，或者不能转到全速，这种故障原因可能有以下几种。

① 定子回路一相断线，如低压电动机熔断器一相熔断，不能形成三相旋转磁场。

② 转子回路断线或接触不良，使转子绕组内无电流或电流减小，因而电动机不转或者转动很慢。

③ 在传动机械中，有机械上的卡阻现象，严重时电动机就不转，且异常声响。

④ 电压过低使电动机转矩减小，启动困难或不能启动。

⑤ 电动机定子和转子铁芯相摩擦，增加了负载，使转动困难。

发现上述故障时，应立即拉开电动机的断路器以及隔离开关，检查其定子、转子回路。

（2）定子绕组单相接地故障。

电动机绕组由于受到各种因素的侵蚀，绝缘水平降低。此外，由于电动机长期过负荷运行，会使绕组的绝缘体因长期过热而变得焦脆或脱落。这都会造成电动机定子绕组的单相接地。

（3）三相电动机单相运行的故障。

三相电动机在运行中，如果一相熔断器烧坏或接触不良，隔离开关、熔断器、电缆头以及导线一相接触松动以及定子绕组一相断线，均会造成电动机的单相运行。

运行人员根据电动机所产生的异常现象，确认电动机为单相运行时，则应切断电源，使其停止运行，并用兆欧表测量定子回路电阻值，若电阻值很大或无穷大时，则说明该相断线。然后检查定子回路中的熔断器、断路器、隔离开关、电缆头以及接线盒内接线接触是否良好。

4）紧急情况停车

在运行中遇有下列情况之一时，应立即停车并切断电源，保护好现场。

（1）将要发生威胁人身安全的事态时。

（2）电动机或其附属电气设备有绝缘烧焦味或冒烟起火时。

（3）发生威胁电动机的强大振动时。

（4）电动机所驱动的机械损坏时。

（5）轴承发热超过允许温升极限或冒烟时。

（6）在电动机发生异音和迅速发热的同时，电动机的转速急剧下降时。

4. 电动机的常见故障及处理

1）异步电动机的常见故障及处理方法

异步电动机常见故障处理方法列于表2-33中。

表2-33 异步电动机常见故障处理方法

现 象	原 因	处理方法
不能启动	控制设备接线错误	核对接线图，加以校正
	熔丝熔断	检查控制设备及保护装置的情况
	电压过低	检查电网电压；在降压启动情况下，如启动电压太低应适当提高
	定子绕组相间短路、接地或接线错误以及定、转子绕组断路	找出断路、短路部位，进行修复。如果是接错，经过检查后进行校正
	负荷过大或传动机械有故障	更换较大功率的电动机或减轻负荷；将电动机与机械分开，如电动机能正常启动，应检查被拖动机械，并消除故障
转速达不到要求	过负荷	减少负荷
	启动时有一相电源断开成为单相运转	检查电源回路、开关设备有无接触不良
	绕线式电动机转子电路有一相断开	检查控制器和启动电阻器
	定子绕组接线错误（如把△接法错接成Y接法）	检查端子上的接法
	端子电压低	减少启动电流引起的电压降
	定子绕组匝间或相间短路	消除短路部分（更换绕组）
	启动器的接法错误	检查接线情况
电动机有异常噪声或振动过大	机械摩擦（包括定、转子相摩擦）	检查转动部分与静止部分间隙，找出相摩擦原因，进行校正
	单相运行	断电，再合闸。如不能启动，则可能有一相断电，检查电源或电动机并加以修复
	滚动轴承缺油或损坏	清洗轴承加新油；轴承损坏，更换新轴承
	电动机接线错误	查明原因，加以更正
	绕线型转子电动机，转子绕组断路	查出断路处，加以修复

续表

现象	原因	处理方法
电动机有异常噪声或振动过大	轴伸弯曲	校直或更换转轴
	转子或皮带盘不平衡	校平衡
	联轴器连接松动	查清松动处，把螺栓拧紧
	安装基础不平或有缺陷	检查基础和底板固定情况，加以修正
	直接连接没有找中心；来自工作机械侧的冲击	重新找正中心，再直接连接；检查工作机械
电动机温升过高或冒烟	过载	用钳形电流表测量定子电流，发现过载时，减轻负荷或更换较大功率电机
	单相运行	检查熔丝，控制装置接触点，排除故障
	电源电压过低或电动机接线错误	检查电源电压；△接法电动机误接Y工作或Y接法电动机误接△工作，必须停电改接
	定子绕组接地，匝间或相间短路	找出短路或通地的部分进行修复
	定子铁损高	打磨硅钢片间的毛刺，处理片间绝缘
	绕线型转子电动机，转子绕组接线头松脱或笼型转子断条	对绕线型转子查出其松脱处，加以修复，对铜条笼型转子，补焊或更换铜条；对铸铝转子，更换转子或改为铜条转子
	定子、转子相摩擦	检查轴承、轴承室及轴承座有无松动，定子和转子装配有无不良情况，加以修复
	通风不畅	移开妨碍通风的物件，清除风道污垢、尘埃及杂物，使空气畅通。两极电动机，检查内、外风扇的转向
	冷却水流量不足，冷却器的功能降低	检查供水设备。检查冷却器内部，如有必要，应打扫干净
绕线转子集电环火花过大	电刷牌号或尺寸不符合要求	更换合适的电刷
	集电环表面有污垢杂物	清除污垢，烧灼严重时应进行金加工
	电刷压力太小或电刷在刷握内卡住或放置不正	调整电刷压力；改用适当大小的电刷；把电刷放正
轴承过热	轴承损坏	更换轴承
	滚动轴承润滑脂过多、过少或有杂质	调整或更换润滑脂
	滑动轴承润滑油不够、有杂质或油环卡住	加油到标准油面线或更换新油，循环润滑油油压不足时加大油压到额定值；查明卡住原因，加以修复，油黏度过大时应调换润滑油
	轴承与轴配合过松（走内圆）或过紧	过松时可将轴颈喷涂金属；过紧时重新加工

续表

现　象	原　因	处理方法
轴承过热	轴承与端盖配合过松（走外圆）或过紧	过松时将端盖电镀或镶套；过紧时重新加工
	电动机两侧端盖和轴承没有装配好	将两侧端盖或轴承盖止口装平，旋紧螺栓
	皮带过紧或联轴器装配不良，受到工作机械的轴向推力	调整皮带松紧程度；校正联轴器；检查工作机械
电动机运行时电流表指针来回摆动	绕线型转子电动机一相电刷接触不良	调整电刷压力并改善电刷与集电环接触
	绕线型转子电动机集电环的短路装置接触不良	修理或更换短路装置
	笼型转子断条或绕线型转子一相断路	对铜条笼型转子，补焊或更换铜条；对铸铝转子，更换转子或改为铜条转子；查出断路处，加以修复
	电源电压波动	针对造成电源电压波动的原因处理
电机外壳带电	绕组受潮、绝缘损坏或接线板有污垢	绕组干燥处理；绝缘损坏时予以修复；清理接线板
	引出线绝缘磨破	进行修复

2）同步电动机常见故障处理方法

同步电动机常见故障处理方法见表 2–34。

表 2–34　同步电动机常见故障处理方法

现　象	原　因	处理方法
电动机不能启动	定子绕组的电源电压太低，启动转矩过小	若是降压启动，则适当提高启动电压，以提高启动转矩
	定子绕组开路	检修开路绕组
	轴承太紧或安装不当，使定子、转子相摩擦	重新装配轴承，调整定子、转子之间的气隙，使之达到正常值
	负荷过重	使电动机轻载启动
	定子绕组的电源电路或控制电路有缺陷或错误	检查定子、转子的主电路和控制电路
	阻尼绕组有断线或连接处接触不良	检查电动机的阻尼绕组和端环铜排连接状况
电动机启动后转速不能增加到正常速度，且有较大振动	励磁系统有故障，不能投入额定励磁电流	检修励磁系统，用电流表测试励磁电流值
	励磁绕组有匝间短路	检修或更换短路的绕组
	励磁绕组的接线有错误或绕制方向、匝数有错误	检查励磁绕组的方向、匝数和接线方式

续表

现　　象	原　　因	处理方法
定子绕组各部分都发热	电动机过载	减少电动机的负荷
	磁场过励	适当降低励磁电流
定子绕组中有一个或几个线圈发热	定子绕组有部分线圈匝间短路	局部修理或大修定子绕组
定子绕组某几点发热冒烟，某几个槽楔有灼痕	定子绕组有部分匝间短路	检修或大修电动机定子绕组
	定子、转子、铁芯相摩擦	校正定子、转子同心度
轴承发热	润滑不良	改善润滑条件、注油
	轴承污损或润滑油内有杂物	清洗或更换轴承、换润滑油
	轴承太紧	检查轴承的配合状况
	轴承因振动而松动	检查轴承
轴承发热但没有超过其他部分	转子或定子绕组发热传到轴承上，其原因是电动机过载或励磁电流过大	减小电动机的负荷至额定值及以下；减小励磁电流至额定值
电动机在运转中振动过大，或有异常噪声	励磁绕组松动或有位移	检查绕组的固定情况
	励磁绕组有匝间短路、绕制错误或接线不正确	检查绕组有无短路、绕制错误或接线不正确
	定子与转子之间的气隙不均匀	调整定子和转子的安装位置
	转子不平衡	将转子做静平衡或动平衡
	转子所拖动的机械设备不正常	检查所拖动的机械设备
	底座固定情况不良或基础强度不够	检查底座固定情况及基础是否振动
	机座或轴承支座安装不良	检查机座或轴承的安装情况
	转轴弯曲	检查转轴是否弯曲
绝缘击穿	工作电压过高	检查工作电压
	环境温度太低	改善电动机的工作环境
	绕组被有害气体、潮气等侵蚀	局部修理或大修已经击穿的绕组
运行中失步	断电失步、带励失步或失磁失步	检查励磁绕组有无断线、接触不良等现象；检查失步保护及自动再整步装置
集电环火花过大	电刷牌号或尺寸不符合要求	更换适合的电刷
	集电环表面有污垢杂物	清除污垢，烧灼严重时应进行金加工
	电刷压力太小或电刷在刷握内卡住或放置不正	调整电刷压力；改用适当大小的电刷；把电刷放正

3）直流电动机常见故障处理方法
（1）换向故障和处理方法见表 2-35。

表 2-35 直流电动机换向常见故障处理方法

原因	刷尾过热	换向器表面有条纹	电刷表面镀铜	电刷磨损不均匀	电刷磨损快	电刷沿换向器外圆出现火苗	电刷碎裂掉边缺角	电刷振动噪声	换向器不对称烧伤	换向器不能有良好的换向膜	换向器表面烧黑	电刷刷盒过热	换向器过热	环火	刷架火花不均	空载火花	换向器表面对称烧伤	绿色针状火花	滑入端火花	滑出端火花	处理方法
换向极磁场太强			✓														✓	✓	✓	✓	换向极绕组分流或加大气隙
换向极磁场太弱			✓														✓	✓	✓	✓	减少气隙
换向极气隙太小			✓														✓	✓	✓	✓	增大气隙
换向极气隙太大			✓													✓	✓	✓	✓	✓	减小刷宽
换向区太大			✓													✓		✓	✓	✓	减小刷宽
换向区太窄			✓												✓	✓		✓	✓	✓	增加刷宽
换向极气隙不均			✓	✓											✓	✓		✓	✓	✓	调整各极气隙使其均匀
电动机过负荷					✓	✓							✓	✓				✓	✓	✓	限制电压
片间电压过高						✓								✓				✓	✓	✓	刷架装隔弧板
换向极磁路饱和			✓			✓								✓		✓		✓	✓	✓	限制负载加补偿绕组用梯形极身
换向器云母片突出			✓				✓			✓								✓	✓	✓	下刻云母
换向片凸出或凹下			✓	✓			✓		✓	✓	✓	✓						✓	✓	✓	加工换向片
换向片偏心			✓	✓					✓	✓	✓							✓	✓	✓	加工换向器外圆
电刷刷距不均		✓	✓	✓						✓	✓		✓					✓	✓	✓	调整刷距
电刷在刷握中晃动	✓	✓	✓	✓			✓	✓		✓	✓	✓	✓					✓	✓	✓	调整电刷和刷握配合间隙
电刷在刷握内随动性差	✓	✓	✓	✓			✓	✓		✓	✓	✓	✓					✓	✓	✓	调整电刷和刷握配合间隙

续表

原因	处理方法	滑出端火花	滑入端火花	绿色针状火花	换向器表面对称烧伤	空载火花	刷架火花不均	环火	换向器过热	电刷盒过热	换向器表面烧黑	换向器不能有良好的换向膜	换向器不对称烧伤	电刷振动噪声	电刷碎裂掉边缺角	电刷沿换向器外圆出现火苗	电刷磨损快	电刷磨损不均匀	电刷表面镀铜	换向器表面有条纹	刷尾过热
电刷压力太大	降低弹簧压力	√			√	√			√	√	√									√	√
电刷压力太小	增大弹簧压力	√	√		√	√				√				√							
电刷牌号不合适	更换适当牌号电刷	√	√	√	√	√						√					√				
电刷太宽	减少刷宽	√	√	√	√	√															
电刷太窄	增加刷宽	√	√	√	√	√			√	√	√						√	√			
电刷接触面小	研磨电刷	√	√	√	√	√												√			
刷盒离换向器表面高	调整刷盒位置	√												√	√	√					
电枢绕组焊接不良或开焊	开焊处补焊	√											√	√	√	√					
换向板、补偿绕组接反或短接	消除短路	√											√			√					
定子极距不同短路	改变接头或消除短路点	√											√					√			
换向器表面有油污	清理换向器表面								√		√	√						√	√	√	
空气温度过高	调节空气湿度											√							√		
空气温度过低	调节空气湿度											√							√		
空气灰尘大	过滤冷却空气	√															√				
电动机机械振动	消除振源	√	√																		

（2）直流电动机其他故障及处理方法列于表 2-36 中。

表 2-36　直流电动机其他故障处理方法

现　　象		原　　因	处　理　方　法
绝缘电阻低		电动机绕组和导电部分有灰尘、金属屑、油污物	用压缩空气吹，若吹不净可用弱碱性洗涤剂水溶液清洗，然后进行干燥处理
		绝缘受潮	烘干处理
		绝缘老化	浸漆处理或更换绝缘
电枢接地		金属异物使线圈与地接通	用 220V 小容量试灯查出接地点，排除异物
		电枢绕组槽部或端部绝缘损坏	用低压直流电流测量片间压降或换向片和轴间压降法找出接地点，更换故障线圈
电枢绕组	短路	电枢线圈接线错误	按正确接线图纠正电枢线圈与升高片的连接
		换向片间或升高片间有焊锡等金属物短接	用测量片间压降的方法查出故障点，清除故障物
		匝间绝缘损坏	更换绝缘
	断路	接线错误	按正确接线图纠正电枢线圈与升高片的连接
	接触电阻大	电枢线圈和升高片并头套开焊	补焊连接部分
		电枢线圈和升高片并头套焊接不良	补焊连接部分
		升高片和换向片焊接不良	补焊与加固升高片和换向片的连接
换向器	片间短路	片间云母损坏	换向器解体后更换云母
		换向器 3 度锥面因涂封绝缘处理不好，进入金属异物	清除金属异物，3 度锥面间隙处做绝缘涂封处理
	接地	V 形绝缘环 3 度锥面损坏	换向器解体后更换 V 形绝缘环
		换向器内部进入金属异物	换向器解体后清除异物
		换向器 V 形绝缘环 3 度锥面有粉尘，引起爬电	清除粉尘，加强绝缘涂封，提高表面绝缘电阻
	外圆变形	片间绝缘、V 形绝缘环产生热收缩	换向器热态下对称、均匀地拧紧螺母
		换向器压圈、螺母等紧固件运行后产生松动	换向器外圆偏摆超过规定时，应将电枢放在车床或电动机本体上车削换向器外圆
	升高片断裂	电动机扭振和机械冲击使升高片根部疲劳破坏	改进升高片固定结构，提高升高片固有自振频率，防止运行时谐振
		升高片材质硬脆	局部更换升高片
		升高片机械碰伤	局部更换升高片

续表

现　象	原　因	处　理　方　法
电动机过热	负荷过大	减小或限制负荷
	电枢线圈短路	与电枢绕组短路故障现象处理方法相同
	主极线圈短路	查出短路点，补强绝缘
	电枢铁芯绝缘损坏	局部或全部进行绝缘处理
	冷却空气不足，环境温度高，电动机内部不清洁	清理电动机内部，增大风量，改善周围冷却条件
	所加电压高于额定值	降低电压到额定值
发电机不发电，电压低、不稳定或不能启动	电枢线圈匝间短路	与电枢绕组短路故障现象处理方法相同
	励磁绕组断路、短路、接线错误	查出原因，纠正错误
	电刷不在中心位置	调整电刷到中心位置
	转速不够	提高转速
	并励和复励发电机没有剩磁	将直流电源加于并励线圈，使其磁化，如仍无效，可将极性变换、重新磁化，所加直流电压必须低于额定励磁电压
	电动机旋转方向不对	改变电机旋转方向
电动机转速不正常	励磁线圈断路、短路、接线错误	纠正接线错误，消除短路
	电刷不在中心位置	调整电刷到中心位置
	启动器接触不良，电阻不适当	更换适当启动器
	负载力矩过大	减少负载阻力矩
	电枢的电源电压高于或低于额定值	降低或提高电源电压到额定值
机械振动	电动机的基础不坚固或电动机在基础上固定不牢固	增加基础坚实性和加强电动机在基础上的固定
	机组、电动机轴线定心不正确	重新找正
	电枢不平衡	重新校好电枢平衡
	轴颈与轴瓦间隙太大或太小	调整轴颈与轴瓦间隙
噪声滚动轴承发热、有噪声	轴承内润滑脂充得太满	减少润滑脂
	滚珠磨损	更换轴承
	轴承与轴颈配合太松	使轴颈与轴承达到要求的配合精度
漏油滑动轴承发热、漏油	轴颈与轴瓦间隙太小，轴瓦研刮不好	研制轴瓦，使轴颈和轴瓦间隙合适
	油环停滞，压力润滑系统的油泵故障，油路不畅通	更换新油环，排除油路系统故障，保证有足够的润滑油量
	油牌号不适当、油内含有杂质	更换润滑油，清除杂质
	油箱内油位太高	减少油量
	轴承挡油盖密封不好，轴承座上下接合面间隙大	改进轴承挡油盖的密封结构，研刮轴承座上下接合面使之密合
	堵头密封不好	检查接合面，拧紧堵头

续表

现　象		原　因	处　理　方　法
通风冷却系统	冷却器漏水	冷却器管与承管板铆接不良	补焊止漏
	冷却器堵塞	冷却水管内部聚有杂质	冲洗水管，必要时加水过滤器
	冷却器水温高	冷却器容量小 进水温度高	加大冷却器容量 降低冷却器进水温度
	冷却空气含尘量大	过滤器效能差 电动机密封不严	清洗过滤器，更换过滤器内的油液，改进过滤器结构 防止电动机漏风
	风道潮湿	冷却器漏水 轴承漏油	消除漏水 消除漏油

5. 电动机的检修周期及项目

1）电动机检修周期

各类电动机检修周期见表 2-37。

表 2-37　电动机检修周期　　　　　　　　　单位：月

电机类型	检　修　类　别		
	小　修	中　修	大　修
同步电动机	1～3	12～18	根据需要确定
异步电动机	3～6	12～24	
电磁调速电动机	与机械同步进行	12	
直流电动机	1	18	

说明：表 2-37 所列检修周期是对一般情况而言，实际中可根据电动机运行环境、运行时间、磨损情况、运转状况、电气试验等情况及生产特点，对检修周期进行适当调整。

2）电动机检修内容

（1）同步电动机检修内容。

① 小修项目。

a. 电动机不拆端盖检查，并进行外部清理。

b. 检查引线头是否有过热现象，紧固连接螺钉。

c. 测量定子和转子绕组的绝缘电阻和吸收比。

d. 检查与紧固定子支架千斤顶。

e. 检查外壳接地线。

f. 检查通风系统的情况。

g. 检查集电环（励磁集电环、轴电流集电环）、炭刷的磨损程度，检查刷架弹簧并清扫灰尘。

h. 检查励磁装置、风机及油泵情况，清扫冷却器。

② 中修项目。

a. 包括小修内容。

b. 电动机解体，抽出转子或移出定子。

c. 拆装前后，测量绝缘电阻、吸收比以及定子、转子之间的气隙。

d. 检查并清理定子、转子引线及外壳接地线。

e. 清理检查定子、转子铁芯。

f. 检查和处理定子绕组、槽楔、绑线、垫块和端箍。

g. 检查转子绕组、阻尼绕组和短路环连接部分。

h. 检查转子轮辐、轮毂、各处固定螺栓、轴键和磁极固定螺钉。

i. 检查集电环固定螺钉、绝缘套管、电刷、刷架、刷握及弹簧等，并清扫灰尘。

j. 检查风叶和紧固转子风扇固定螺钉。

k. 校验定子绕组测温计。

l. 清理检查通风机、油泵、盘车电动机等辅助设备，轴承更换新油。

m. 按《电气试验规程》中规定的项目和方法进行试验。

③ 大修（恢复性修理）。

a. 包括中修内容。

b. 根据绝缘老化程度及故障情况或试验结果，局部或全部更换定子、转子绕组。

c. 按电气试验规程项目进行试验，并需测量运行振动值。

（2）异步电动机检修内容。

① 小修。

a. 电动机不拆端盖检查，并进行外部清理。

b. 检查引线头是否有过热现象，紧固连接螺钉。

c. 检查轴承润滑油是否变色或缺油。

d. 测量电机绝缘电阻和吸收比。

e. 检查外壳接地线。

f. 检查通风系统的情况。

g. 检查轴电流集电环、绕线式转子集电环和电刷的磨损程度，检查刷架弹簧、集电环提升短路装置并清扫灰尘。

② 中修。

a. 包括小修内容。

b. 电动机解体，抽出转子。

c. 拆装前后，测量绝缘电阻和吸收比。

d. 修理前后，测量定子和转子之间的气隙。

e. 检查和清理定子、转子槽楔、端部绑线、垫块及端箍绑扎。

f. 检查转子短路环和铜条。

g. 检查清理轴承和润滑系统。

h. 检查转子风叶和平衡块装置。

i. 检查和处理转子支架焊缝。

j. 检查定子绕组测温计。

k. 按《电气试验规程》项目进行试验。

③ 大修（恢复性修理）。

a. 包括中修内容。

b. 根据绝缘老化程度及故障情况或试验结果，局部或全部更换定子绕组或转子绕组。

c. 更换转子鼠笼条或短路环。

d. 转子换线后或运行中发现振动超过允许值时，进行动平衡试验。

e. 按《电气试验规程》项目进行试验，并测量运行振动值。

（3）电磁调速电动机检修内容。

① 小修。

a. 不拆端盖清理灰尘。

b. 检查清理励磁绕组、主电机、测速发电机等组件的接线头及风扇叶。

c. 检查离合器电枢、磁极之间是否摩擦。

d. 检查电气控制箱及其接线插头。

② 中修。

a. 包括小修内容。

b. 电动机解体，抽出转子、磁极。

c. 修理前后测量电动机、测速发电机、励磁绕组绝缘电阻，检查励磁绕组固定情况。

d. 清理检查电动机定子绕组、测速发电机定子绕组、离合器励磁绕组。

e. 清理检查主电机转子鼠笼条、测速发电机电枢、离合器电枢和磁极。

f. 检查清理轴承，必要时更换新的。

g. 检查电机转子风扇叶及外部风扇叶。

h. 检查电机接地（接零）线是否牢固可靠。

i. 测量测速发电机发出的电压，测量励磁绕组电流。

j. 电机、线路防腐处理。

k. 控制箱检查，并测量以下几部分波形：给定电压电路削波后梯形波、锯齿波波形、脉冲变压器尖脉冲波形、可控硅整流输出电压波形、控制箱输出电压波形。

③ 大修（恢复性修理）。

a. 包括中修内容。

b. 更换主电机定子绕组。

c. 更换测速发电机定子绕组。

d. 更换励磁绕组。

e. 更换控制箱插件。

（4）直流电动机检修内容。

① 小修。

a. 电动机不拆端盖，用压缩空气吹扫灰尘。

b. 测量绝缘电阻。

c. 检查清理整流子、刷架、刷握及电刷，必要时更换电刷。

d. 检查接地线、地脚螺栓、端盖螺钉、刷握及刷架螺钉。

e. 检查清理磁场电阻器及操作装置。

f. 检查接线头有无过热。

g. 每隔 5 次小修，检查滚动轴承油质、油量情况。

② 中修。

a. 包括小修内容。

b. 电动机解体，抽出转子。

c. 拆装前后测量绝缘电阻和吸收比。

d. 检修前后，测量电机气隙。

e. 检查清理励磁绕组。

f. 检查电枢绕组；线圈、线头、整流片、升高片相互间焊接情况；槽楔及绑线的紧固情况。

g. 检查换向器。

h. 换向器刮槽、电刷架紧固、调整电刷压力，必要时更换电刷。

i. 检查转子风扇叶。

j. 检查清理轴承。

k. 检查外壳接地（零）线。

l. 按《电气试验规程》项目进行试验。

③ 大修（恢复性修理）。

a. 包括中修内容。

b. 更换励磁绕组。

c. 更换电枢绕组。

d. 更换换向器。

e. 按《电气试验规程》项目进行试验，并测量运行振动值。

6. 电动机的检修程序及具体步骤

1）检修程序

为尽量缩短电动机的修理时间，绕组、铁芯的修理与电机机械零件的修理可平行作业，一般参照图 2-48 所示程序安排检修工作。

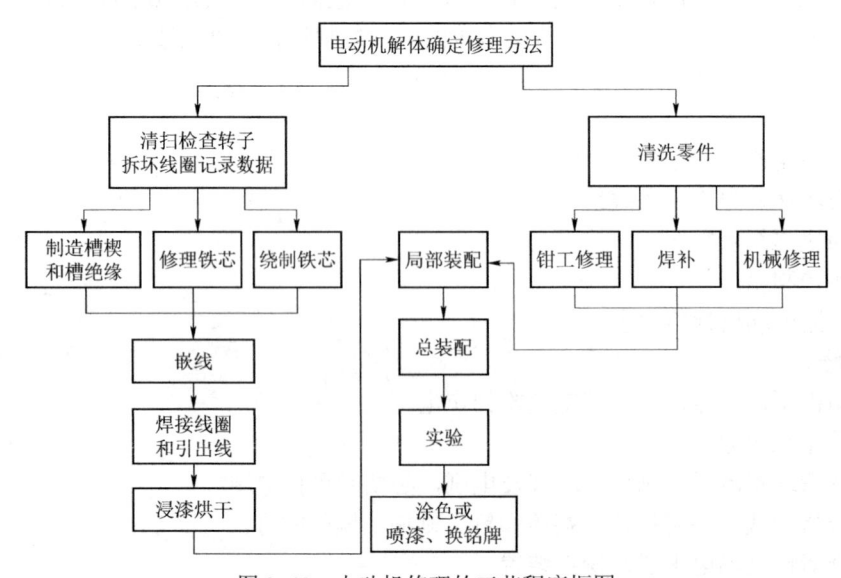

图 2-48 电动机修理的工艺程序框图

2）外部检查

（1）检查清扫电动机。

（2）检查引出线连接及绝缘情况。

（3）检查并加注轴承润滑脂。

（4）检查电动机外壳接地情况。

（5）测量定子、转子线圈及电缆线路的绝缘电阻。

（6）检查清扫电动机的附属设备。

（7）检查清扫冷却系统。

① 电动机的风扇、风罩、过滤器（网）应完好无损、安装牢固。

② 检查所有通风管道，清洁、干净、风道无阻塞和其他缺陷。

3）电动机的解体

（1）拆下电动机外部接线并做好标记，然后将地脚螺栓松开，将电动机与传动机械分开。

（2）用拆卸工具卡子（也称拉子）将电动机轴伸部位上的连接件（联轴器或带轮）拆下。

（3）拆下装有滚动轴承电机的轴承外盖，卸下电机端盖。

（4）将电刷自刷握中取出。对于直流电机，需在电刷中性线的位置做上标记。

（5）用压缩空气或其他工具，将电机外壳清理干净，拆除电机风叶罩壳，拉下电机风叶，做好电机前后端盖及轴承盖（挡油板）的位置记号（可采用划线），务必在端盖与机座外壳的接缝处打上标记（前后端盖的记号不应相同），并测量定子、转子间隙。

（6）拆除轴承盖（挡油板）和端盖。

① 装有滚动轴承的电机，先要拆轴承盖（挡油板），再卸端盖；装滑动轴承的拆卸轴承盖（挡油板）前，应先将油放出，绕线式电机或同步电机则要举起电刷。

② 小型电动机在拆除另一端时，可以连带风叶和转子一块抽出。

③ 拆卸时先拧出固定螺栓，然后用木槌或紫铜棒沿端盖边缘轻轻敲打，使端盖从机座脱离。

④ 对于容量较大的电机端盖，拆卸前应用起重工具吊牢，以免端盖脱离壳体时轧伤线圈绝缘。

⑤ 端盖离开止口后，应将其慢慢移出，放在木架上，止口向上。

（7）抽出转子或移出定子，转子质量小于 35 kg 时用手抽出；较大的转子，需用吊装工具抽出。

（8）轴承的拆卸。利用拆卸轴承的专用工具进行滚动轴承的拆卸。检查滚动轴承内外圈应光滑无伤痕、锈迹，用手扳动外圈，转动灵活、平稳、转速均匀，无卡滞、制动现象，也无摇摆及窜动现象发生。

（9）轴承间隔测量。

① 对于整体式滑动轴承其间隙用塞尺测量，塞尺插入深度必须大于或等于轴瓦轴向长度，分装式滑动轴承可用压铅丝测量其间隙。

② 滚动轴承间隙的测量常用的是压铅丝法和用塞尺检查。其中压铅丝法是将轴承内圈固定，用直径大于间隙的铅丝塞入滚动体和滑道内，转动轴承外圈将铅丝压扁，取出后测量其平均值。塞尺测量：将轴承内圈固定，将塞尺插入滚动体和滑道间隙内，调整塞尺厚度使松紧度合适，塞尺厚度便是间隙值。塞尺应由两端塞入，插入深度对于滚柱体超过其长度的 1/4，

滚珠体超过其圆心。

4）定子检修

（1）用干燥的压缩空气吹扫机壳内外、引线盒、定子铁芯和线圈。

（2）清扫线圈端部和通风沟内的污垢。

（3）检查定子铁芯槽楔及线圈紧固情况。

（4）进行绕组绝缘处理及各部电气连接过热处理。

（5）检查机壳与端盖应无裂纹，结合面无锈蚀，止口完好无损。

（6）检查铁芯应紧固完整，无锈斑、摩擦、过热、变色、松动现象。

（7）测量定子线圈的绝缘电阻和直流电阻。

① 对于低压电机，一般用 500～100 V 兆欧表，其绝缘电阻不应低于 0.5 MΩ；对于更换绕组的电动机，其绝缘电阻不应低于 5 MΩ。

② 各相直流电阻应平衡，其相互之差不应大于最小值 2%，否则应查明原因进行处理。

5）绕组的检修

（1）常规检修。

① 清扫、擦拭、冲洗、烘烤定子和转子绕组。

② 检查和处理定子绕组（磁极线圈）的绝缘、槽楔、绑线、垫块及端箍等。

③ 检查转子鼠笼条（或绕组）有无断裂，转子平衡块及风扇螺钉有无松动，防松装置是否完整，对发现的问题逐项处理。

④ 检查电枢绕组有无断线、脱焊，电枢绕组与整流片间的焊接是否牢固，并逐项处理。

⑤ 检查电枢绕组、绕线式转子绕组的绑扎钢丝或无纬带是否松动、断裂或开焊，对发现的缺陷予以处理。

⑥ 根据绕组损坏情况，部分或全部更换绕组。

（2）绕组的拆卸。

当需更换部分或全部绕组时，方进行绕组的拆卸。

① 在烘炉中或用通电的方法加热绕组。

② 敲出槽楔，烫开绕组的连接头，拆下线圈。保留一只较完整的线圈作为绕制新线圈的样品。

③ 拆除线圈时应记录以下数据。

a. 电机的铭牌数据。

b. 铁芯的内径、外径、长度、槽数、换向片数、槽的形状和尺寸以及通风道的数目和尺寸。

c. 绕组导线的牌号、线规、并联根数、每槽导线数，绕组的节距（包括换向器节距）、匝数、层数（单层、双层）、线模尺寸、绝缘等级，绕组的数量、并联路数、连接方法、引出线规格型号及绝缘结构。

④ 线圈和槽内各部分的绝缘材料、尺寸、厚度与数量。

⑤ 绕线型转子绕组绑扎钢丝的规格和匝数。

⑥ 交流电机应绘制绕组圆形接线参考图。

⑦ 直流电机应绘制电枢绕组接线图，在转子槽和换向片上应分别标出对称轴线和序号。

⑧ 清除槽内绝缘残物并使其干燥。

6）转子检修

（1）清扫转子。

（2）检查鼠笼条、平衡块及风扇。

（3）铜条脱焊的修理。

① 用锉刀清理脱焊处，使用气焊进行磷铜焊料（含磷4%）焊接。

② 对气焊接触不到的部位，先局部预热到200 ℃～300 ℃，再用铜焊条和直流焊机焊接。

（4）铸铝转子断笼的修理。

① 焊接法。扩大导条或端环的裂口，将转子加热到450 ℃左右，用锡（63%）、锌（33%）和铝（4%）组成焊料气焊补焊。

② 冷接法。在裂口处钻一个与槽宽相近的孔，攻螺纹，然后拧上一个铝螺钉，再除掉螺钉的多余部分。

③ 换条法。用腐蚀或加热的方法除去转子铁芯中的铝条。将截面积70%左右的铜条插入槽内，铜条必须顶住槽口和槽底，不能有活动的余地。铜条两端各伸出20～30 mm，再将端环钻孔，套在铜条上，用银焊或磷铜焊焊接牢固，端面车光。

对于小型电动机，可把伸出槽口的铜条打弯，然后将转子两端的铜条熔成整体，成为端环，最后将其车光。

7）轴承的检修或更换

（1）检查滚动轴承时，一般不用从轴上拉下来，只在原位将轴承清洗干净后进行检查，确定各部位符合质量标准。

（2）洗净的轴承转动时应平衡无异音、振动、摆动及转动不良等现象。

（3）更换的新轴承各部无腐蚀现象。

（4）用手转动轴承，其声音应有规律，无杂音、振动制动、晃动现象。

（5）滚动轴承的拆卸应用专用工具进行，如果轴承较紧，可在装好工具后，用热油（100 ℃即可）浇轴承使其膨胀，然后再拧紧工具将轴承拉下。

（6）安装滚动轴承时应注意以下事项。

① 用轴承加热器加热，待轴承加热到100 ℃时即可将轴承装到轴上。如果轴承装得不正，可用手锤垫铜棒敲击轴承内环进行调整，不可敲击外环。

② 轴承加热时温度不宜过高（不得超过105 ℃）、升温不宜过快，以免温度骤变，受热不匀而引起轴承内应力。

③ 轴承加油时应将油脂由一侧挤向另一侧，全部空隙挤满为止。轴承内外护盖应存有油脂，其量不宜过多，为容积的1/3～1/2即可。内、外护盖与轴应有0.2～0.3 mm间隙。

④ 滚动轴承加入润滑脂应适量，电动机同步转速在1 500 r/min以下，加入轴承腔的2/3；电动机同步转速在1 500～3 000 r/min，加入轴承腔的1/2。

⑤ 油脂切不可混用，凡更换新油脂，必须将轴承清洗干净后再换。

7. 维护检修安全注意事项

1）维护安全注意事项

（1）首先验明电动机外壳是否带电，接地（零）是否良好。在外壳不带电和接地（零）良好的情况下才能进行维护工作。

（2）维护人员务必穿戴合格的工作服、工作帽、电工鞋，袖口应扎紧，女工的辫子禁止外露。严禁戴手套进行维护工作。

（3）人体各部位及维护工具（如听诊棒、注油枪等）不得触及旋转部分。

（4）调控或更换电刷时，不得用手触及不同导电部分或一手触及导电部分，一手触地。严防电刷及导电部分接地。在同一台电动机上不准两人同时进行调整或更换电刷工作。

（5）禁止用帆布遮盖运行的电机，若电动机必须加以防护，可用木板或金属罩遮盖，但不得使电动机的冷却条件恶化。

（6）禁止随意增大电动机保护回路，禁止以铜丝、铁丝等金属替代熔丝。

2）检修安全注意事项

（1）在禁火区内动火时，必须办理动火许可证。检修现场要有足够的灭火用具和安全照明。

（2）进入电动机定子内工作时，不准携带金属小物件，禁止穿带钉子的鞋。

（3）在大型基础上检修电动机时，要有防止检修人员坠落的安全措施。

（4）检修有电动盘车器的同步电动机时，应采取防止误送电动盘车的安全措施。

（5）应对称拆装凸板式同步电动机转子磁极，注意保持转子平衡。

（6）电动机起吊、解体抽芯、部件存放等工序应注意以下几点。

① 防止电缆头损坏。

② 做好主要零部件如线头、端盖、刷架等的复位标记，细小零件装入专用塑料袋里。

③ 抽出或装进转子前，将轴颈、集电环、换向器、绕组端部保护好，避免钢丝绳撞击。抽出转子后，要及时检查绕组、铁芯、槽楔、端部绑扎等有无碰伤，对碰伤部位及时修复。

④ 钢丝绳拴转子的部位，必须衬以木垫。

（7）禁止用金属物敲打绕组。清理绕组尘垢应使用木质、竹质或绝缘纤维板。

（8）用蒸汽加水冲洗电动机时，冲洗压力应控制在 0.1～0.15 MPa 范围内。

（9）使用压缩空气吹扫灰尘时，注意空气的过滤，不能有水吹到绕组上。

（10）局部处理或拆换绕组时，应注意做好其他绕组的保护。嵌软绕组时，不要损伤导线的绝缘和槽绝缘。

（11）使用工具拆卸轴承时，注意保护好转轴顶针孔。

（12）烘烤电动机应有专人值班，规定烘烤温度范围，做好烘烤记录。

（13）明火不得接触绝缘漆或绝缘材料的挥发物。

（14）进行电动机高压试验时操纵人员不得少于两人。试验现场应设遮栏及悬挂警告牌，派专人看守。

（15）测量绝缘或高压试验后，应将电动机绕组对地放电数次。

（16）封闭定子之前，检查气隙、通风沟和其他空穴等处有无遗忘物件。

四、任务实施

任务 1　电动机点检

实施步骤如下。

① 准备好检修工具和点检表（参考表 2-38 制定点检表）。

② 穿戴劳保用品。

③ 按点检表中的项目和内容逐一点检并填写点检结果。

④ 将点检表归档，如点检中发现异常应及时汇报。

表 2-38 电动机点检表

设备名称	点检人	半年度	下半年													负责人								
		月份	7				8				9				10				11				12			
序号	点检内容	周	1	2	3	4	1	2	3	4	1	2	3	4	1	2	3	4	1	2	3	4	1	2	3	4
1	电机表面无油污、无积垢																									
2	电动机温度不超过 85 ℃																									
3	电动机转动无明显异响																									
4	接线盒固定牢靠无缺失																									
5	防护罩固定牢靠无缺失																									
6	链条无明显磨损，松紧合适																									
7	皮带无明显磨损，松紧合适																									
8	链轮无明显磨损，配合良好																									
9	带轮无明显磨损，配合良好																									
10	减速机油位正常,油质良好																									
11	固定螺栓无松动																									
12	联轴器无松动配合良好																									
保全组长确认																										
工务科长确认																										

任务 2　电动机预防维护

实施步骤如下。

① 准备好检修工具和自制预防维护项目表。

维护项目表包含以下内容：
- 检查清扫电机。
- 检查引出线连接及绝缘情况。
- 检查加注轴承润滑脂。
- 检查电动机外壳接地情况。
- 测量定子、转子线圈及电缆线路的绝缘电阻。
- 检查清扫电动机的附属设备。
- 检查清扫冷却系统：电机的风扇、风罩、过滤器（网）应完好无损、安装牢固；所有通风管道清洁、干净、风道无阻塞和其他缺陷。

② 穿戴劳保用品。
③ 在老师指导下，按预防维护表逐项进行维护操作。
④ 维护过程中记录维护情况。
⑤ 撰写维护报告。

五、考核评价

考核评价如表 2-39 所示。

表 2-39 项目实施考核评分表

考核项目	考核内容及要求	分值	学生自评（A）	小组评分（B）	教师评分（C）	实得分（A×20%+B×30%+C×50%）
方法确定计划安排	方案的合理性和可行性	5				
	计划安排的周密性	5				
项目完成情况	根据各项目学习情况进行考核	50				
职业素养	遵守纪律	5				
	安全操作	3				
	正确使用工具	2				
完成时间	方案确定、计划安排	2				
	仪表选型、安装	2				
	系统调试	1				
团队合作	沟通能力	4				
	协调能力	3				
	组织能力	3				
其他项目	课堂提问	5				
	作业	5				
	任务报告书	5				
总分		100				

六、思考与练习

（1）简述电动机的分类。

（2）简述电动机不能启动的几种原因及处理办法。

模块三

电气设备管理拓展项目

项目一 电气预防性试验

根据有关统计分析,电力系统中 60%以上的停电事故是由设备绝缘缺陷引起的。设备绝缘的劣化、缺陷的形成都有一定的发展期,在此期间,绝缘材料会发出各种物理、化学及电气信息,这些信息反映出绝缘状态的变化情况。这就需要运行部门的电气试验人员通过电气试验,在设备投入之前或运行中了解掌握设备的绝缘情况,以便在故障发展的初期就能够准确及时地发现并处理。预防性试验由此而得名。

一、学习目标

(1) 掌握电气预防性试验的含义。
(2) 明确电气预防性试验的重要意义。
(3) 掌握电气预防性试验的方法。

二、工作任务

测量 10 kV 油浸式电力变压器绕组绝缘电阻并记录试验结果,记录表格如表 3-1 所示。

表 3-1 油浸式电力变压器绕组绝缘电阻值记录表　　　　　　　　单位:MΩ

温　　度		10 ℃	20 ℃	30 ℃	40 ℃	50 ℃	60 ℃	70 ℃	80 ℃
高压绕组额定电压 10 kV	测量次序 1								
	2								
	3								
测量平均值									

三、知识准备

1. 电气预防性试验的意义

电力系统中运行着众多的电力设备,而电气设备的安全运行是保证安全可靠供电的前提。众所周知,由于电气设备在设计和制造过程中可能存在着一些质量问题,而且在安装运输过程中也可能出现损坏,由此将造成一些潜在故障。电气设备在运行中,由于电压、热、化学、机械振动及其他因素的影响,其绝缘性可能会出现劣化,甚至失去绝缘性能,可能会造成重大事故。

电气设备的绝缘缺陷分为两大类:第一类是集中性缺陷,如局部放电,局部受潮、老化,局部机械损伤;第二类是分布性缺陷,如绝缘整体受潮、老化、变质等。绝缘缺陷的存在必然导致绝缘性能的变化。

电气试验人员通过各种试验手段,测量表征其绝缘性能的有关数据参数,查出绝缘缺陷并及时处理,可使事故防患于未然。

我国规定,电力系统中的电力设备应该根据中华人民共和国电力行业标准《电力设备预防性试验规程》(DL/T 596—1996)(以下简称《规程》)的要求进行各种试验。

2. 电气试验的分类

电气试验一般可分为形式试验、出厂试验、交接试验、大修试验、预防性试验等。

预防性试验是指设备投入运行后,按一定的周期由运行部门、试验部门进行的试验,目的在于检查运行中的设备有无绝缘缺陷和其他缺陷。与出厂试验及交接试验相比,其主要侧重于绝缘试验,试验项目较少。

按照试验的性质和要求,电气试验分为绝缘试验和特性试验两大类。

绝缘试验是指测量设备绝缘性能的试验。绝缘试验以外的试验统称为特性试验。

绝缘试验一般分为两类。一类是非破坏性试验,是指在较低电压下,用不损伤设备绝缘的办法来判断绝缘缺陷的试验,如绝缘电阻、吸收比试验、介质损耗因数试验、泄漏电流试验、油色谱分析试验等。这类试验对发现缺陷有一定的作用与有效性。但这类试验中的绝缘电阻试验、介质损耗因数试验、泄漏电流试验由于试验电压较低,发现缺陷的灵敏性还有待提高。但目前这类试验仍是一种必要的不可放弃的手段。另一类是破坏性试验,如交流耐压试验、直流耐压试验,用较高的试验电压来考验设备的绝缘水平。这类试验的优点是易于发现设备的集中性缺陷,考验设备绝缘水平;缺点在于电压较高,个别情况下有可能对被试验设备造成一定损伤。

应当指出,破坏性试验必须在非破坏性试验合格之后进行,以避免对绝缘的无辜损伤乃至击穿。例如,互感器受潮后,绝缘电阻、介质损耗不合格,但经烘干处理后绝缘仍可恢复,若在未处理前就进行交流耐压试验,将可能导致绝缘击穿,造成绝缘修复困难。

3. 电气试验人员应具备的素质

电气试验人员在保证设备安全运行方面担负着重要责任,力争既不放过设备隐患,不造成设备事故,又不能误判断,将合格设备判为不合格,从而造成检修人员的额外、无效劳动。做一个合格的电气试验人员,必须具备以下条件。

1)具有全面的安全技术知识

电气试验既有低压工作,又有高压工作;既有低空作业,又有高空作业;既有停电试验,又有带电检测。因此，电气试验人员必须具有全面的安全技术知识、良好的安全自我保护意识，总的来讲，必须严格遵守企业的安全工作规程。

2）具有全面熟悉的试验技术

电气试验工作本身既是一种繁重的体力劳动，又是一种复杂的脑力劳动。一个合格的电气试验人员，应当达到以下要求。

（1）了解各种绝缘材料、绝缘结构的性能、用途。了解各种电力设备的形式、用途、结构原理。

（2）熟悉电气主接线及系统运行方式。熟悉电力设备，了解继电保护及电力设备的控制原理及实际接线。

（3）熟悉各类试验设备、仪器、仪表的原理、结构、用途及使用方法，并能排除一般故障。

（4）能正确完成试验室及现场各种试验项目的接线、操作及测量，熟悉各种影响试验结果的因素及消除方法。

3）具有严肃认真的工作作风

严肃认真的工作作风是保证安全、正确完成试验任务的前提。电气试验人员应当做到以下几点。

（1）试验前要进行周密的准备工作，根据设备及试验项目，准备齐全完好的试验设备及仪器仪表、工器具等，不要漏带仪器、设备及器具。

（2）安全合理布置试验场地，做好安全措施，与带电部分保持足够安全距离。测量、控制及操作装置应在就近处放置，以便于操作及读数。

（3）必须正确无误地接线、操作。

（4）记录人员详细记录被试验设备编号、试验项目、测量数据、使用仪器编号，以及试验时的温度、湿度、日期、试验人员等，最后整理好试验报告。

（5）对于测试数据反映出的设备缺陷，应及时向负责人及领导报告。

4）努力钻研新技术、掌握新的测试理论和方法

当前，科学技术突飞猛进发展，新的绝缘材料不断被研制出来，新的测试技术和方法不断出现，各种测试仪器仪表日新月异。作为电气试验工作人员，为了更好地完成高压试验工作，必须努力学习、钻研新技术。例如，金属氧化物避雷器以前需停电进行试验，但目前已广泛开展带电试验工作，将来必会代替停电试验工作。今后电力设备实行状态检修，但实现这个目标必须由电气试验作为技术支撑，电气试验包含定期试验、带电试验和在线试验等多种形式和内容。这就要求试验人员必须提高素质，必须刻苦学习新的理论知识和试验技能。

4. 高压试验应遵守的基本要求

进行高压设备的电气试验时，应严格遵循以下相关规则。

（1）高压试验应填写第一种工作票。在一个电气连接部分，同时有检修和试验时，可填写一张工作票，但在试验前应得到检修工作负责人的许可。在同一电气连接部分，高压试验的工作票发出后，禁止再发出第二张工作票。加压部分与检修部分之间的断开点，根据试验电压有足够的安全距离，并在另一侧有接地短接线时，可在断开点的一侧进行试验，另一侧可继续工作，但此时在断开点上应挂有"止步，高压危险！"的标识牌，并设专人监护。

（2）高压试验工作不得少于两人。试验负责人应由有经验的人员担任，开始试验前，试验负责人应对全体试验人员详细布置试验中的安全注意事项。

（3）因试验需要断开设备接头时，拆前应做好标记，接后应进行检查校对。

（4）试验装置的金属外壳应可靠接地；高压引线应尽量缩短，必要时用绝缘物支撑牢固。

（5）试验现场应装设遮栏或围栏，向外悬挂"止步，高压危险！"的标识牌，并派专人看守。

（6）加压前必须认真检查试验接线，标记倍率、量程。调压器零位及仪表的开始状态均应正确无误；然后通知有关人员离开被试验设备，并取得试验负责人许可，方可加压；加压过程中应有人监护并呼唱报数。高压试验工作人员在加压过程中，不得与他人闲谈，随时警戒异常现象发生。

（7）变更接线或试验结束时，应首先断开试验电源放电，并将升压设备的高压部分短路接地。

（8）未装接地线的大电容被试设备，应先行放电再做试验。高压直流试验时，每告一段落或试验结束时，应将设备对地放电，短路接地。

（9）试验结束时，试验人员应拆除自装的接地短接线，对被试验设备进行检查并清理现场。

（10）特殊的重要电气设备，应有详细的试验方案，并经公司（厂）主管生产的领导批准。

（11）已执行电气试验作业指导书的单位，应严格执行。

5. 变压器的绝缘试验

变压器绝缘试验包括绝缘电阻、吸收比、泄漏电流、介质损失、绝缘油、交流耐压及感应耐压试验，这里针对绝缘电阻试验做进一步介绍。

绝缘电阻试验：测量绝缘电阻是检查变压器绝缘状态简便而通用的方法。一般对绝缘受潮及局部缺陷，如瓷件破裂，均能有效地查出。所以变压器在干燥过程中，主要用兆欧表来测量绝缘电阻，从而了解绝缘情况。

图 3-1 表示一台变压器在干燥过程中绝缘电阻随时间的变化。该图表明，在温度一定的条件下开始干燥时，由于绝缘中潮气扩散，使绝缘电阻急剧下降，达到低值时维持一段时间；随着潮气排除，绝缘电阻逐渐上升。如果在相当长的时间内，在同一温度下测得的绝缘电阻值无变化时，方可结束干燥。

测量时，使用兆欧表，依次测量各绕组对地及绕组间的绝缘电阻。被测绕组引线端短接，非被测绕组引线端均短路接地。测量部位和顺序按表 3-2 进行。

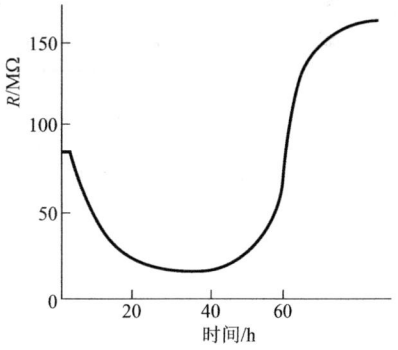

图 3-1 干燥过程中绝缘电阻的变化

表 3-2 变压器绕组绝缘电阻测量部位及测量顺序

序号	双绕组变压器		三绕组变压器	
	测量绕组	接地部位	测量绕组	接地部位
1	低压	高压绕组和外壳	低压	高压、中压绕组和外壳
2	高压	低压绕组和外壳	中压	
3			高压	高压、低压绕组和外壳

续表

序号	双绕组变压器		三绕组变压器	
	测量绕组	接地部位	测量绕组	接地部位
4	高压和低压	外壳	高压和中压	
5			高压、中压和低压	中压、低压绕组和外壳 低压和外壳 外壳

注：表中序号4和5两项只对16 000 kVA及以上的变压器进行测量。

测量绝缘电阻时，非被试绕组短路接地，其主要优点是：可以测量出被测绕组对地和非被测绕组间的绝缘状态；同时能避免非被测绕组中剩余电荷对测量的影响。为此，试前应将被试绕组短路接地，使其能充分放电。在测量刚停止运行的变压器的绝缘电阻时，应将变压器从电网上断开，待其上、下层油温基本一致后再进行测量。若此时绕组、绝缘件和油的温度基本相同，方可用上层油温作为绕组温度。对于新投入或大修后的变压器应在充油后静置一定时间，待气泡逸出后再测量绝缘电阻，即对较大型变压器（8 000 kVA及以上）需静置20 h以上，电压为3～10 kV级的小容量变压器需静置5 h以上。

测得的绝缘电阻值，主要依靠各绕组历次测量结果相互比较进行判断。交接试验时，一般不低于出厂试验值的70%（相同温度下）。交接时绝缘电阻值的标准如表3-3所列。

表3-3 油浸式电力变压器绕组绝缘电阻的标准值　　　　　　　单位：MΩ

温度/℃		10	20	30	40	50	60	70	80
高压绕组额定电压/kV	3～10	450	300	200	130	90	60	40	25
	20～35	600	400	270	180	120	80	50	35
	60～220	1 200	800	540	360	210	160	100	75

注：1. 同一变压器，中压绕组和低压绕组的绝缘电阻标准与高压绕组相同。

2. 高压绕组的额定电压为13.8 kV和15.7 kV的按3～10 kV的标准；额定电压为18 kV、44 kV的按20～35 kV的标准。

6. 变压器工频耐压试验

工频交流耐压试验，对考核变压器主绝缘强度、检查局部缺陷具有决定性的作用。采用这种试验能有效地发现绕组绝缘受潮、开裂，或在运输过程中，由于振动引起绕组松动、移位，造成引线距离不够以及绕组绝缘上附着污物等情况。

工频交流耐压试验必须在变压器充满合格的绝缘油，并静置一定时间后才能进行。

1）试验接线

试验时被试绕组的端头均应短接，非被试绕组应短路接地，试验接线如图3-2所示。

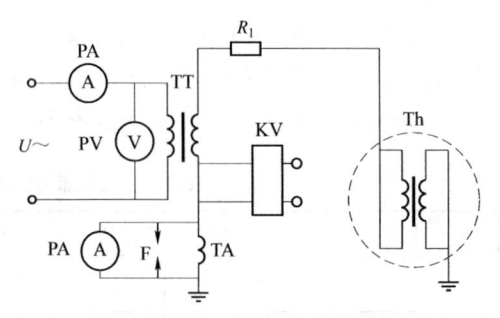

图3-2 变压器交流试验接线

TT—试验变压器；R_1—保护电阻；KV—电压继电器
PA—电流表；TA—电流互感器
PV—电压表；F—保护间隙；Th—被试验变压器

2）分析判断

对于交流耐压试验结果的分析，主要根据仪表指示、监听放电声音、观察有无冒烟冒气等异常情况进行判断。

（1）由仪表的指示判断。

在交流耐压试验过程中，若仪表指示不抖动，被试变压器无放电声音，说明被试变压器能经受试验电压而无异常。当被试变压器内绝缘击穿时，会出现以下两种情况。

① 电流指示突然上升，且被试变压器发出放电响声，同时保护球隙有可能放电，说明被试变压器内部击穿。

② 电流突然下降，也表明被试变压器击穿。

（2）由放电或击穿的声音判断。

油隙击穿放电。若在加压过程中被试变压器内部放电，发出很像金属撞击油箱的声音时，一般由于油隙距离不够或电场畸变，而导致油隙贯穿击穿，电流表指示突变。当重复试验时，由于油隙抗电强度恢复，其放电电压不会明显下降。若放电电压比第一次降低，则是固体绝缘击穿。

7. 电气试验安全管理国家规定

《电气设备安全管理规定》中《第六章 电气试验》中对安全做如下规定，原文如下。

第六章　电　气　试　验

第一节　基　本　要　求

第一九〇条　试验站（室）的设计，应按其最高试验电压等级、试验项目、产品特点等有关技术数据，使其所处位置与其他建筑物、设施保持足够的安全净距，应有足够宽度和畅通无阻的运输、消防通道。

第一九一条　高电压试验站（室）应有屏蔽装置、门窗屏蔽连接应可靠。

第一九二条　试验区应设高度不低于 1.7 m 的安全防护遮栏，试验区内所有的门必须有联锁装置。

试验区危险部位和门上方应装设红色灯光警告信号，有"高压危险""严禁入内"等标志牌。所有安全指示、警告信号、联锁装置必须灵敏可靠。

第一九三条　试验站（室）必须按设计要求装设接地装置，独立的高大试验站还应装设防雷装置，严禁利用保护接地系统作为大电流的放电回路。

第一九四条　试验站（室）应备有录音机，大型试验站还应有扩音机、对讲机。

第一九五条　试验站（室）内的试验设备、测量装置、被试品、试验接线的布置必须保证足够的安全净距，操作台的位置应便于观察整个试区。

高电压设备的各项安全净距，必须满足设计要求，但一般不应小于下列数值：

工频高压：应不小于下表放电间隙的 1.5 倍。

正棒对负板的放电间隙

有效值 $U_{\{H\}}$/kV	330	640	900	1 010	1 200	1 300
放电间隙/m	1	2	3	4	5	6

冲击高压：应不小于下表放电间隙的1.5倍。

正棒对负板的放电间隙

峰值 $U_{\{M\}}$/kV	500	1 000	1 500	2 100	2 600	3 100
放电间隙/m	1	2	3	4	5	6

第一九六条 高电压试验设备带电部分距人体的最小安全距离必须按下表的规定执行。

高电压试验设备带电部分距人体的最小安全距离

	电压等级/kV	10	20	50	100	150	250	500	800	1 000
工频电压	安全距离/m	0.7	1.0	1.5	2.0	2.5	3.0	4.0	6.0	8.0
冲击电压	电压等级/kV	1 000	1 500	2 000	2 500	3 000	3 500			
	安全距离/m	4.0	5.5	7.0	9.5	10.5	11.0			

第一九七条 所用试验设备、仪器仪表，都必须符合国家或部颁现行技术标准，应有出厂合格证和技术文件。各种仪器仪表应经计量部门校验合格，并应定期复验。

自制试验设备、仪器仪表必须技术资料齐全并经有关部门鉴定合格，出具合格证明后才能使用。

第一九八条 试验站（室）应按规定配备各种绝缘用具、防护用品、消防器材，并妥善保管。

第二节 试验管理

第一九九条 必须加强对试验站安全工作的领导，应配备专职或兼职安全员，每个试验班应有兼职安全员。

第二〇〇条 各种电气试验工作至少应有2人同时进行，并明确试验负责人，试验负责人就是试验工作的安全监护人。安全监护人在整个试验过程中应不断地监护试区的安全情况，及时纠正一切违反规程的操作和行为，对不服从命令者有权令其退出试区。

第二〇一条 试验班工作人员必须遵守各项安全操作规程与有关制度，必须随时回复试验负责人的命令，并按命令操作。发现危及人身、设备、试品安全现象时，应立即断开电源并报告试验负责人。

第二〇二条 试验站（室）的安全防护装置、试验设备、仪器仪表、电气线路严禁任意更动，确因工作需要必须变动时，须经主管领导批准，做出明显标志后通告全体试验人员。但任何变动必须以不妨碍试验工作的安全为前提，变动后应有详细技术资料备查。

第二〇三条 试验站只准做试验使用，不得安排其他作业。试验站内严禁堆放易燃、易爆物品和有害气体。不得堆放有碍试验人员观察试区的其他物品。

第二〇四条　一切试验工作必须在规定的试区内进行，不准跨场或接装临时线路试验。现场试验时试区应设临时护栏，护栏上应挂警告牌。

第二〇五条　试验线路应避开交通要道和人行道，必须通过时地面导线应设护层，架空导线应挂警告牌，试验结束后必须立即拆除。

第二〇六条　非试验站工作人员严禁进入试验区。经批准进入试验站的人员，必须遵守各项安全制度，服从试验人员的指挥，在指定的安全区内活动，禁止随意走动和做有碍试验工作正常进行的活动。

第三节　电气试验安全要领

第二〇七条　试验负责人必须在每次试验前向全体试验人员讲授试验方案、工作内容、人员分工和安全注意事项。试验负责人布置的工作内容及人员分工情况应记录备查，必要时应录音。

第二〇八条　试验前，试验负责人（安全监护人）要认真检查全部安全防护设施，试验设备、仪器仪表、试验连线、试验接地线是否正确，所有试验人员是否按分工要求进入岗位。

第二〇九条　在确认全部人员已退到安全区后，试验负责人即可发出准备通电的命令，待得到试验人员逐个回复"可以通电"的复令后，试验负责人方可下达"通电"的命令。

第二一〇条　从试验负责人宣布试验开始到试验结束，所有命令和复令都必须录音。试验顺利完成后，录音带可不保留，若发生人身或设备事故时，录音带必须保留到事故结案。

第二一一条　试验结束或需改变试验接线时，必须由试验负责人下令"断开电源"，并指令专人对产品进行放电、验电、挂接地线后才能宣布"电源已断开"，再指令主操作人或其他人员拆除或改接试验接线。

电气产品现场试验和容量大的产品试验时，试验前后均应对被试品先行验电、放电后才能进行工作。

第二一二条　大型电气产品试验（包括现场试验），在试验负责人和主操作人不易观察到试品的各部位时，应由试验负责人指派专人位于危险区外进行监护。

第二一三条　试验充有压力的试品时应事先做好安全防护措施。在不影响试验性能的情况下，承压件或瓷瓶应有保护措施。

第二一四条　严禁带电检查试验线路和改变接线。试验时未验明确认试器、试验线路等未带电前应一律视为带电，严禁用手触摸。

第二一五条　电动机超速试验时应在隔离间进行，严禁一切人员进入隔离间。

第二一六条　机械设备的电力装置调试。

（1）试品的金属外壳应按规定接地，各外露的传动部位应有安全防护装置。

（2）首先检查安全联锁、限位、保护控制、信号等二次回路，才能做主回路的通电试验。

（3）大型、成套设备的电气装置调试时，应有总负责人负责指挥，各岗位人员配合工作。

四、任务实施

1. 任务

测量 10 kV 油浸式电力变压器绕组绝缘电阻并记录试验结果。

2. 实施步骤

(1) 准备好试验所需工具及测量记录表（按照表 3–1 格式自制表格）。
(2) 穿戴劳保用品。
(3) 在教师指导下，按事先制定的试验方案操作，并记录试验结果。
(4) 各小组互评试验过程和测量结果情况。
(5) 教师点评试验过程和测量结果情况。

五、考核评价

按表 3–4 进行考核评分。

表 3–4　项目实施考核评分表

考核项目	考核内容及要求	分值	学生自评（A）	小组评分（B）	教师评分（C）	实得分（A×20%+B×30%+C×50%）
方法确定计划安排	方案的合理性和可行性	5				
	计划安排的周密性	5				
项目完成情况	根据各项目学习情况进行考核	50				
职业素养	遵守纪律	5				
	安全操作	3				
	正确使用工具	2				
完成时间	方案确定、计划安排	2				
	仪表选型、安装	2				
	系统调试	1				
团队合作	沟通能力	4				
	协调能力	3				
	组织能力	3				
其他项目	课堂提问	5				
	作业	5				
	任务报告书	5				
总分		100				

六、思考与练习

(1) 简述预防性试验中应注意的事项。

(2) 简述预防性试验中有何安全措施，如何做好安全措施。

项目二　电气工程项目管理

一个工程项目是指在一个指定的时间周期内为完成某些确定的目标而进行的一组工程活动。电气工程建设项目是以建设变电工程为目的的基本建设工程项目。一个电气工程项目从计划建设到建成投产，一般要经过下述几个阶段：项目进行可行性研究，配电项目的方案选择，进行初步设计，初步设计审定后，组织设备采购、现场准备和施工；工程按照设计内容建成，进行验收，交付生产使用。本项目将以某公司的一实际电气工程项目为例进行学习和训练。

一、学习目标

（1）明确电气工程项目管理的含义。
（2）熟悉电气工程项目管理的内容和要求。

二、工作任务

以某公司一电气工程项目为例，编写电气工程项目管理大纲。

三、知识准备

1. 电气建设项目方案选择

电气工程项目的建设规模主要由企业用电负荷所决定，应进行技术方案、设备方案和工程方案的具体研究论证工作。技术、设备与工程方案构成项目的主体，体现项目的技术和工艺水平，也是决定项目是否经济合理的重要基础。

电气项目的方案要进行比较，从中选择具有经济性、科学性和先进性的方案。根据企业的实际需要进行确定。如一个新建化工生产企业的110 kV变电站的项目的方案选择，首先要根据工艺条件考虑用电负荷，再考虑用电的电压等级、负荷用电的类别（一类用电、二类用电）、主要接线方式、馈线出线方式、继电保护方式等，当各种用电方式进行论证后提交设计。

本例110 kV总变电站变压器的方案选择如下。

（1）化工厂规模：8万吨烧碱/年、11万吨聚氯乙烯/年。
（2）计算数据。
① 烧碱：平均负荷3 000 kW/万吨。
烧碱所需平均负荷：3 000 kW×8=24 000 kW。
② 聚氯乙烯：平均负荷1 000 kW/万吨。
聚氯乙烯所需平均负荷：1 000 kW×11=11 000 kW。
③ 其他动力负荷：6 000 kW。
④ 总负荷41 000 kW。
（3）变压器的选择。
由于有扩建要求，为了企业用电的经济性，进线电压宜选择110 kV；烧碱和聚氯乙烯产品的用电负荷属于一类、二类用电负荷，所以必须选择两回路进线、两台同型号变压器并联的运行方式，当一条回路或一台变压器出现故障时，另一台变压器能把全部负荷带起来。所以一台变压器的合适用量应为 50 000 kVA。

总变电站的变压器为：2×50 000 kVA。

变电站还有其他设备的选型、接线方式的选择、继电保护选择等，这里就不一一列举了。

2. 电气设备设计

建设变电站是根据企业的用电实际情况，确定设计的基本条件，如环境条件、用电负荷、建设面积和地理位置等，有了相关设计条件后提供给有乙级以上资质的设计单位进行设计。

以下是本例的 110 kV 变电站的项目情况。

1）新建化工厂 110 kV 总变电站设计基本条件

（1）环境条件。

（2）采用设计标准。

（3）电压等级。

（4）变压器。

（5）用电量及负荷。

（6）建设用地面积。

（7）建站地理位置。

（8）整流所用电负荷。

2）新建化工厂 110 kV 总变电站设计特别要求

（1）110 kV 变电站的电气主接线图。

（2）110 kV 变电站开关所。

（3）110 kV 进线输电线路。

（4）无功补偿。

（5）变电站的控制。

（6）污秽等级。

（7）关于 35 kV、10 kV 出线柜说明。

3）设计条件说明

（1）本电气设计条件用于工厂 110 kV 总变电站。

（2）本电气设计条件未提及部分，均按国家标准执行。

（3）本项目地处位置为贵州省安龙县，距德卧镇 3 km。

（4）本项目分一、二期分步实施，一期建设时将二期土建及基础部分完成，二期仅安装调试设备。

（5）未涉及和遗漏部分，双方在运作中协商解决。

（6）本项工程属××化工厂配套项目，其晶闸管整流直流电解负荷占总负荷的 65%左右，机械动力负荷占 35%左右。

（7）晶闸管整流电源为 35 kV，动力配电为 10 kV。

3. 本例中总变电站设计基本条件详列

1）环境条件

（1）地震烈度：7 度。

(2) 海拔：1 250 m。

(3) 气压：860.7 百帕。

(4) 年雷暴日：73 天。

(5) 最大积雪厚度：21 cm。

(6) 最大风速：17 m/s。

(7) 年均气温：13.1 ℃。

(8) 年最高平均气温：16.1 ℃。

(9) 日极端最高气温：34.1 ℃。

(10) 日极端最低气温：−8.9 ℃。

(11) 年平均降雨量：1 234.7 mm。

(12) 日最大降雨量：135.7 mm。

(13) 相对平均温度：81%。

2）采用设计标准

(1) 采用现行国标（GB）最新版电气设计标准。

(2) 采用现行国标（GB）最新版防火设计标准。

(3) 采用现行国标（GB）最新版其他相关设计标准。

3）电压等级

(1) 进户电压：110 kV。

(2) 整流配电电压：35 kV。

(3) 动力配电电压：10 kV。

4）变压器容量

变压器安装容量如下。

(1) SFSEL8–50000 kVA–121/38.5/11 kV 变压器一台。

(2) SFSEL8–50000 kVA–121/38.5/11 kV 变压器一台。

5）用电量及总负荷

(1) 年总用量为：3.2 亿 kW·h。

(2) 最高负荷为：50 000 kW。

(3) 平均负荷为：41 000 kW。

6）建设用地面积

控制在 69 m×39 m 以内。

7）整流所用电

由总降所用电变供电，整流所用电负荷约 200 kW。

以上为新建化工厂的基本条件，在设计过程中建设单位还要和设计单位进行多次反复的论证，召开设计评审会，以满足变电站运行的要求。

4. 电气设备采购及技术文件编制

在设计进行的过程中，建设单位根据设计院提供的技术要求采购电气设备，以便于设计院施工图纸的设计。同时结合企业的实际需要，对产品进行比较，确定所采购的电气设备能满足使用要求，同时需要编制采购计划和技术要求。按照计划时间节点及时采购安装所需设备和材料，满足施工要求。

以下是部分电气设备的技术要求。

1）配电柜的技术要求

（1）400 V 电压配电屏技术要求。

某特种树脂有限责任公司 10 万吨 PVC/8 万吨烧碱建设项目需采购 GGD 配电屏 55 面，PK-10 屏 1 面，AS 监控屏 1 台，含照明和检修配电箱 20 面，需要供货厂家按以下技术条件进行报价。

供货范围：

空压、制氮工序：

  GGD（改）2 200×800×600   共 7 面

  配电系统图：GH2004128-1-E1601-A02（改 1） 1 张

  照明配电箱   共 2 面

  配电系统图：GH2004128-1-E1601-A03   1 张

氯氢处理溴化锂工序：

  GGD（改）2 200×800×600   共 12 面

  配电系统图：GH2004128-E901-A07   1 张

       GH2004128-E901-A09～A10   2 张

  照明配电箱   共 1 面

  配电系统图：GH2004128-E901-A02   1 张

另：所有同一个系统内开关柜都必须包含母线桥架，具体长度的规格见系统图；GGD 开关柜的尺寸见系统图，如系统图无尺寸的，按标准 GGD 柜体制作（800×600×2 200）。

（2）屏内元件要求。

① 自动空气开关、断路器、双电源开关、接触器采用天津百利产品；其他元件采用上海人民开关厂产品。

② 软启动器采用上海雷诺尔产品。

③ 变频器采用富士产品。

④ 变送器采用上海安科瑞或江阴斯菲尔产品。

⑤ 屏内母线配置为铜母排，母排尺寸按系统图要求配置，开关所需母排尺寸按设备容量进行配置。

⑥ 屏内元件和出线应按图标识对应设备名称和编号。

⑦ 配电屏所用环境不少于 1 300 m，屏内元件应选用加强或高原型。

（3）电容分相无功补偿装置应具有以下功能。

① 分相检测电网无功，分相控制补偿无功投切容量；设有电容器手动和自动转控功能。

② 具有实时跟踪补偿无功功率，实现无冲击、无涌流、无过渡过程投切。

③ 装置在故障或停电时自动退出，再送电时具有开机 13 s 冲击闭锁功能，之后装置自动恢复运行。

④ 功率因数能随时保持在设定值（0.9～0.98 之间）。

⑤ 电容器容量见系统图。

（4）配电屏柜体颜色为：浅驼灰色、喷塑。

（5）配电屏必须配备相应的备品备件。

① 指示灯　　AD16–22　220 V　　　红/绿色　　　　　各 10 只

② 按钮　　　LA3S–22　　　　　　　红/绿色　　　　　各 10 只

③ 熔断器　　JF5–2.5RD/2A　　　　　　　　　　　　　6 只

④ 熔断器　　JF5–2.5RD/6A　　　　　　　　　　　　　6 只

⑤ 熔断器　　JF5–2.5RD/10A　　　　　　　　　　　　 6 只

⑥ 刀开关操作手柄　　　　　　　　　　　　　　　　　10 只

（6）GGD 配电屏的规格和使用材料必须符合 GGD 标准及技术要求，按 GB 7251—1997 执行。

（7）供方在交货时向需方提供开关柜的端子接线图和 Auto CAD 14.0 电子版。

（8）供方应在产品整柜调试前 10 日通知需方派人参与出厂试验，并免费派人到需方现场指导安装调试。

（9）质量保质期按商务合同执行。

2）10 kV 开关柜技术要求

某特种树脂有限责任公司 8 万吨烧碱/10 万吨 PVC 建设项目 110 kV 变电站需采购 10 kV 开关柜（KYN），需要供货厂家按以下技术规范、使用环境、主要技术参数和采购数量进行报价。

（1）遵循的标准。

按本招标书提供的设备，包括供货方从其他厂家外购的设备和附件都应符合下列标准的最新版本。

GB 136—93　　　　　　标准电压

GB 311.1—1997　　　　高压输变电设备的绝缘配合

GB 1984—89　　　　　 交流高压断路器

GB 3804—90　　　　　 3～63 kV 交流高压负荷开关

GB 3806—91　　　　　 3～35 kV 交流金属封闭开关设备

GB 11022—89　　　　　高压开关设备通用技术条件

GB 14808—93　　　　　交流高压接触器

DL/T 402—1999　　　　交流高压断路器订货技术条件

DL/T 404—1997　　　　户内交流高压开关柜订货技术条件

DL/T 593—1996　　　　高压开关设备的共用订货技术条件

IEC420：1990　　　　　高压交流负荷开关—熔断器组合电器

（2）使用环境条件。

① 环境温度：–13 ℃～40 ℃，日温差：13 K。

② 海拔：1 250 m。

③ 湿度：日相对湿度平均值不大于 95%，月相对湿度平均值不大于 90%。

④ 空气质量：没有明显尘埃、烟、腐蚀性或可燃性气体、水蒸气或盐的污染。

⑤ 地震烈度：6 度。

⑥ 污秽等级：Ⅱ级。

（3）主要技术参数。

额定电压：10 kV。

额定频率：50 Hz。

系统中性点接地方式：10 kV 系统中性点为非有效接地系统，且系统单相接地时允许连续运行 2 h。

（4）开关柜技术参数。

① 额定电压：12 kV。

② 额定频率：50 Hz。

③ 额定电流：400～4 000 A。

④ 额定短路开断电流：20～31.5 kA。

⑤ 额定短路电流开断次数：按 VG1 真空断路器的标准。

⑥ 额定短路开合电流：16～160 kA，为额定短路开断电流的 2.5 倍。

⑦ 额定短时耐受电流（4 s）：6.3～63 kA。

⑧ 额定峰值耐受电流：160 kA，为额定短路开断电流的 2.5 倍。

⑨ 绝缘水平：额定 1 min 工频耐受电压（有效值）对地、相间及断口间 42 kV，隔离断口 49 kV，额定雷击冲击耐受电压（峰值）对地、相间及断口间 75 kV，隔离断口 85 kV。

注：隔离断口包括隔离开关断口以及起联络作用的断路器断口。

⑩ 辅助回路额定 1 min 工频耐受电压（有效值）：2 kV。

⑪ 电气间隙、爬电比距：

电气间隙（纯空气）		125 mm
爬电比距	瓷绝缘	≥18 mm/kV
	有机绝缘	≥20 mm/kV

注：爬电比距用于相间应乘以 $\sqrt{3}$，用于隔离断口应乘以 1.13。

⑫ 机械稳定性（真空断路器）：≥10 000 次。

⑬ 防护等级：不低于 IP2X。

⑭ 分、合闸线圈和辅助回路的额定电压：直流 220 V。

⑮ 选用 VG1 系列入柜式真空断路器。

⑯ 操动机构的形式：

断路器：弹簧操动机构。

隔离开关：手动。

接地开关：手动（用于安全接地）。

（5）真空泡选用宝光或旭光产品。

（6）设备数量、容量、规格。

① 10 kV 配电装置一次接线图。

② 10 kV 平面布置图。

（7）各出线开关柜安装单向多功能电能表计量。

（8）与综合保护装置的配合：除进线开关外，10 kV 出线柜的综合保护装置就地安装在开关柜上，综合保护装置由买方提供。

（9）柜体为 KYN，柜体颜色为红狮色标 701 象牙白。

（10）本次招标采购包括封闭式母线桥架和母联。

（11）报价应包括提供易损的备品备件和每个开关柜一部小车（运行时小车置于柜内），10个操作手柄。

（12）供方应提供 SI 国标公制和中文的技术文件及图纸，包括图纸、说明书、试验报告等。

（13）供方派主要设计人员和检验人员及专职的用户服务人员组成服务队，参与现场指导安装调试、开车、故障处理和指导技术培训。提供技术服务的人员保证技术优秀、工作认真、态度积极。

3）计算机监控系统、保护装置后台监控微机五防系统技术要求

本项目8万吨烧碱/10万吨PVC建设项目110 kV变电站需采购计算机监控系统与保护装置后台监控与微机五防系统，需要供货厂家按以下技术规范、使用环境、主要技术参数和采购数量进行报价。

（1）总则。

① 建设规模及产品基本要求。

a. 变电站属新建工程，具体规模接线详见"电气主接线图"。

该工程最终为 1×50+1×40 MVA 121/38.5/10 kV 三圈有载调压变压器、一期工程内容如下：

- 1×31.5+1×40 MVA 121/38.5/10 kV 主变两台。
- 110 kV 线路两回。
- 110 kV 为内桥接线方式。

b. 本变电站所有保护、自动装置均采用微机型设备，通过通信网络联系，与微机监控及远动系统一起，构成全所综合自动化系统。全所综合自动化系统采用分层分布式结构。

c. 本工程的保护、自动装置、控制、信号、测量采用计算机监控方式。

d. 直流系统、故障录波装置等，不属于本文件要求范围，但要求以数据通信方式接入计算机监控系统，应提供足够的接口和技术支撑。

e. 构成全所综合自动化的保护、自动装置及监控设备应用技术先进、成熟可靠的设备。

f. 本文件未开列本变电所综合自动化系统详细的货物需求清单，要求供方根据本工程范围及功能要求提供组屏方案及供货清单。

组屏方案的基本要求如下：

10 kV 馈线、10 kV 分段和 10 kV 电压切换部分的保护、测控装置分散安装在开关柜本体；其他部分采用集中组屏安装在主控室。

g. 构成全所综合自动化的保护、自动装置及监控设备应采用技术先进、成熟可靠的设备，在国内有良好的运行业绩，应有部级以上质检中心的动模试验报告，成套主设备及辅助设备生产厂需具有良好的商业信誉，具备生产、调试及长期售后服务的能力，具有可资信赖的确保产品质量的质量保证体系。

h. 本文件目的不是列出设备的全部细节，但供方应提供高质量的产品，以满足工程设计和生产工艺标准，供方须提供满足文件及工程设计的有关资料、技术文件、图纸。中标厂商应在中标后13天内将所供设备的最新版本的综合自动化系统配置图、柜面布置图、原理接线图、柜后端子排图等图纸，以及 CAD 软盘（Auto CAD 14.0 版本以及 SHA 文件）提交招标方，以便尽快进行施工图设计工作。

i. 基本要求。

- 本文件提出的要求是至少应满足的，但并不完全限于这些要求。
- 采用微机化装置，所有装置均具有数据通信能力。

② 产品应满足的规范及标准。

产品应满足以下规范及标准，但不仅限于以下规范及标准。

a.《电力装置的继电保护和自动装置设计规范》（GB 50062—2008）。

b.《继电保护和安全自动装置技术规程》（GB/T 14285—2006）。

c.《继电保护及安全自动装置通用技术条件》（DL 478—2013）。

d.《火力发电厂、变电所二次接线设计技术规定》（DL/T 5136—2012）。

e.《电力系统继电保护及安全自动装置反事故措施要点》。

f. IEC 255-21-1 振动试验标准。

g. IEC 255-21-2 冲击和碰撞试验标准。

h. IEC 255-21-3 地震试验标准。

i. IEC 255-22-1 高频干扰试验标准。

j. IEC 255-22-2 静电放电干扰试验标准。

k. IEC 255-22-3 辐射电磁场干扰试验标准。

l. IEC 255-22-4 快捷变干扰试验标准。

③ 产品使用环境。

a. 使用环境条件。

- 海拔高度：1 250 m。
- 环境温度：−13 ℃～40 ℃。
- 最大风速：35 m/s。
- 相对湿度：日平均相对湿度 95%，月平均相对湿度 90%。
- 覆冰厚度：10 mm。
- 地震烈度：6 度。

b. 安装地点户内，户内环境温度在 5 ℃～40 ℃，各套保护装置应能满足国标及部标规定的精度要求，在−10 ℃～50 ℃时，各套保护装置应能正确动作。储存温度为−30 ℃～70 ℃。

（2）保护部分技术要求。

① 电气要求。

a. 额定交流电压 100 V。

b. 额定交流电流 5 A。

c. 额定频率 50 Hz。

d. 额定直流电压 220 V。

e. 每套保护装置应具有标准的试验插件和试验插头，以便对各套装置的输入及输出回路进行隔离或用电流、电压进行试验。

f. 每套保护装置应具有试验部件或连接片等操作设备，以便在需要时可由操作人员断开跳闸出口回路，防止引起误动作。

g. 每套保护装置应具有自己的直流断路器，与装置安装在同一柜上，直流电源回路出现各种异常情况（如短路、断线、接地等）时，装置不应误动作，拉合直流电源发生重复击穿的火花时，装置不应误动作。

h. 直流电源电压在 80%~110%额定值范围内变化时，装置应正常工作，直流电源纹波系数不大于 5%时，装置应正常工作。

i. 应满足《电力系统继电保护及安全自动装置反事故措施要点》的要求。

j. 当交流电源在国标要求范围内变化时，装置应能正常工作。

k. 各保护、测控单元应具有数据通信方式接入计算机监控系统的功能。

l. 各保护单元具有就地微机调试机接口，能实现定值的远方呼唤、修改、整定功能及就地查询、修改、整定功能。

m. 各保护、测控单元具有就地操作功能，以备非常情况下的操作。

n. 各保护、测控单元应具有远方和就地切换闭锁功能。

组屏方案的基本要求如下。

主变保护部分、整流变压器保护部分、电容器保护部分采用组屏安装（主变保护部分组屏数 3 面，整流变压器保护部分、电容器保护部分组屏数两面），10 kV 出线保护部分分散安装在开关柜本体。

② 三圈主变压器保护功能要求。

a. 主变压器保护配置如下。

- 本体重瓦斯。
- 本体轻瓦斯。
- 有载调压重瓦斯（信号、跳闸）。
- 差动保护（二次谐波制动的比率差动）。
- 二段式 110 kV、35 kV 侧复合电压闭锁过流保护。
- 110 kV、35 kV 侧复合电压闭锁方向过流保护。
- 110 kV 中性点零序过流保护。
- 110 kV 中性点零序电压保护。
- 35 kV、10 kV 侧过流保护。
- 110 kV、35 kV、10 kV 侧过负荷保护。
- CT 断线闭锁。
- 故障录波。
- 本体压力释放阀保护。
- 本体油温温度高报警。
- 通风启动 [温度高或过负荷（可整定）]。

b. 差动保护采用二次谐波制动的比率差动保护，应具有良好的过流躲励磁涌流特性。

c. 主变压器主保护与各侧后备保护不在同一个 CPU 上，具有不同的 CT 接入及独立的直流电源。

d. 主变压器三侧配置满足跳 1 个跳闸线圈及防跳要求的三相操作箱。

③ 35 kV 馈线保护功能要求。

a. 35 kV 线路保护配置。

整流变压器保护功能要求如下。

每台 35 kV 整流变由一个总保护和两个分保护组成，总保护设三段定时限过电流保护、零序过电流保护、三相一次重合闸、低周减载、故障录波等，保护动作于总侧断路器；分保护设二段定时限过流保护和过负荷保护，保护动作于总侧断路器，如图 3-3 所示。

b. 35 kV 电容器保护。
- 限时电流速断保护。
- 过电流保护。
- 过电压保护。
- 失电压保护。
- 中性点电压不平衡保护。
- 小电流接地选线检测。

④ 10 kV 馈线保护功能要求。

a. 10 kV 负荷馈线均按终端线配置继电保护及自动装置。
- 一段电压闭锁限时电流速断保护。
- 两段式过电流保护。
- 三相一次重合闸，带后加速。
- 低周减载保护。
- 小电流接地选线检测。
- 故障录波。

b. 电动机馈线保护。
- 限时电流速断保护。
- 反时限过流保护。
- 不平衡保护。
- 过负荷保护。
- 过热保护。
- 零序过流保护。
- 低压减载保护。
- 母线失压保护。
- 过电压保护。
- PT 断线报警、控制回路断线报警。

c. 发电机馈线保护。
- 一段电压闭锁限时电流速断保护。
- 两段式过电流保护。
- 检无压、检同期。
- 小电流接地选线检测。
- 故障录波。

⑤ 110 kV 线路保护配置。

a. 110 kV 线路保护配置。
- 三段相间距离保护。
- 三段接地距离保护。
- 四段零序方向过流保护。
- 三相一次重合闸（带同期鉴定、无压鉴定）。

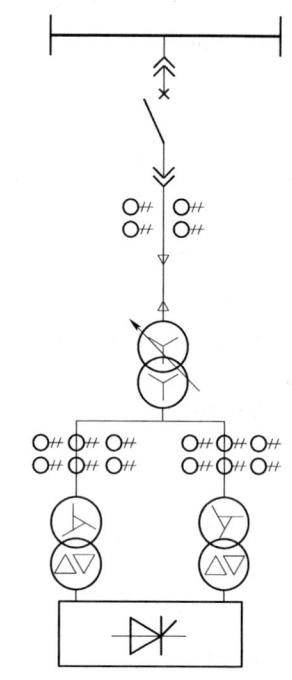

图 3-3 35 kV 整流变压器一次系统

- PT 断线闭锁。
- 故障测距。
- 光纤纵差保护。
- 故障录波。

b. 110 kV 线路保护与测控分开，保护单元、测控单元相对独立。

⑥ 其他功能要求。

a. 110 kV 桥断路器。
- 具备线路自投功能。
- 具备保护功能。
- 配置操作箱。
- 具有数据通信功能。

b. 35 kV、10 kV 分段。
- 配置操作箱。
- 具有分散式测控功能。
- 具有数据通信功能。

c. 110 kV 电压切换。
- 满足两组 PT 二次电压切换要求。
- 满足当 1 组 PT 因故断开时，将所有接于母线 PT 二次电压的回路切换至运行 PT 的二次侧。

d. 35 kV、10 kV 电压切换。
- 满足两组 PT 二次电压切换要求。
- 满足当 1 组 PT 因故断开时，将所有接于母线 PT 二次电压的回路切换至运行 PT 的二次侧。

⑦ 电能计量。
- 主变压器 110 kV 侧采用双向全电子多功能电能表，接入计算机监控系统，电能表精度要求为 0.2 级；35 kV、10 kV 线路采用单向多功能电能表计量，接入计算机监控系统，电能表精度要求为 1.0 级。
- 110 kV 线路，主变两侧双向全电子多功能电能度表组屏安装。
- 分散安装的电度表以数据通信方式接入计算机监控系统。

⑧ 保护柜的技术要求。

a. 保护柜包括所有安装在上面的成套设备或单个组件，皆应有足够的机械强度和正确的安装方式，保证保护柜在起吊、运输、存放和安装过程中不会损坏，供方还应提供运输、存放和安装说明书供用户使用。

供方应对柜内接线的正确性全面负责，在指定的环境条件下，所供应设备的特性和功能应完全满足技术条件书的要求。

柜的机械结构应能防灰尘、潮湿、小动物（虫鼠），所规定的高温，所规定的低温，保护柜支架的震动以及防污应符合国家标准。

b. 为便于运行和维护，应利用标准化元件和组件。

c. 每面柜应装有足够截面的铜接地母线，它应连接到主框架的前面、侧面和后面，接地母线末端应装好可靠的压接式端子,以备接到变电所的接地网上。所有柜上的接地线与接地母线的连接应至少用两个螺钉。

d. 保护柜内设备的安排及端子排的布置,应保证各套保护的独立性,在一套保护检修时,不影响其他任何一套保护系统的正常运行,每一块柜应装设试验板。

e. 保护柜应前后有门,前门应有玻璃窗,可监视装置运行状况,后门应为双开门,门在开闭时装置不应误动作。

f. 保护柜底部应有安装孔。

g. 保护柜上的设备采用嵌入式或半嵌入式安装,并在背后接线。

h. 保护柜中的内部接线应采用耐热、耐潮湿和阻燃的、具有足够强度的绝缘铜线,一般控制导线截面积应不小于 1.5 mm²。CT、PT 及断路器跳闸回路的控制导线截面积应不小于 2.5 mm²。

h. 导线应无损伤,导线的端头应采用压紧型的连接件,供方应提供走线槽,以便固定电缆及端子排的接线。

j. 端子排应有足够的绝缘水平和阻燃性能。

端子排应该分段,并应至少有 10% 的备用端子,且应方便在必要时再增加。

断路器的跳闸和合闸回路不宜接在相邻的端子上,直流电源正、负极也不能接在相邻的端子上。

k. CT、PT 的输入端,应通过电流、电压试验部件接入保护装置,以便对保护装置进行隔离和试验,对所有保护装置的跳闸出口回路和重合闸输出回路,应提供试验部件,以便于解除其出口回路。

l. 每套装置的直流电源需经 GM 型直流断路器接入。

m. 每面柜及其上面的装置(包括继电器、控制开关、熔断器、直流断路器和其他独立设备)都应有标签柜,以便清楚地识别。外壳可移动的设备,在设备的本体上也应有同样的识别标记。

n.(对于必须按制造厂的规定才能进行更换的部件和插件,应有特殊符号标出。

o. 柜外部尺寸(mm)为:2 260(高)×800(宽)×600(深)。

p. 柜颜色:红色标 701 象牙白。

q. 柜内端子排采用 SAK 系列接线座。

(3)监控及远动部分技术要求。

① 产品应满足的规范及标准。

a.《电力系统调度自动化设计技术规程》(DL 5003—2005)。

b. 贵州省电力工业局电技字(1990)第 1 号《关于印发调度自动化所需的基本信息的通知》。

c. 实现变电站无人值班对高度自动化系统的基本要求。

d. 主要技术参数。

i. 网络通信主要技术参数。

- 通信网络采用总线型网。
- 通信介质采用电缆(光纤、同轴电缆或对称双绞线电缆)。
- 介质占有控制方式采用载波监听多路访问/冲撞方式(CSMA/CD)。
- 传输速率不小于 78 B/S(波特率)。

- 节点平均等待时间不大于 4 ms。
- 节点数不超过 255 个，节点间距不超过 600 m。

ii. 远动通信主要技术参数。
- 通信规约为 CDT 或 Polling 规约。
- 传送速率为 600/1 200/2 400/4 800 bit。
- 比特差错率不大于 1×10^{-5}。
- 接收电平：$-40\sim0$ dB，发送电平 $0\sim-20$ dB。
- 通道：能适应多种类型的通道。

iii. 微机保护设备通信。
- 标准 232 串口通信。
- 传送速率 4 800 b/s。

iv. 系统工作的准确性及响应时间。
- 遥测精度不大于 0.5%。
- 遥信精度不大于 4 ms。
- 全数据扫描时间小于 2 s。
- 事故响应时间小于 1.5 s。

v. 系统可靠性。
- 系统可用率不小于 99.9%。
- 遥控正确率不小于 99.9%。
- 遥信正确率不小于 99%。
- 遥测合格率不小于 98%。
- 遥控、遥调误动率不大于 0.01%。
- 遥控、遥调拒动率不大于 2%。

vi. 通信网络必须具有较高的可靠性，必须避免由于一个装置损坏而导致全站通信中断的可能。

vii. 通信网络，必须具备较高的抗电磁干扰能力。

viii. 组态灵活，可扩展性好。

ix. 就地监控总站或工程师站画面显示要求。
- 监控画面分辨 1 024×768。
- 调用画面响应时间不大于 2 s。
- 画面数据刷新时间不大于 1 s。
- 实时数据刷新时间不大于 2 s。

② 信息量。

a. 遥测量。
- 变压器两侧有功功率、无功功率、功率因数、电流。
- 110 kV 各段母线电压测量。
- 直流控制母线电压，合闸母线电压，均、充电流测量。
- 110 kV 频率测量。
- 主变油温。

b. 遥信量。
- 全所事故总信号。
- 110 kV 线路保护动作信号及自动装置动作信号。
- 主接线图中所有断路器、分闸位置信号。
- 接地刀信号。
- 变压器保护动作信号（含压力释放阀等动作信号）。
- 有载调压变压分接头位置信号。
- 110 kV 断路器操作机构异常信号。
- 主变压器油位信号。
- PT 断线信号。
- 控制回路断线信号。
- 蓄电池总保险熔断信号。
- 直流系统异常信号。
- 故障录波装置故障总信号。
- 通信系统电源故障信号。

c. 遥控量。
- 主接线中所有断路器分合。
- 所有保护信号远方复归。
- 110 kV 母线各侧 PT 二次并联。
- 主变压器分接开关的调节控制。

d. 批次信息。
- 全所有功功率、无功功率总加测量。
- 全所有功电度、无功电度总加测量。
- 变电所事件顺序记录。
- 变电所事故追忆。

③ 远动化功能。

a. 变电站应具备调度自动化的功能。
- 数据采集及处理。
- 遥信变位优先传送。
- 远方监控及测量。
- 事件顺序记录。
- 事故追忆。
- 越限告警。
- 实时时钟统一（即接收远方时钟校时命令）。
- 装置软硬件故障自诊断，具备软件故障自恢复功能。
- 通道监视、差错统计和误码报警。
- 具备主备通道自动切换和人工切换。

b. 远动化技术指标。
- 遥测精度：0.5 级。

- 遥控输入：无源接点方式。
- 事件顺序记录分辨率（所内）：小于 10 ms。
- 遥控输出：无源接点方式，接点容量直流 220 V、5 A。
- 远动信息的海拔距离：不小于 4 km。
- 装置的平均故障间隔时间：不低于 10 000 h。

c. 远动设备接口要求。

远动信息向兴义地调传输并就地实时监控，远动设备应具备两个远传接口及两个就地接口，远动远传速率在 600/1 200/2 400/4 800 bit 可选。通信规约采用 CDT 规约或 Polling。

④ 交流量采集。

本工程变电站交流量的采集，采用微机交流采样方式。

a. 主要技术指标。
- 输入信号：三相四线制。
- 电压标称值：100 V。
- 电流：5 A。
- 频率：45 Hz、……、55 Hz。
- 测量精度：电流、电压：不低于 0.5 级；
  有功功率、无功功率、有功电度、无功电度：不低于 0.5 级；
  频率：0.1 级。

b. 状态量采集。

对开关位置信号采用双位置接点，提高可靠性。

c. 直流量采集。

变电所直流母线电压等直流量的采集，数据带极性显示。

d. 数据处理。

数据采集后，对输入数据进行校验和软件滤波，对脉冲量进行计数，对开关量状态进行判别，对测量量进行越限判别，平均值计算，功率总加、电度累加、定点计算、总加等。同时，进行在线的数据寄存与保留。具体应有以下的数据计算和处理功能。
- 有功电度与无功电度的计算。
- 监视量的越限检查及报警。
- 开关变位的处理及报警。
- 事件顺序记录。
- 事故追忆。
- 运行参数的统计分析。
- 可人工任意定义和修改计算公式。

⑤ 显示功能。

本变电所配置一套当地监控系统，在屏幕显示时，应能简便地进行画面操作，故障时有关画面自动推出，能用汉字、多种字符及多色彩显示。具体需显示的内容如下。
- 变电所工作状况接线图。
- 各运行参数显示。
- 开关变位显示。

- 越限显示。
- 各保护定值显示。
- 所需曲线及棒图显示。
- 模拟光字牌显示。
- 设备运行故障显示。

⑥ 打印记录及报警功能。

本套装置配置一台 24 针宽行打印机，可定时、随机、召唤打印。需打印的内容如下。

- 提供制表软件，报表可任意修改。
- 运行参数打印。
- 运行日志及报表打印。
- 越限打印。
- 操作记录打印。
- 事件顺序记录打印。
- 事故追忆打印。
- 画面复制打印。

报警系统应有语音报警、音响报警、画面闪光报警及汉字提示行报警（报警可按要求进行选择屏蔽）。

⑦ 网络。

计算机监控系统通过网络部件将中央控制室的设备与就地间隔层单元构成一个计算机局域网，它包括网络通信的连接装置。具有高速传送数据能力和极高的可靠性，网络上任一单元故障不影响网络内其他单元的正常通信，发生故障立即发信，在工作站上显示相应报告。

网络采用 LON 网、以太网或比之更先进的网。全站以总线式网络构成，网络具有扩展方便、允许节点数满足将来扩展的需要。

（4）微机型防误操作闭锁系统。

① 技术要求。

a. 微机型防误操作闭锁系统具有将防误闭锁与变电站的监测、控制、保护和调度有机地结合起来（共用一套后台机），综合实现防误操作的功能。功能要求如下。

- 系统操作票的预演和执行，实现"五防"功能。
- 具有绘制和修改一次主接线图的功能。
- 具有在线修改与定义一次主接线图的设备对位功能。
- 可自定义与修改"五防"系统的运行规则库。
- 系统操作票的预演和执行、系统参数的修改，均有密码与口令管理。
- 系统具有操作票的一次操作顺序的打印、显示、存储、删除等功能。
- 系统具有操作权限分级管理功能。
- 系统具有图形画面漫游功能。
- 系统具有可在线进行图形的修改与增加的功能。
- 系统具有窗口在线观察规则库的功能。
- 系统具有"五防"状态：开关量、刀闸、网门、临时地线、实现输出的功能。

b. 系统的监视控制功能。
- 系统具有对"开关量状态"通过远动装置实时采集的功能。
- 系统具有对"刀闸、网门、临时地线"等状态通过计算机钥匙虚拟采集的功能。
- 系统具有窗口动态显示"五防主机与远动装置"的通信内容的功能。
- 系统具有在接线图上显示变电站实时运行状态的功能,如断路器、隔离开关的分与合。
- 系统具有在接线图上显示变电站实时运行潮流的功能,如电压、电流、有功、无功等实时测量值。
- 系统具有各种事件记录,如遥测越限记录、遥信变位记录、事件顺序记录等。
- 系统具有事故状态自动推画面,用文字说明、图形闪烁、语音报警(综合自动化系统配有音响设备的系统)等方式指出事故类型和位置的功能。

② "五防"设备清单(表 3-5)

表 3-5 "五防"设备清单

名 称	数 量	备 注
锁具		数量见主接线图
"五防"软件	1 套	含专家开票系统
当地监控软件	1 套	

(5) 其他。

① 变电站按一期规模进行配置,但必须具有远景规模的配置余地(即组态灵活,有发展的余地)。

② 供方提供微机"五防"系统一套,包括硬件和操作票专家系统。

③ 本套装置除满足上述功能外,还应设有:开关与刀闸的闭锁操作控制;电容器组人工及自动调节与投切;保护整定值当地和远方修改;电压与无功综合自动控制等。

5. 技术资料和交付进度

1) 一般要求

(1) 供方提供的资料应使用国家法定单位制即国际单位制,语言为中文。

(2) 资料的组织结构清晰、逻辑性强。资料内容要正确、准确、一致、清晰、完整,满足工程要求。

(3) 供方资料的提交及时、充分,满足工程进度要求。在合同签订后_____个月内给出全部技术资料清单和交付进度,并经需方确认。

(4) 对于其他没有列入合同技术资料清单,却是工程所必需的文件和资料,一经发现,供方也应及时免费提供。

2) 资料提交的基本要求

(1) 在投标阶段提供的资料(根据具体设备需方可提出清单,供方补充和细化所列技术资料须满足工程初设要求)。

(2) 配合工程设计的资料与图纸(具体清单需方提出,供方细化,需方确认)。

(3) 施工、调试、试运和运行维护所需的技术资料（需方提出具体清单和要求，供方细化，需方确认），包括但不限于以下资料。

① 提供设备安装、调试和试运说明书，以及组装、拆卸时所需用的技术资料。

② 设备的安装、运行、维护、检修说明书，包括设备结构特点、安装程序和工艺要求、起动调试要领；运行操作规定和控制数据、定期校验和维护说明等。

③ 安装、运行、维护、检修所需的详尽图纸和技术文件，包括设备总图、部件总图、分图和必要的零件图、计算资料等。

④ 供方应提供备品、配件总清单和易损零件图。

(4) 供方须提供的其他技术资料（需方提出具体清单，供方细化，需方确认），包括但不限于以下资料。

① 检验记录、试验报告及质量合格证等出厂报告。

② 供方提供在设计、制造时所遵循的规范、标准和规定清单。

③ 设备和备品管理资料文件，包括设备和备品发运的装箱详细资料（各种清单）、设备和备品存放与保管技术要求、运输超重和超大件的明细表和外形图。

6. 技术服务和设计联络

1) 供方现场技术服务

(1) 供方现场服务人员的目的是使所供设备安全、正常投运。供方要派合格的现场服务人员。在投标阶段应提供包括服务人·月数的现场服务计划表（格式）。如果此人·月数不能满足工程需要，供方要追加人·月数，且不发生费用。现场服务计划表见表3-6。

表3-6 现场服务计划表（格式）

序号	技术服务内容	计划人·月数	派出人员构成		备注
			职称	人数	

(2) 供方现场服务人员应具有下列资质。

遵守法纪，遵守现场的各项规章和制度。

了解合同设备的设计，熟悉其结构，能够正确地进行现场指导。

(3) 供方现场服务人员的职责。

供方现场服务人员的任务主要包括设备催交、货物的开箱检验、设备质量问题的处理、指导安装和调试。

在安装和调试前，供方技术服务人员应向需方技术交底，讲解和示范将要进行的程序和方法。

供方现场服务人员应有权全权处理现场出现的一切技术和商务问题。如现场发生质量问题，供方现场人员要在需方规定的时间内处理解决。如供方委托需方进行处理，供方现场服务人员要出委托书并承担相应的经济责任。

供方对其现场服务人员的一切行为负全部责任。

2）培训

（1）为使合同设备能正常安装和运行，供方有责任提供技术培训。培训内容应与工程进度相一致。

（2）培训计划和内容由供方在投标文件中列出（格式）（表 3-7）。

表 3-7 培训计划和内容

序号	培训内容	计划人·月数	培训教师构成		地点	备注
			职称	人数		

（3）培训的时间、人数、地点等具体内容由供需双方商定。

四、安装与调试

变电站的安装工程和调试工程是根据总体要求，按照设计图纸的内容，制定相应的施工节点，控制安装的时间和经费，同时结合施工要求，制定安全施工方案、安装技术要求等。

1. 签订施工合同

对所要建设的工程与施工单位签订施工合同，合同内容要约定工程完成的时间、质量、金额、安全任务。以下是该项目合同全文。

110 kV 变电总站建安工程施工合同

甲方：×××××

乙方：×××××

甲方经多方面考察研究决定，将 110 kV 变电总站的一、二次设备的安装调试工程发包给乙方。由乙方按设计图和议定施工范围的内容和要求进行安装调试。

第一条　建安工程范围

110 kV 变电总站内的所有一、二次电气设备安装调试（详见施工范围）。

其中微机监控和综保的调试由设备厂家负责，乙方只负责综保系统设备的就位和线缆敷设，配合协助微机监控和综保厂家进行调试。

利旧主变压器的起运地检查和运输不在此合同范围内。

第二条　工程期限

（一）根据国家工期定额和使用需要，确定工程总工期为 50 个工作日，开工日期自合同签订后按甲方通知之日起计算。

（二）如遇下列情况，经甲、乙方现场代表签证后，工期顺延。

1. 重大设计变更，致使设计方案更改或由于施工无法进行的原因而影响进度的。
2. 在施工中由于连续雨天，影响正常施工的。
3. 非乙方原因或甲方签证不及时，影响下一步工序施工的。
4. 因甲方自购设备材料没有及时到位，造成不能按期完成工程的。

第三条　工程质量及验收

（一）甲、乙双方委托工地代表负责工程量、技术质量、隐蔽工程、材料使用等的签证。

甲方：_____同志为工地代表，联系电话：_____

乙方：_____同志为工地代表，联系电话：_____

（二）乙方必须严格按照施工图纸设计要求进行施工，按国家电力工程有关规范进行验收，工程质量达到合格标准。

（三）隐蔽工程必须经甲、乙双方工地代表及有关人员检查、验收签证后，方可进入下道工序施工。

（四）乙方严格按照电业安全工作规定进行施工，负责做好安全工作，必须讲究质量，不得偷工减料，如有偷工减料，结算时则按实际工程量结算，如达不到行业安装规范，返工所需一切材料费用均由乙方负责。

（五）甲方购置的设备材料应符合设计要求，提供相关证件（产品合格证、入网证、设备强制性认证、生产许可证、产品试验报告、试验单位试验资质等资料）。为此，因甲方自购的设备材料不符合国家认证、不符合广西电网公司合格供应商资格要求、不符合横县供电公司管理规定等相关要求的，乙方不予安装；因设备材料质量原因导致投运后引起的其他事故，均与乙方无关。

（六）乙方所购工程设备应满足设计要求，符合国家有关标准，具备广西电网公司入网资格，符合横县供电公司管理规定。杜绝劣质产品用于本工程，甲方有权监督。正常使用情况下（自然灾害等不可抗力因素除外），乙方所购工程设备按国标质量三包（包修、包换、包退）壹年，产品由当地供电部门出具鉴定结论，三包期内如有质量问题，由甲方书面通知乙方，乙方负责及时免费处理好。乙方应向甲方提供所购工程设备的产品合格证、产品说明书、设备技术参数等资料。

（七）如遇自然灾害等不可抗力时，不在保修范围内。

第四条 工程款的拨付及结算

（一）合同签订后，甲方一次性付清工程付款人民币_____给乙方，乙方收到工程款后5个工作日内进场施工。

（二）付款方式：银行转账或现金。

第五条 安全文明施工

（一）乙方在工程施工中要严格执行建设安全施工管理的有关规定，承担《安全生产工作规定》所明确的组织、协调、监督、经济责任，认真采取安全措施，严防事故发生。

（二）工程施工中因乙方违反施工安全有关规定造成的事故及经济损失、责任及因此发生的费用由乙方承担。

（三）乙方在施工过程中必须文明施工，确保施工现场的环境清洁，建筑垃圾及时清理，严格控制噪声，杜绝使用有害装修材料。

第六条 违约责任

（一）甲方责任

1. 未能按合同约定履行自己的责任，造成竣工日期延期的，除竣工日期得以延期相应天数外，还应赔偿乙方由此造成的属于本工程的实际损失。

2. 工程未经验收，甲方提前使用或擅自运用，由此发生的质量或其他问题，由甲方承担责任。

（二）乙方责任

1. 工程质量不符合设计或合同约定的，乙方负责无偿修理或返工。由于修理或返工造成逾期交付的，每逾期一天，乙方应按工程造价的千分之二的比例向甲方赔偿违约金。

2. 工程不能按合同约定的时间交付使用的，每延期一天，乙方应按工程造价的千分之二的比例向甲方赔偿违约金。

第七条　纠纷解决的办法

任何一方违反合同约定，由双方协商解决；协商解决不了的，可向横县人民法院起诉解决。

第八条　附则

（一）设计变更需经设计单位同意，并于该工程项目开工前 5 天由甲方发出书面变更通知给乙方，由此增加的工程量及相关费用由甲方承担。

（二）甲方负责解决线路通道、杆塔占地及青苗赔偿等问题。

（三）甲方负责保管已安装及需临时放置在施工现场的设备材料，如有丢失，甲方自行负担责任。

（四）本合同壹式肆份，甲、乙双方各执贰份。

（五）本合同经双方代表签字、加盖双方公章或合同专用章之日起生效，至工程保修期满、甲方付清全部工程款之日终止。

（六）本合同条款如有未尽事宜，由双方酌情商定。

甲方：某特种树脂有限责任公司　　　　　　　乙方：

甲方代表：　　　　　　　　　　　　　　　　乙方代表：
　　　　年　　月　　日　　　　　　　　　　　　　　年　　月　　日

2. 施工与管理

当具备进场施工条件后，施工单位必须对变电站项目编制施工进度节点，并根据编制的进度合理安排施工，在此过程中电气管理人员必须对施工单位的施工质量和进度进行检查，对施工中出现的技术问题和设计问题进行协调，对施工中需要保存的技术档案进行整理入档。纠正施工方在工程进行中产生的安全问题。同时设立职能小组进行全程参与。

1）专业技术组

（1）根据项目计划，编制工程施工招标计划。

（2）对各施工单位报来的设备材料到货计划进行分门别类汇总。

（3）由项目部按月编制与工程施工有关的（工程款、监理费等）资金计划，报采购部。

（4）负责各自专业的施工技术管理，指导和监督施工承包商技术管理工作。

（5）落实施工技术规范、标准目录，建立规范、标准台账。

（6）核实承包商上报的施工进展情况，负责施工工程量统计汇总。

（7）负责工程进度款、工程结算的审核会签，负责现场签证的审批与管理。

（8）参加施工图会审及设计交底。

（9）参加 A 级控制点检查、验收及分部、分项、单项工程交接。

（10）参加"三查四定"及定期质量、安全检查。

（11）负责落实工程地质勘探工作。

（12）联系落实环境和安全、职业卫生等"三同时"方面的专业验收工作。

2）质量小组

（1）参加设计审查和组织设计交底。

（2）审查承包商质量控制点、检查等级的划分计划，考核承包商质量管理体系运行情况。

（3）负责制定设备、材料监督检验程序（包括设备监造程序、委托第三方检验程序），督促承包单位按规定程序实施。

（4）参加现场设备、材料的开箱检验工作。

（5）参加隐蔽工程和停检点的检查。

（6）组织完成单位工程的质量评定。

（7）接受质量监督，指导监督第三方检验工作。

（8）参加"三查四定"和中间交接。

（9）组织质量检查和评比。

3）HSE 小组

（1）负责项目的 HSE 管理体系建设和组织实施。

（2）组织各专业的危害识别和风险评价工作。

（3）负责各类安全管理制度的宣传教育工作。

（4）负责施工人员进入装置施工现场前的安全教育和安全考试工作。

（5）参加对承包商的施工安全方案的审查。

（6）负责施工现场各类安全票证管理。

（7）定期组织召开 HSE 例会，部署、检查、考核 HSE 工作。

（8）组织 HSE 定期检查、专项检查和不定期抽查。

（9）协助落实环境和安全、职业卫生等"三同时"方面的专业验收工作。

（10）负责安全事故管理。

4）材料控制组

（1）审核确认施工承包商物资限额领料计划。

（2）负责施工承包商物资供应的监督管理，接收并组织审批施工承包商提供的样品是否符合质量及合同要求。

（3）监督、检查施工承包商物资管理工作。

（4）协调采购部与施工承包商材料供应之间的关系。

（5）跟踪设备、材料质量问题处理情况。

（6）参加设备、材料出厂检验及开箱验收。

当设备安装完成后，设备需要进行单独调试和全站的整体调试。设备的调试需要设备生产厂家的技术人员到现场进行技术的保障，调试过程要根据现行国家标准和电力行业标准进行严格和严谨的调试。各项单独电气设备调试完成后需进行全站的联动调试。对调试中出现的问题要求安装单位或设备厂家进行整改，直至调试满足送电投运要求。

整体调试完成后，需要提交变电站系统的图纸、申请验收报告等资料到当地供电部门申请验收。办理完相关手续后进行变电站受电试运行。

五、编制岗位操作规程及管理制度

在变电站建设的过程中，建设单位的电气管理人员要根据变电站的实际情况对各个操作岗位编制岗位操作规程、各级运行人员的管理制度，以便在变电站投运后操作人员按规程操作，确保设备能安全运行。

1. 岗位职责

本例中的供电中心，主要变压器的任务是将两回 110 kV 高压电经 1 号、2 号主变降压为 35 kV 供离子膜整流，降压为 10 kV 供全公司动力用电，并经过高压柜与热电厂两台 6 MW 发电机联络。岗位人员在维持正常变电运行的同时，对本岗位设备进行维护保养，并负责停送电操作、岗位事故应急处理、电压调整，按公司生产调度指令调整供电方式、按兴义地调指令完成 110 kV 进线开关倒闸操作，确保供电安全、连续、稳定，满足公司正常生产经营的需要。

2. 运行方式及所管设备范围

1）运行方式

金宏变由安龙 110 kV 变两回 110 kV 线路供电，一回为安金Ⅰ回线路，二回为安金Ⅱ回线路（目前只有安金Ⅰ回线路供电）。金宏变 1 号主变由安金Ⅰ回线路经金宏变 101 开关供电，35 kV 侧供离子膜整流用电，10 kV 侧供全公司动力电。金宏变 2 号主变由安金Ⅱ回线路经金宏变 102 开关供电（目前由母联 110 供电），35 kV 侧作离子膜整流热备用，10 kV 侧作全公司动力电热备用。正常情况下金宏变 101、110 内桥开关处于运行状态，104 进线开关处于热备用状态，1 号主变 35 kV 侧出线 311 开关、35 kV 分段 310 开关、3102 隔离刀闸、1 号主变 10 kV 侧出线 011 开关、10 kV 分段 1021 开关、1020 隔离手车处于运行合闸状态，2 号主变 35 kV 侧出线 312 开关、2 号主变 10 kV 侧出线 012 开关处于热备用状态。

2）接线方式及系统图

金宏变 110 kV 侧为内桥接线，35 kV 侧为单母线分段，10 kV 侧为单母线分段。

3）所管设备范围

金宏变岗位所管设备见表 3-8。

表 3-8 金宏变主要设备一览表

序号	设 备 名 称	型 号 规 格	台数	制造厂	备注
1	1 号主变压器	SFSZ8-50000/110	1		
2	2 号主变压器	SFSZL8-50000/121	1		
3	101、103、104 SF_6 断路器	LW38-126C/3130	3		
4	102、105PT	TYD110/3-0.02H	6		
5	102、105 避雷器	Y10W-100/260	6		
6	101、103、104 电流互感器	LB6-110GYW 2×400/5A	9		
7	35 kV 手车式高压开关柜	KYN61-40.5	11		

续表

序号	设 备 名 称	型 号 规 格	台数	制造厂	备注
8	10 kV 手车式高压柜	KYN28A-12	27		
9	总降高频开关电源系统	GZDW-120/220/20F2	1		
10	1号、2号主变保护屏	SR-800	2		
11	110 kV 进线测控屏	SR-800	1		
12	35 kV 综合测控屏	SR-800	1		
13	35 kV 整流变保护屏	SR-800	2		
14	整流监控屏	GZDW-100/230-M	3		
13	操作屏	PBB-06	1		
16	35 kV 补偿电容	TBB35-4000/334A	1		

3. 岗位技术控制指标

（1）主变控制指标见表3-9。

表3-9　1号、2号主变控制指标

设 备 名 称	控 制 内 容	控 制 指 标
1号主变压器 SFSZ8-50000/110	① 110 kV 侧电流 ② 35 kV 侧电流 ③ 10 kV 侧电流 ④ 35 kV 侧电压 ⑤ 10 kV 侧电压 ⑥ 变压器温度 ⑦ 有载分接开关级数	① $I \leqslant 191$ A ② $I \leqslant 599.8$ A ③ $I \leqslant 2\,099.5$ A ④ 33.25～36.75 kV ⑤ 9.5～10.5 kV ⑥ $t \leqslant 80$ ℃ ⑦ 最高17级，最低1级
2号主变压器 SFSZL8-50000/121	① 110 kV 侧电流 ② 35 kV 侧电流 ③ 10 kV 侧电流 ④ 35 kV 侧电压 ⑤ 10 kV 侧电压 ⑥ 变压器温度 ⑦ 有载分接开关级数	① $I \leqslant 191$ A ② $I \leqslant 599.8$ A ③ $I \leqslant 2\,099$ A ④ 34.25～36.5 kV ⑤ 9.5～10.5 kV ⑥ $t \leqslant 80$ ℃ ⑦ 最高17级，最低1级

（2）主控室环境参数控制。

① 室内温度控制在 20 ℃～28 ℃。

② 室内湿度控制：不大于 70%。

③ 进出主控室随手关门，室内窗户关好，防风雨，防飞鸟、老鼠等小动物。

4. 停送电操作及倒闸操作

本项目停送电操作及倒闸操作规程的原文如下：

1　停送电及倒闸

1.1　停送电操作

1.1.1　应执行的规定。

1.1.1.1　停送电操作应有《停电检修工作票》或厂部指令。

1.1.1.2　开关及地刀操作要根据微机五防系统电脑钥匙提示操作。

1.1.1.3　停送电操作必须遵守"五防"规定。

1.1.1.4　停送电操作必须穿戴劳保用品，使用合格的安全用具。

1.1.2　10 kV 中置式高压柜停电操作步骤。

1.1.2.1　按规定穿戴好劳动保护用品，戴好安全帽。

1.1.2.2　检查设备状态与《停电检修工作票》是否相符，操作人、监护人到高压室检查所操作高压开关柜带电显示指示灯三相应亮。

1.1.2.3　分断开关。

a. 确定监护人、操作人。

b. 监护人报告公司调度准备操作并得到同意。

c. 根据《停电检修工作票》来到相应高压开关柜前面准备分断开关。

d. 监护人唱票、操作人应票（唱票、应票声音应清晰、明亮），明确操作对象。

e. 确认高压开关柜上合闸灯亮。

f. 根据电脑钥匙指令进行"五防"解锁。

g. 逆时针转动操作把手，当操作把手箭头指向"分闸"时，停止转动把手，待柜上"停止"指示灯亮时松开把手，让把手自动回到"预分"位置。

1.1.2.4　拉中置小车。

a. 监护人检查绝缘鞋、绝缘手套是否完好。

b. 操作人穿戴完好的绝缘鞋、绝缘手套。

c. 到相应小车开关面板上分合指示牌观察，应指示"分"位置，柜门上带电显示灯亦应熄灭，确认开关已开断。

d. 打开柜门，插入小车操作摇把，逆时针摇动摇把直到摇把受阻并听到清脆的辅助开关切换声，小车退到试验位置。

e. 取下摇把，拔下小车辅助回路插头，并将动插头扣锁在小车架上。

f. 将转运车推至柜前。

g. 将转运车前部定位锁板升（降）到合适位置，插入柜体中隔板插口，并将转运车与柜体锁定。

h. 打开小车开关的锁定钩，将小车开关拉到转运车上。

i. 解除转运车与柜体的锁定，将小车开关拉到柜外。

1.1.2.5 合接地刀闸。

a. 操作人、监护人检查确认带电显示指示灯已灭。

b. 确认小车开关处在试验位置或处在柜外。

c. 根据电脑钥匙指令进行"五防"解锁。

d. 检查推进摇手已取下,按下接地开关操作孔处联锁弯板。

e. 用力操作把手逆时针转动约90°。

f. 扣回电磁锁,取下解锁钥匙,取下操作把手,到柜后确认接地刀闸已合到位。

1.1.2.6 挂警告牌:高压开关柜门挂"有人工作 禁止合闸"警告牌——接地电磁锁处挂"线路已接地"警告牌。

1.1.3 10 kV手车式高压柜送电操作步骤。

1.1.3.1 确认检修工作已完成,检修组长已签字。

1.1.3.2 操作人穿戴好劳保用品,戴好安全帽,穿戴好绝缘手套、绝缘鞋,拆除警告牌,使用解锁钥匙打开电磁锁,水平套入操作把手(把手端在左边),顺时针转动把手约90°,打开检修工作票上所合接地刀闸。

1.1.3.3 进手车。

a. 监护人检查绝缘鞋、绝缘手套是否完好。

b. 操作人穿戴完好的绝缘鞋、绝缘手套。

c. 将转运车及手车开关推至柜前。

d. 到相应手车开关观察操作机构指示牌指示"分"位置,确认开关已开断。

e. 检查确认柜内接地刀闸已打开。

f. 将转运车前部定位锁板升(降)到合适位置,插入柜体中隔板插口,并将转运车与柜体锁定。

g. 将小车推入柜内,将小车开关的锁定钩与柜体锁定。

h. 插上小车辅助回路插头。

i. 插入小车操作摇把,顺时针摇动摇把,直到摇把受阻并听到清脆的辅助开关切换声,小车进到运行位置。

1.1.3.4 合开关。

a. 确定监护人、操作人。

b. 监护人报告公司调度准备操作并得到同意。

c. 根据检修工作票来到相应高压柜前。

d. 根据电脑钥匙指令进行"五防"解锁。

e. 监护人唱票、操作人应票(唱票、应票声音应清晰、明亮),明确操作对象。

f. 确认高压柜上跳位灯亮,储能灯亮。

g. 关好柜门,顺时针转动操作把手,当操作把手箭头指向"合闸"位置时,停止转动把手,待高压柜上"运行"指示灯亮时松开把手,让把手自动回到"预合"位置。

1.1.3.5 操作人、监护人观察小车开关分合指示牌指示"合"位置,带电显示灯亮,确认开关已合上。

1.1.3.6 向公司调度汇报操作完毕。

1.1.4 35 kV手车式高压柜停电操作步骤。

1.1.4.1 按规定穿戴好劳动保护用品，戴好安全帽。
1.1.4.2 检查设备状态与《停电检修工作票》是否相符。
1.1.4.3 分断开关。

a. 确定监护人、操作人。
b. 监护人报告公司调度准备操作并得到同意。
c. 根据《停电检修工作票》来到相应保护测控屏准备分断开关。
d. 监护人唱票、操作人应票（唱票、应票声音应清晰、明亮），明确操作对象。
e. 确认保护测控装置上合位灯亮。
f. 根据电脑钥匙指令进行"五防"解锁。
g. 逆时针转动操作把手，当操作把手箭头指向"分闸"位置时，停止转动把手，待装置跳位灯亮时松开把手，让把手自动回到预分位置。

1.1.4.4 拉手车。

a. 监护人检查绝缘鞋、绝缘手套是否完好。
b. 操作人穿戴完好的绝缘鞋、绝缘手套。
c. 到相应高压柜前观察手车开关操作机构指示牌应指示"分"位置，带电显示灯应熄灭。
d. 打开小门插入摇把，逆时针摇动摇把直到柜上"试验"位置指示灯亮，将手车退至试验位置。
e. 拔出摇把，打开柜门。
f. 拔出二次辅助插头。
g. 铺好导轨，解除手车与柜体联锁，双手将手车拉出柜外。

1.1.4.5 验电、放电、挂接地线。

a. 操作人穿戴完好的绝缘鞋、绝缘手套。
b. 确认开关已分开、手车已拉出柜外。
c. 确认柜上带电显示器指示灯已熄灭，确认无电。
d. 根据电脑钥匙指令进行"五防"解锁。
e. 合接地刀闸。

1.1.4.6 挂警告牌：高压开关柜门挂"有人工作 禁止合闸"警告牌，接地刀操作处挂"线路已接地"警告牌。

1.1.5 35 kV手车式高压柜送电操作步骤。

1.1.5.1 确认检修工作已完成，检修组长已签字确认。

1.1.5.2 操作人穿戴好劳保用品，戴好安全帽，穿戴好绝缘手套、绝缘鞋，拆除警告牌，拆除检修工作票上所挂接地线，检查柜内无异物后关好后门。

1.1.5.3 进手车。

a. 监护人检查绝缘鞋、绝缘手套是否完好。
b. 操作人穿戴完好的绝缘鞋、绝缘手套。
c. 到相应手车开关观察操作机构指示牌指示"分"位置。
d. 铺好导轨。
e. 将手车推至试验位置，锁上手车与柜体的联锁。

f. 在试验位置将二次辅助插头插上，确认"试验"位置指示灯已亮。

g. 关好柜门，打开手车小门，插入摇把，顺时针摇动直到柜上"工作"位置指示灯亮。

1.1.5.4　合开关。

a. 确定监护人、操作人。

b. 监护人报告公司调度准备操作并得到同意。

c. 根据《停电检修工作票》来到相应保护测控屏准备合上开关。

d. 根据电脑钥匙指令进行"五防"解锁。

e. 监护人唱票、操作人应票（唱票、应票声音应清晰、明亮），明确操作对象。

f. 确认保护测控装置上跳位灯亮。

g. 顺时针转动操作把手，当操作把手箭头指向"合闸"位置时，停止转动把手，待装置合位灯亮时松开把手，让把手自动回到"预合"位置。

1.1.5.5　操作人、监护人到开关柜观察分合指示牌指示"合"位置，柜上带电显示器指示灯应亮，确认开关已合上。

1.1.5.6　报告公司调度操作完毕。

1.1.6　1号主变停电操作步骤。

1.1.6.1　按规定穿戴好劳动保护用品，戴好安全帽。

1.1.6.2　接到厂部指令或收到《停电检修工作票》后，向公司调度报告停下1号主变，并得到同意。

1.1.6.3　分011开关，停下1号主变低压侧。

a. 确定监护人、操作人。

b. 在1号主变保护屏准备分断011开关。

c. 监护人唱票、操作人应票（唱票、应票声音应清晰、明亮）：分011开关。

d. 确认1号主变保护屏低压侧合位灯亮。

e. 根据电脑钥匙指令进行"五防"解锁。

f. 逆时针转动011操作把手，当操作把手箭头指向"分闸"位置时，停止转动把手，待1号主变保护屏低压侧跳位灯亮时松开把手，让把手自动回到"预分"位置。

1.1.6.4　分311开关，停下1号主变中压侧。

a. 在1号主变保护屏准备分断311开关。

b. 监护人唱票、操作人应票（唱票、应票声音应清晰、明亮）：分311开关。

c. 确认1号主变保护屏中压侧合位灯亮。

d. 根据电脑钥匙指令进行"五防"解锁。

e. 逆时针转动311操作把手，当操作把手箭头指向"分闸"时，停止转动把手，待1号主变保护屏中压侧跳位灯亮时松开把手，让把手自动回到预分位置。

1.1.6.5　分101开关，停下1号主变。

a. 在1号主变保护屏准备分101开关。

b. 监护人唱票、操作人应票（唱票、应票声音应清晰、明亮）：分101开关。

c. 确认1号主变保护屏高压侧合位灯亮。

d. 根据电脑钥匙指令进行"五防"解锁。

e. 逆时针转动101操作把手，当操作把手箭头指向"分闸"位置时，停止转动把手，待1号主变保护屏高压侧跳位灯亮时松开把手，让把手自动回到"预分"位置。

1.1.6.6　拉 011 手车。
参照 1.1.2.4 进行操作。
1.1.6.7　拉 311 手车。
参照 1.1.4.4 进行操作。
1.1.6.8　拉 101 小车至试验位置。
a. 监护人检查绝缘鞋、绝缘手套是否完好。
b. 操作人穿戴完好的绝缘鞋、绝缘手套。
c. 到 101 开关观察操作机构指示牌指示"分"位置，确认开关已分断。
d. 打开操作箱门，将手车进退车转换开关打到"退车"位置，手车开始退车。
e. 手车开关退到试验位置时自动停下。
1.1.6.9　分 1111 刀闸：确认 101 开关已分闸，拿摇把逆时针转动将刀闸打开。
1.1.6.10　向公司调度汇报 1 号主变已停下。
1.1.7　1 号主变送电操作标准。
1.1.7.1　确认《停电检修工作票》已收回，所有接地线已拆除。
1.1.7.2　接到厂部送 1 号主变指令。
1.1.7.3　合 1111 刀闸。
a. 监护人检查绝缘鞋、绝缘手套是否完好。
b. 操作人穿戴完好的绝缘鞋、绝缘手套。
c. 确认 101 开关处在分闸状态，确认 1119 地刀已分开。
d. 插入摇把顺时针转动，将刀闸合上。
1.1.7.4　推 101 小车至运行位置。
a. 监护人检查绝缘鞋、绝缘手套是否完好。
b. 操作人穿戴完好的绝缘鞋、绝缘手套。
c. 到 101 开关观察操作机构指示牌指示"分"位置，确认开关已分断。
d. 打开操作箱门，将手车进退车转换开关打到"进车"位置，手车开始进车。
e. 手车开关进到运行位置时自动停下。
1.1.7.5　进 311 手车。
参见 1.1.3.3 进行操作。
1.1.7.6　进 011 手车。
参见 1.1.5.3 进行操作。
1.1.7.7　合 1110 中性点接地刀闸。
a. 打开 1110 刀闸操作机构箱门。
b. 按下操作机构箱上合闸按钮，合上 1110 刀闸。
1.1.7.8　合 101 开关，1 号主变受电。
参见 1.1.5.4 进行操作。
1.1.7.9　1 号主变投运正常后，按下 1110 操作机构分闸按钮，分开 1110 刀闸。
1.1.7.10　合 311 开关。
参见 1.1.5.4 进行操作。
1.1.7.11　合 011 开关。
参见 1.1.3.4 进行操作。

1.1.7.12　向公司调度汇报1号主变送电完毕。
1.2　倒闸操作
1.2.1　35 kV倒闸操作。

35 kV倒闸操作由电仪厂电气技术员填写《电气设备倒闸操作票》（图3-4），电仪厂厂长发出指令，并征得公司调度同意。

1.2.1.1　将35 kV负荷倒至2号主变35 kV侧运行。

a. 确认312手车处在运行位置。

b. 报告公司调度准备操作并得到同意，通知离子膜整流岗位注意。

c. 根据电脑钥匙指令进行"五防"解锁。

d. 合312开关，到312开关柜确认开关已合上。

e. 分311开关，到311开关柜确认开关已分开。

f. 向公司调度汇报倒闸操作完成。

1.2.1.2　将35 kV负荷倒至1号主变35 kV侧运行。

a. 确认311手车处在运行位置。

b. 报告公司调度准备操作并得到同意，通知离子膜整流岗位注意。

c. 根据电脑钥匙指令进行"五防"解锁。

d. 合311开关，到311开关柜确认开关已合上。

e. 分312开关，到312开关柜确认开关已分开。

f. 向公司调度汇报倒闸操作完成。

1.2.2　10 kV倒闸操作。

10 kV倒闸操作由电仪厂电气技术员填写《电气设备倒闸操作票》，电仪厂厂长发出指令，并征得公司调度同意。

1.2.2.1　将10 kV负荷倒至2号主变10 kV侧运行。

a. 确认012手车处在运行位置。

b. 报告公司调度准备操作并得到同意。

c. 根据电脑钥匙指令进行"五防"解锁。

d. 合012开关，到012开关柜确认开关已合上。

e. 分011开关，到011开关柜确认开关已分开。

f. 向公司调度汇报倒闸操作完成。

1.2.2.2　将10 kV负荷倒至1号主变10 kV侧运行。

a. 确认011手车处在运行位置。

b. 报告公司调度准备操作并得到同意。

c. 根据电脑钥匙指令进行"五防"解锁。

d. 合011开关，到011开关柜确认开关已合上。

e. 分012开关，到012开关柜确认开关已分开。

f. 向公司调度汇报倒闸操作完成。

1.3　停送电操作及倒闸操作安全措施

1.3.1　在正常情况下，严禁值班人员无票无令停送电。

1.3.2　停送电操作及倒闸操作应执行"五防"规定。

1.3.3　高压电器操作前应穿好工作服，戴好安全帽，穿好绝缘水靴，戴好绝缘手套，准备好操作用具（验电笔、接地棒、接地线、操作摇把、刀闸及地刀解锁钥匙等）。

1.3.4 低压电器操作前应穿好工作服，戴好安全帽，穿好绝缘水靴，戴好绝缘手套，戴好防火面具。

1.3.5 停送电操作应两人进行，一人监护，一人操作，技术好的值班人员作为监护人。

1.3.6 操作刀闸前应确认开关已分断。

1.3.7 监护人或操作人发现停电检修工作票或电气设备倒闸操作票有疑问时，应及时向填票人或发令人提出，经填票人或发令人确认后方可进行操作。

1.4 全宏变事故状态下应急操作方法

根据继电保护动作情况，迅速判明事故的性质及范围，限制事故的扩大，用尽一切办法保持设备继续运行，保证供电的连续性及稳定性；尽快恢复已停电设备的供电，特别是优先恢复公司 10 kV 动力供电；首先恢复 10 kV 重要用户及无故障用户的供电，再处理故障设备，尽可能减少损失。

1.5 交接班内容

1.5.1 供电方式及设备运行主要指标情况。

1.5.2 设备运转、设备缺陷、安装检修、调整试验等情况。

1.5.3 发生事故的原因、经过、处理方法及存在问题。

1.5.4 设备维护、安全工具防护用品的数量。

1.5.5 原始记录、岗位卫生、上级布置工作等。

1.6 交接班规定

1.6.1 接班人员必须提前参加班前会，接受车间及班长工作分配和工作指令。

1.6.2 交班工作由当班班长负责，其他班员要坚守岗位。

1.6.3 交班者应按交接班内容逐条交接，不能漏项。

1.6.4 交接班双方按照岗位巡视路线，对本岗位设备认真检查，对口交接。

1.6.5 在交接班检查中发现设备尚存故障由交班者负责处理，接班者协助，处理完毕再进行交接班，接班后发生的事故应由接班者负责。

1.6.6 停送电操作未完成不准交班。

1.6.7 在交接班检查中发现设备卫生不整洁、工具不齐全不完整、原始记录不齐全，接班者可拒绝接班，由交班者整改。

1.6.8 接班人员签名后，交班人员方可离开岗位。

2 巡回检查

2.1 值班员须认真按时巡视设备，对设备异常状态要及时发现，认真分析，正确处理，做好记录，并向车间及技术员汇报

2.2 巡视应在相应的设备及规定的路线上进行，正常运行情况下每小时巡检一次

2.3 以下情况应半小时巡检一次

2.3.1 设备过负荷或负荷有显著增加，高温天气时。

2.3.2 设备经检修、改造或长期停用后重新投入系统运行，新安装设备投入系统运行。

2.3.3 恶劣气候、事故跳闸和设备运行中有可疑现象时。

2.4 关键设备按现场点检牌巡视内容要求逐项进行检查

2.5 巡视高压设备的安全要求

2.5.1　巡视高压设备时，要与带电设备保持足够的安全距离。

2.5.2　雷雨天气巡视室外高压设备时，应穿雨衣及绝缘靴，并不得靠近避雷器、避雷针及引下线。

2.5.3　高压系统发生接地时，室内不得接近接地点 4 m 以内，室外不得接近接地点 8 m 以内。若因工作需要进入上述范围内的人员必须穿绝缘靴，接触设备外壳及构架时，须戴绝缘手套。

2.5.4　巡视配电装置，进出高压室须随手将门锁好。

2.6　金宏变岗位巡检线路图及巡检内容

巡检地点：主控室	10kV 配电室	35kV 配电室
① 主变、110kV 开关保护屏各信号灯正常 ② 35kV 综合测控屏各信号灯正常，音响报警装置没有发出报警声 ③ 高频开关直流电源系统控制、合闸电压正常，充电装置工作正常，绝缘监测装置没有绝缘低报警信号发出 ④ 自用电屏三相电压正常，屏内接头无发热变色 ⑤ 整流变保护屏各信号灯正常 ⑥ 各屏内无异常响声 ⑦ 后台测控系统正常运行 ⑧ 检查照明及事故照明正常	① 穿墙套管接触良好，无发热变色 ② 开关分、合指示灯应与机构指示一致 ③ 开关室内无异常放电声 ④ 检查各电流表指示不超过控制值 ⑤ 开关柜上保护装置各信号灯正常 ⑥ 开关室大门防鼠挡板完好 ⑦ 检查照明及事故照明正常	① 穿墙套管接触良好，无发热变色 ② 开关柜"分""合"指示灯应与机构指示一致，带电指示正常 ③ 开关室内无异常放电声 ④ 开关室大门防鼠挡板完好 ⑤ 检查照明及事故照明正常

电容室	110kV 高压室	变压器场
① 电抗器、电容器、放电线圈运行声音正常，无发热变色现象 ② 各电容一次保险无跌落，无胀肚现象 ③ 电容室大门防鼠挡板完好 ④ 检查照明及事故照明正常	① 101、102、110 开关无异常响声，101、102、110 弹操机构已储能 ② 110kV Ⅰ Ⅱ PT 及避雷器无异常响声，避雷器放电泄流监测装置正常 ③ 刀闸及隔离插头接触良好无发热 ④ 检查照明及事故照明正常	① 变压器主体油位指示正常，阀门等密封点无渗油 ② 变压器分接开关油位正常，分接开关级数与主控室表计指示及电脑显示一致 ③ 变压器响声均匀，变压器温度小于 80℃，手摸散热器不烫手，冷却风扇运行正常 ④ 变压器、套管、所有刀闸及母线接头无异常放电声，无异常发热变色

3　安全技术及劳动保护

3.1　劳动保护

3.1.1　运行人员上岗值班时，应按规定穿戴整齐个人劳动防护用品，戴好安全帽，配带所配备的电工工具。

3.1.2　在进行高压停送电或倒闸操作时，穿上绝缘靴，戴上绝缘手套。

3.1.3　在进行低压停送电或倒闸操作时，穿上绝缘靴，戴上防护面罩及绝缘手套。

3.2　保证安全的组织措施

3.2.1　工作票制度。

3.2.1.1　本岗位实行《停电检修工作票》《电气设备倒闸操作票》制度。

3.2.1.2　《停电检修工作票》由工作票签发人填写，工作许可人批准。工作票签发人由电气技术员担任，工作许可人由电仪厂厂长担任。

3.2.1.3 《停电检修工作票》由两个值班人员实施，一人操作，一人监护。检修组长陪同一起操作，检查接地线已连接并签字确认设备或线路无电。

3.2.1.4 《停电检修工作票》停电操作完毕，操作人、监护人、检修组长签字后，红票由检修组长持有，蓝票由操作人持有。

3.2.1.5 检修工作在计划停电时间内还没有完成的，该停电的设备或线路不能送电。

3.2.1.6 《电气设备倒闸操作票》由电气技术员填写，电仪厂长发令。

3.2.1.7 《电气设备倒闸操作票》由两个值班人员实施，一人操作，一人监护。填写人陪同一起操作，负责检查倒闸操作的正确性、安全性。

3.2.2 工作许可制度。

操作人、监护人会同检修组长到检修现场再次查看接地线是否连接牢固，并签字确认无电。检修组长在操作人和监护人的签字许可后才能对设备或线路进行检修。

3.2.3 工作监护制度。

检修组长作为整个检修工作的安全负责人，在完成工作许可后，对检修人员交待现场安全措施、带电部位及其他注意事项，并始终在现场进行监护。

3.3 保证安全的技术措施

3.3.1 检修人员在本岗位进行检修时与带电设备的安全距离：110 kV 电压等级安全距离1.5 m；35 kV 电压等级安全距离 1.0 m；10 kV 电压等级安全距离 0.7 m。检修人员必须在上述安全距离范围外工作。

3.3.2 要检修的电气设备或线路停电后，在装设接地线之前应验电。

3.3.3 装设接地线安全技术要求。

3.3.3.1 接地线应用多股软裸铜线，其截面不得小于 25 mm^2。接地线在每次装设前须详细检查，损坏的接地线及不符合要求的接地线禁止使用。

3.3.3.2 装设接地线须有两人进行。一人操作，一人监护。操作人在验电、放电、装设接地线操作中，应穿戴相应电压等级的绝缘鞋及绝缘手套，戴好安全帽。

3.3.3.3 装设接地线时，应先验电。验电方法如下：用相应电压等级的验电笔靠近带电设备，使验电器旋转。确认验电笔完好后，可对停电设备进行验电。使用验电笔接触停电设备开关两侧各相分别验电。

3.3.3.4 验电确认设备已停电后，进行放电。先将接地线一端接地，另一端接至接地棒，然后用接地棒将设备两端的各相分别进行放电。

3.3.3.5 放电后接地端不拆，将设备端的三相短接。

3.3.4 悬挂警告牌和装设遮栏。

在分断的开关或刀闸的操作把手上，挂"有人工作，禁止合闸"警告牌。在已挂接地线处挂"线路已接地"警告牌。在检修地点与带电设备距离小于 3.3.1 所规定的安全距离，应设置临时遮栏，临时遮栏上挂"止步，高压危险！"警告牌。

3.4 其他安全规定

3.4.1 严禁约时停送电。

3.4.2 《停电检修工作票》未收回，严禁送电。

3.4.3 停电设备、线路未验电、挂接地线，严禁工作。

3.4.4 验电时发现设备或线路还带电的,严禁强行合接地刀闸或挂接地线。

3.4.5 无关人员不能进入本岗位,外来参观人员应凭介绍信或由相关负责人带领才能进入岗位参观。

3.5 电气火灾扑救方法

3.5.1 当电气设备发生火灾时,首先应切断电源,同时拨打公司火警电话。

3.5.2 使用二氧化碳或干粉灭火器灭火。

3.6 触电急救

3.6.1 迅速使触电者脱离电源。

3.6.2 对触电者进行人工呼吸及胸外挤压抢救。

3.6.3 联系急救站,尽快送医院抢救。

4 主要设备其维护保养和使用

4.1 1号、2号主变压器维护保养

4.1.1 保持器身及散热器清洁无油污。

4.1.2 变压器运行声音正常,无杂音,变压器内部无异常放电声。

4.1.3 每年对变压器进行一次预防性试验。

4.1.4 变压器投运前必须合 110 kV 侧中性点接地刀闸。

4.1.5 当变压器油温大于 55 ℃或一次电流大于 $60\%I_n$ 时,应手动或自动投入变压器冷却风扇。

4.2 高频开关直流电源系统维护保养和使用方法

4.2.1 高频开关直流电源系统维护保养:保持柜面清洁,柜内无杂物。

4.2.2 高频开关直流电源系统使用方法。

4.2.2.1 开机步骤:合上交流输入电源,松开"均/浮充"按钮,合上启动开关,按下"开/关机"按钮,充电模块开始工作。

4.2.2.2 停机步骤:松开"开/关机"按钮,关闭启动开关。

4.2.2.3 正常运行时直流电源处于浮充、自动稳压状态。

4.3 35 kV 无功补偿装置的安全运行

4.3.1 35 kV 无功补偿装置的防护网门、接地刀闸及 362 开关均有电气联锁,投运前必须打开接地隔离开关、关好锁好防护网门;电容装置运行中不得打开防护网门。

4.3.2 停电检修时,必须在 362 开关分断至少 3 min 后,方可合接地刀闸,打开防护网门。检修人员进入网门前还应穿戴好劳保用品,办理《停电检修工作票》,在值班人员对电容器进行放电并短路接地后,才能进入网门工作。

4.3.3 35 kV 无功补偿装置不能重合闸。

4.3.4 当热电站正常发电,主变 35 kV 侧无功功率大于 4 000 kvar 时,合上 362 开关,35 kV 无功补偿电容器组投入使用。

4.4 微机"五防"电脑钥匙使用方法

打开钥匙电源,钥匙上会显示每一操作步骤,按照钥匙提示进行操作。

4.4.1 操作开关:将电脑钥匙插入相应的电气锁,当识别编码正确后,钥匙发出结束命令——"本步操作完成,请继续",方可进行下一步操作。

4.4.2 操作刀闸、网门、接地线等:将电脑钥匙插入相应的挂锁中,当识别编码正确后,钥匙发出允许操作命令——"条件符合,可以操作",此时向前推动解锁推钮至极限位置,钥匙发出"锁已打开",取下挂锁,即可对设备进行倒闸操作。操作完成后,重新闭锁机构,向后拨动解锁推钮至初始位置,待钥匙发出"钥匙已回位,可以取下",将钥匙取出进行下一步操作。

4.4.3 操作汇报:倒闸操作完毕,打开钥匙电源,将其插入传送座,点"读钥匙"适配器读取钥匙信息。

4.5 岗位及主要设备环境卫生管理方法

金宏变主控室、各高压开关室不能带食物及饮料等进入室内食用。不乱丢杂物。保持地面清洁,保持窗户干净明亮,接班后对主控室地面窗户进行清扫及拖地板。在主控室及高压开关室作业后要做到工完场地清。

5 原始记录填写要求

5.1 填写原始记录时,应做到正确、及时、不涂改、不撕毁、不弄虚作假、不漏项、不出差错。记录后,记录者应签名。不允许有代签行为。

5.2 本岗位原始记录包括:《金宏变交接班记录表》(图 3-5)、《金宏变设备巡检记录表》、《金宏变运行记录表(一)》、《金宏变运行记录表(二)》,值班人员必须正点填写,不允许记回忆录或预想录。提前或超过 15min 视为不按时记录。

5.3 原始记录应到设备或表计前面观察填写,不能空想或照抄上一栏记录。

5.4 原始记录应用碳素或蓝黑墨水填写。字体应为仿宋体,字迹清晰、排列工整。

5.5 无数据或无规定记录用符号的空格应划对角斜线。斜线方向为从左下角至右上角。单格空白则单格划线,连格空白则按项目划一条斜线。画线上可用简洁词语描述无记录原因,如检修、备用等。不允许出现空白格,也不允许出现既画线又填数据或填记录不用规定符号的现象。

5.6 记录表格表面要求整洁,无涂改现象,更改时只能划改,并在划改处签名。

5.7 本岗位原始记录包括《金宏变运行记录表(一)》《金宏变运行记录表(二)》《金宏变设备巡检记录表》《金宏变交接班记录表》。

6 材料及工具保管使用

6.1 工具使用

工具备件柜是放置安全操作工具、易损备件、清扫工具及公用工具的地方,工具使用后应按定置图放回。

6.2 借用管理

非本岗位人员借用工具应进行登记。

6.3 保管

值班人员应妥善保管工具,若人为破坏或丢失由当班人员负责。

7 消防器材、防护用具的使用和保管

7.1 灭火器选用

灭本岗位使用二氧化碳灭火器。

7.2 灭火器放置位置

主控室门外、35 kV 开关室、10 kV 开关室、110 kV 开关室、1 号 2 号主变之间。

7.3 二氧化碳灭火器使用方法

7.3.1 拿着灭火器使喷口对着火源,拔出插销。

7.3.2 压下把手使灭火剂喷出灭火。

7.4 二氧化碳灭火器使用时手、脚等皮肤不能碰到喷口,以免冻伤。

7.5 本岗位使用的防护用具有高压绝缘手套、绝缘靴、防护面罩。
7.5.1 高压隔离开关的分合操作应穿戴高压绝缘手套、绝缘靴。
7.5.2 低压空气断路器、隔离开关的分合操作应穿戴绝缘手套、防护面罩。
7.5.3 高压绝缘手套、绝缘靴、防护面罩使用前应仔细检查，若有破损则不能使用。
7.5.4 高压绝缘手套、绝缘靴每年进行一次预防性试验。
7.6 本岗位使用的辅助安全用具有高压验电笔、高压绝缘拉杆、接地棒、接地线、绝缘胶垫。
7.6.1 高压验电笔、高压绝缘拉杆、接地棒每年进行一次预防性试验。
7.6.2 高压验电笔使用前必须测试其正常，不同电压等级的设备验电使用与其相同电压等级的验电笔。
7.6.3 接地线截面必须大于 25mm^2。

电气设备倒闸操作票			
			编号:
操作任务			
发令人		接令时间	年　月　日　时　分
操作时间	年　月　日　时　分至　年　月　日　时　分		
已操作记号	操作顺序	操作项目	
填票人:	监票人:	操作人:	

图 3-4　电气设备倒闸操作票

金宏变交接班记录表		
		年　月　日
交班时应交接项目	交接完成后打 √	设备运行方式及设备运行状况
① 系统运行方式及设备运行状况		
② 现存问题及处理办法		
③ 运行记录、设备考勤记录情况		
④ 设备及环境卫生状况		
⑤ 工具物品等定置情况		
⑥ 班组建设及安全达标活动、学习、记录情况		
⑦ 各类文件及指示传达贯彻情况		
交班人员　　　　　　　　　　　　　交班时间　日　时　分		
接班人员　　　　　　　　　　　　　接班时间　日　时　分		
值班时间： 　　　　　　年　月　日　时～　月　日　时		记录人：
上级指示内容： 　　　　　　　　　　　　　　　　记录人：		存在问题及处理程序 记录人：

图 3-5　交接班记录表

金宏变 110kV 开关倒闸操作票见图 3-6。

金宏变 110kV 开关倒闸操作票			
			年　月　日
兴义供电局调度电话：		来电显示电话号码：	
兴义供电局调度管理所发令人：		金宏变接令人： 接令时间：　　年　月　日　时　分	
序号	指令内容记录		
指令操作完成时间：　　　年　月　日　时　分			
金宏变操作人（签名）：		金宏变监护人（签名）：	
线路最大需量表读数		倒闸前	倒闸后
101 线路			
102 线路			
备注：1."倒闸后最大需量表读数"应在倒闸完成半小时后抄记。			

图 3-6　110kV 开关倒闸操作票

5. 不正常现象及处理方法

（1）1号主变运行中出现的不正常现象及处理方法见表3-10。

表3-10　1号主变不正常现象及处理方法

序号	不正常现象	发　生　原　因	处　理　方　法
1	101开关跳闸，1号主变退出运行	① 1号主变差动保护动作 ② 主体重瓦斯动作 ③ 分接重瓦斯动作 ④ 间隙零序过流动作 ⑤ 1号主变高后备保护动作 ⑥ 控制回路故障造成误动作	①～③ 将101、311、011、110手车拉至试验位置，记录所有动作信息，报告车间、厂部进行处理 ④、⑤ 将101、110手车拉至试验位置，记录所有动作信息，报告车间、厂部进行处理 ⑥ 检查控制回路，排除故障，报告调度，合上101开关恢复1号主变运行
2	311开关跳闸，1号主变35 kV侧停运	① 1号主变差动保护动作 ② 主体重瓦斯动作 ③ 分接重瓦斯动作 ④ 1号主变中后备动作 ⑤ 控制回路故障造成误动作	①～③ 将101、311、011、110手车拉至试验位置，记录所有动作信息，报告车间、厂部进行处理 ④ 拉出311手车至试验位置，记录所有动作信息，报告车间、厂部进行处理 ⑤ 检查控制回路，排除故障，报告调度，合上301开关恢复1号主变35 kV运行
3	011开关跳闸，1号主变10 kV侧停运	① 1号主变差动保护动作 ② 主体重瓦斯动作 ③ 分接重瓦斯动作 ④ 1号主变中后备动作 ⑤ 控制回路故障造成误动作	①～③ 将101、311、011、110手车拉至试验位置，记录所有动作信息，报告车间、厂部进行处理 ④ 拉出011手车至试验位置，记录所有动作信息，报告车间、厂部进行处理 ⑤ 检查控制回路，排除故障，报告调度，合上011开关恢复1号主变10 kV运行
4	有载分接开关不能电动调整级数	① 电源开关分开 ② 按钮失效 ③ 操作回路接触不良	① 检查操动机构无异常后合上电源开关 ② 更换按钮 ③ 上紧端子排、插好插座
5	变压器内部响声大	变压器内部有故障	立即报告厂部及电气技术员处理
6	轻瓦斯信号动作	① 油中剩余空气析出 ② 油位降低至瓦斯继电器以下	① 旋开瓦斯继电器排气嘴排气 ② 处理漏点，加油
7	冷却风扇响声大	① 支撑松动 ② 电机轴承松动	① 停下风扇进行紧固 ② 停下风扇检修电机

（2）2号主变运行中出现的不正常现象及处理方法见表3-11。

表3-11　2号主变不正常现象及处理方法

序号	不正常现象	发　生　原　因	处　理　方　法
1	102开关跳闸，2号主变退出运行	① 2号主变差动保护动作 ② 主体重瓦斯动作 ③ 分接重瓦斯动作	①～③ 将102、312、012、110手车拉至试验位置，记录所有动作信息，报告车间、厂部进行处理

续表

序号	不正常现象	发 生 原 因	处 理 方 法
1	102开关跳闸，2号主变退出运行	④ 间隙零序过流动作 ⑤ 2号主变高后备保护动作 ⑥ 控制回路故障造成误动作	④、⑤ 将102、110手车拉至试验位置，记录所有动作信息，报告车间、厂部进行处理 ⑥ 检查控制回路，排除故障，报告调度，合上104开关恢复2号主变运行
2	312开关跳闸，2号主变35 kV侧停运	① 2号主变差动保护动作 ② 主体重瓦斯动作 ③ 分接重瓦斯动作 ④ 1号主变中后备动作 ⑤ 控制回路故障造成误动作	①~③ 将102、312、012、110手车拉至试验位置，记录所有动作信息，报告车间、厂部进行处理 ④ 拉出312手车至试验位置，记录所有动作信息，报告车间、厂部进行处理 ⑤ 检查控制回路，排除故障，报告调度，合上312开关恢复2号主变35 kV运行
3	有载分接开关不能电动调整级数	① 电源开关分开 ② 按钮失效 ③ 操作回路不通	① 检查操动机构无异常后合上电源开关 ② 更换按钮 ③ 上紧端子排、插好插座，更换行程开关
4	变压器内部响声大	变压器内部有故障	立即报告厂部及电气技术员处理
5	轻瓦斯信号动作	① 油中剩余空气析出 ② 油位降低至瓦斯继电器以下	① 旋开瓦斯继电器排气嘴排气 ② 处理漏点，加油
4	有载分接开关调级时连升（或连降）	① 限位开关损坏 ② 限位开关调整不当	① 更换限位开关 ② 重新调整限位开关
5	冷却风扇响声大	① 支撑松动 ② 电机轴承松动	① 停下风扇进行紧固 ② 停下风扇检修电机

（3）110 kV开关运行中出现的不正常现象及处理方法见表3-12。

表3-12　110 kV开关不正常现象及处理方法

序号	不正常现象	发 生 原 因	处 理 方 法
1	101、103、104开关液弹操机构不储能	① 储能电源消失 ② 储能回路不通	① 检查电源开关，重新送上电源 ② 检查储能回路
2	101、103、104开关电动不能进退车	① 交流电源消失 ② 行程开关接触不良 ③ 电机损坏	① 检查电源开关，重新送上电源 ② 更换行程开关 ③ 采用手动进退车
3	101、103、104开关不能合闸	① 控制电源消失 ② 弹操机构未储能 ③ 控制回路不通	① 检查控制电源重新送上 ② 根据表7.1进行处理 ③ 检查控制回路

（4）35 kV开关运行中出现的不正常现象及处理方法见表3-13。

表3–13 35 kV开关不正常现象及处理方法

序号	不正常现象	发 生 原 因	处 理 方 法
1	开关不能合闸	① 弹操机构未储能 ② 合闸电源不正常 ③ 合闸线圈烧毁	① 检查储能回路，让操动机构储能 ② 检查合闸保险，送上合闸电源 ③ 更换合闸线圈
2	开关不能分闸	① 操作电源不正常 ② 控制回路断线 ③ 分闸线圈烧毁	① 检查操作电源保险，恢复操作电源 ② 检查修复控制回路 ③ 更换分闸线圈
3	35 kV 电压不正常	① 二次保险故障 ② 一次保险故障	① 更换烧断的二次保险 ② 更换烧断的一次保险

（5）10 kV 开关运行中出现的不正常现象及处理方法见表3–14。

表3–14 10 kV 开关不正常现象及处理方法

序号	不正常现象	发 生 原 因	处 理 方 法
1	开关不能合闸	① 弹操机构未储能 ② 合闸电源不正常 ③ 合闸线圈烧毁	① 检查储能回路，让操动机构储能 ② 检查合闸保险，送上合闸电源 ③ 更换合闸线圈
2	开关不能分闸	① 操作电源不正常 ② 控制回路断线 ③ 分闸线圈烧毁	① 检查操作电源保险，恢复操作电源 ② 检查修复控制回路 ③ 更换分闸线圈
3	10kV 电压不正常	① 二次保险故障 ② 一次保险故障	① 更换烧断的二次保险 ② 更换烧断的一次保险

（6）35 kV 电容运行中出现的不正常现象及处理方法见表3–15。

表3–15 10 kV 电容不正常现象及处理方法

序号	不正常现象	发 生 原 因	处 理 方 法
1	开关不能合闸	① 弹操机构未储能 ② 合闸电源不正常 ③ 合闸线圈烧毁	① 检查储能回路，让操动机构储能 ② 检查合闸保险，送上合闸电源 ③ 更换合闸线圈
2	开关不能分闸	① 操作电源不正常 ② 控制回路断线 ③ 分闸线圈烧毁	① 检查检查操作电源保险，恢复操作电源 ② 检查修复控制回路 ③ 更换分闸线圈
3	电容故障	① 一次保险烧 ② 电容过流故障	① 通知车间、厂部停下电容，更换烧断的一次保险 ② 更换损坏的电容和保险

（7）高频开关直流电源运行中出现的不正常现象及处理方法见表3–16。

表 3-16 高频开关直流电源不正常现象及处理方法

序号	不正常现象	发 生 原 因	处 理 方 法
1	1号（2号）交流故障	① 总接触器控制电源保险烧 ② 自用电失电	① 更换保险 ② 转到另一回自用电供
2	输出电压过低	① 自动调压装置失灵 ② 电压设定值过低	① 使用手动电压调整功能调节电压 ② 调高设定值
3	输出电压过高	① 自动调压装置失灵 ② 电压设定值过高	① 使用手动电压调整功能调节电压 ② 调低设定值
4	绝缘电阻过低	① 正母线对地绝缘低 ② 负母线对地绝缘低	① 报告电气技术员进行处理 ② 报告电气技术员进行处理

六、编制各岗位的工作标准

1. 电仪厂供电车间供电班长岗位工作标准

1）范围

本标准规定了电仪厂供电车间供电班长岗位的工作职责、工作内容、权限、检查与考核的要求。

本标准适用于供电车间供电班长岗位的管理。

2）工作职责

(1) 执行电气设备维护检修规程和供用电管理制度。

(2) 组织本班班员完成生产供电任务，督促班员做好分管设备的维护保养。

3）工作内容

(1) 听从公司生产调度及厂部、车间的指挥，组织本班班员实现安全优质供电的目标。

(2) 熟悉岗位安全技术规程及操作规程，督促班员在生产作业过程中认真执行岗位操作规程，遵守安全操作规程及安全生产制度。

(3) 督促班员做好设备巡回检查工作，认真组织班员做好分管设备的维护保养及卫生责任区的清洁工作，消除跑、冒、滴、漏及事故隐患，做到安全、文明生产，提高设备完好率。

(4) 搞好班组建设，督促班员认真履行职责，并检查各种记录是否做到完整齐全。

(5) 负责本班的安全供电及安全工作，认真做好交接班，在布置工作的同时布置安全措施，禁止违章作业，杜绝违章指挥，防止事故发生。

(6) 加强岗位劳动纪律的检查，督促班员精心操作、认真填写岗位原始记录并做到准确、完整、清洁。

(7) 组织班组人员参加政治、业务、安全知识学习及厂部、车间布置的各项活动，保证班组工作顺利开展。

4）权限

(1) 遵守电气设备管理各项规定及运行、维护、检修规程。

(2) 遵守公司各项管理规定。

(3)拒绝违章指挥、违章作业。

5）检查与考核

(1)检查与考核的内容。

按工作职责和内容进行检查和考核。

(2)检查与考核的方法。

(3)由供电车间制定考核细则及检查。

2. 供电车间主任岗位工作标准

1）范围

本标准规定了供电车间主任岗位的工作职责、工作内容、权限、检查与考核的要求。本标准适用于供电车间主任岗位的管理。

2）工作职责

(1)执行电气设备维护检修规程和供用电管理制度。

(2)负责合理组织、协调、指挥本车间的人力、物力完成生产供电及设备维护、检修任务。

3）工作内容

(1)按照公司生产部及厂部下达的作业计划，保证变电站及整流所安全供电，供电质量合格率100%。

(2)督促本车间职工在生产作业过程中认真执行岗位操作规程，遵守安全操作规程及安全生产制度，制止违章作业，杜绝违章指挥，防止事故发生。

(3)参加厂部的生产调度会及各项专题会议，汇报车间工作情况，及时传达会议精神。

(4)督促班组做好设备维护保养、设备巡检及环境卫生工作，消除跑、冒、滴、漏及事故隐患，提高设备完好率。

(5)督促班组开展班组建设活动，检查班组的各种原始记录，做到记录准确、完整、清洁、整齐。

(6)开展质量管理活动及技术攻关，做好双增双节工作，定期开展岗位技术练兵活动。

(7)每月召开车间骨干会议，总结当月车间工作完成情况，讨论布置车间下月工作计划。

(8)按照责、权、利相结合的原则，组织制定本车间内部经济分配方案。

七、变电站投运及维护

变电站的受电投运要通过项目验收后进行，由当地供电部门通过110 kV线路进行供电，标志着变电站开始正式运行。

变电站的运行需要岗位员工遵守操作规程，按生产调度的指令对企业的下级变电站进行送电，使工厂内的用电设备能正常运行。按照岗位职责和设备维护规程，查看各设备参数是否满足运行要求，无过热现象、固定部位应紧固、转动部分应灵活、切换接点和闭锁装置动作准确可靠等。

建立设备维护管理制度，保证电气设备能正常投入运行使用，在日常巡检工作中，必须对电气设备进行巡视检查，查看是否有缺陷。

以上只是110 kV变电站建设过程总体的介绍，在实际的建设过程中，还有相当多的细节要建设和建立，如土建工程、排水工程、安全规范、避雷工程、外线路工程等，也有相当多的对外手续需要办理，如和当地供电部门要密切联系。这里就不一一举例了。

八、任务实施

以某公司一电气工程项目为例，编写电气工程项目管理大纲。

实施步骤如下。

（1）学习小组以本项目实际案例为蓝本讨论电气项目工程管理应包含的基本内容。

（2）以某公司某电气项目工程为例，编写电气工程项目管理大纲。

（3）指导老师组织学习小组互相评价所编写的管理大纲。

九、考核评价

考核评价见表3-17。

表3-17　项目实施考核评分表

考核项目	考核内容及要求	分值	学生自评（A）	小组评分（B）	教师评分（C）	实得分（A×20%+B×30%+C×50%）
方法确定计划安排	方案的合理性和可行性	5				
	计划安排的周密性	5				
项目完成情况	根据各项目学习情况进行考核	50				
职业素养	遵守纪律	5				
	安全操作	3				
	正确使用工具	2				
完成时间	方案确定、计划安排	2				
	仪表选型、安装	2				
	系统调试	1				
团队合作	沟通能力	4				
	协调能力	3				
	组织能力	3				
其他项目	课堂提问	5				
	作业	5				
	任务报告书	5				
总　　分		100				

十、思考与练习

（1）写出一个电气工程项目从计划建设到建成投产一般要经过的几个阶段。

（2）写出（1）中各个阶段有什么内容。

项目三 企业现场 5S 管理

"5S"管理模式是一种科学的管理思想，源自日本的一种家庭作业方式，后被应用到企业内部管理运作，是企业实施现场管理的有效方法。其内容包括整理、整顿、清扫、清洁、素养。在企业中大力推行"5S"管理，能激发企业管理潜能，培养出企业员工良好的工作作风，有效改善企业的现场管理，使现场变得更加有利于管理，让企业的一切都处在管理之中，从而从整体上提高企业的管理水平，改善生产环境，还能提高生产效率、产品品质、员工士气，增强企业的竞争力。

一、学习目标

（1）掌握 5S 的含义。
（2）明确 5S 现场管理对企业的意义和作用。
（3）掌握 5S 的具体内容及实施方法。

二、工作任务

制定某公司注塑车间 5S 管理制度，以夯实内部管理基础、提升人员素养、提高生产效益。

三、知识准备

1. 5S 定义

5S 是指整理（Seiri）、整顿（Seiton）、清扫（Seiso）、清洁（Seiketsu）、素养（ShitSuke）5 个项目，因日语的罗马拼音均为"S"开头，所以简称为 5S。开展以整理、整顿、清扫、清洁和素养为内容的活动，称为"5S"活动。

日本式企业将 5S 运动作为管理工作的基础，推行各种品质的管理手法，第二次世界大战后，产品品质得以迅速地提升，奠定了经济大国的地位。而在丰田公司的倡导推行下，5S 对于塑造企业的形象、降低成本、准时交货、安全生产、高度的标准化、创造令人心旷神怡的工作场所、现场改善等方面发挥了巨大作用，逐渐被各国的管理界所认识。随着世界经济的发展，5S 已经成为工厂管理的一股新潮流。5S 广泛应用于制造业、服务业等，用于改善现场环境的质量和员工的思维方法，使企业能有效地迈向全面质量管理，主要是针对制造业在生产现场，对材料、设备、人员等生产要素开展相应活动。根据企业进一步发展的需要，有的企业在 5S 的基础上增加了安全（Safety），形成了"6S"；有的企业甚至推行"12S"，但是万变不离其宗，都是从"5S"里衍生出来的。例如，在整理中要求清除无用的东西或物品，这在某些意义上来说，就能涉及节约和安全，具体一点如横在安全通道中无用的垃圾，这就是安全应该关注的内容。

2. 5S 现场管理对企业的重要意义

（1）工作场所干净而整洁。员工的工作热情提高了，忠实的顾客也会越来越多，企业的知名度不断提高，很多客户慕名而来参观学习，被客户称赞为干净整洁的工厂，对这样的工厂有信心，乐于下订单并口碑相传，结果会在业界扩大企业的声誉和销路；而整洁明朗的环境，会使大家希望到这样的厂工作，便于留住人才。

（2）员工能够具有很强的品质意识。按要求生产，按规定使用，尽早发现质量隐患，生产出优质的产品。

（3）能减少库存量。降低设备的故障发生率，减少工件的寻找时间和等待时间，结果降低了工时成本，提高了工作效率，缩短了加工周期。

（4）人们正确地执行已经规定了的事项。新员工和其他部门的人在任何部门任何岗位都能立即上岗作业，有力地推动了标准化工作开展。

（5）"人造环境，环境育人"。员工通过对整理、整顿、清洁（从上至下，彻底清扫干净，无卫生死角）、清扫、素养（潜移默化，提升素养）的学习和遵守，使自己成为一个有道德修养的公司人、社会人，整个公司的环境面貌也随之改观。员工在外面交朋结友时也自然体现出令人赞叹的高素质、好修养的优秀形象。

3. 5S 现场管理的作用

（1）提供一个舒适的工作环境。

（2）提供一个安全的作业场所。

（3）塑造一个企业的优良形象，提高员工工作热情和敬业精神，增强归属感。

（4）稳定产品的质量水平。

（5）提高工作效率、降低消耗。

（6）增加设备的使用寿命，减少维修费用。

图 3-8 所示为 5S 管理活动作用图示。

4. 5S 的具体内容

5S 的具体内容介绍如下，示意图如图 3-9 所示。

1）整理

日文翻译：Seiri。

定义：区分要与不要的物品，现场只保留必需的物品。

目的：① 改善和增加作业面积；② 现场无杂物，行道通畅，提高工作效率；③ 减少磕碰的机会，保障安全，提高质量；④ 消除管理上的混放、混料等差错事故；⑤ 有利于减少库存量，节约资金；⑥ 改变作风，提高工作情绪。

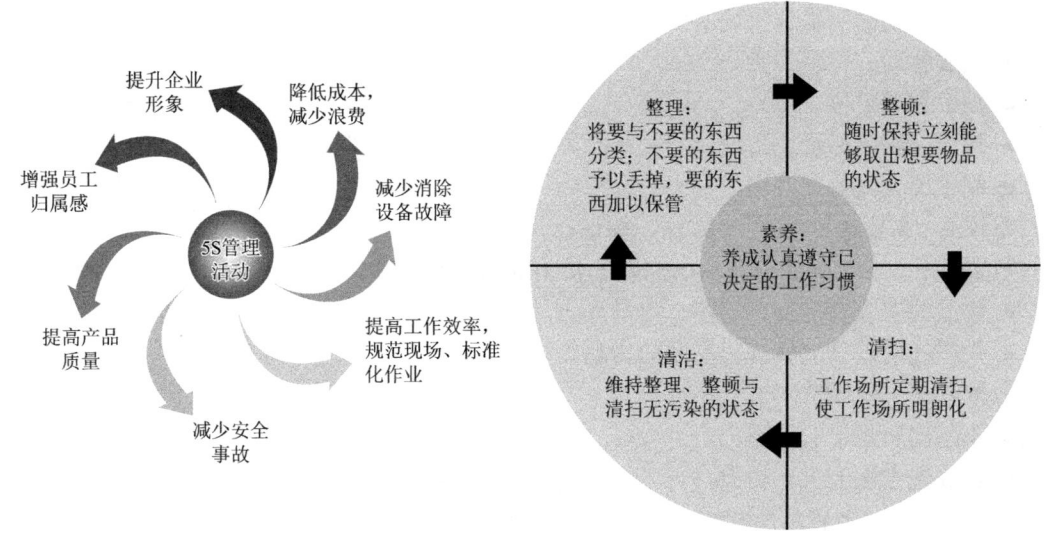

图 3-8　5S 管理活动作用　　　　　　　图 3-9　5S 具体内容

意义：把要与不要的人、事、物分开，再将不需要的人、事、物加以处理，对生产现场的现实摆放和停滞的各种物品进行分类，区分什么是现场需要的，什么是现场不需要的；其次。对于车间里各个工位或设备的前后、通道左右、厂房上下、工具箱内外以及车间的各个死角，都要彻底搜寻和清理，达到现场无不用之物。

实施要领：
- 自己的工作场所（范围）全面检查，包括看得到和看不到的。
- 制定"要"和"不要"的判别基准。
- 将不要物品清除出工作场所。
- 对需要的物品调查使用频度，决定日常用量及放置位置。
- 制订废弃物处理方法。

2）整顿

日文翻译：Seiton。

定义：必需品依规定定位、定方法摆放整齐有序，明确标示。

目的：不浪费时间寻找物品，提高工作效率和产品质量，保障生产安全。

意义：把需要的人、事、物加以定量、定位。通过前一步整理后，对生产现场需要留下的物品进行科学合理的布置和摆放，以便用最快的速度取得所需之物，在最有效的规章、制度和最简洁的流程下完成作业。

要点：① 物品摆放要有固定的地点和区域，以便于寻找，消除因混放而造成的差错；② 物品摆放地点要科学合理。例如，根据物品使用的频率，经常使用的东西应放得近些（如放在作业区内），偶尔使用或不常使用的东西则应放得远些（如集中放在车间某处）；③ 物品摆放目视化，使定量装载的物品做到过目知数，摆放不同物品的区域采用不同的色彩和标记加以区别。

实施要领：
- 前一步骤整理的工作要落实。

- 需要的物品明确放置场所。
- 摆放整齐、有条不紊。
- 地板划线定位。
- 场所、物品标示。
- 制订废弃物处理办法。

整顿的"3要素":场所、方法、标识。

放置场所——物品的放置场所原则上要100%设定。

- 物品的保管要定点、定容、定量。
- 生产线附近只能放真正需要的物品。

放置方法——易取。

- 不超出所规定的范围。
- 在放置方法上多下功夫。

标识方法——放置场所和物品原则上一对一表示。

- 现物的表示和放置场所的表示。
- 某些表示方法全公司要统一。
- 在表示方法上多下功夫。

整顿的"3定"原则:定点、定容、定量。

定点:放在哪里合适。

定容:用什么容器、颜色。

定量:规定合适的数量。

重点:

- 整顿的结果要成为任何人都能立即取出所需要东西的状态。
- 要站在新人和其他职场的人的立场来看,什么东西该放在什么地方更为明确。
- 要想办法使物品能立即取出使用。
- 另外,使用后要能容易恢复到原位,没有恢复或误放时能马上知道。

3)清扫

日文翻译:SeiSo。

定义:清除现场内的脏污、清除作业区域的物料垃圾。

目的:清除"脏污",保持现场干净、明亮。

意义:将工作场所的污垢去除,使异常的发生源很容易发现,是实施自主保养的第一步,主要是在提高设备作业率。

要点:① 自己使用的物品,如设备、工具等,要自己清扫,而不要依赖他人,不增加专门的清扫工;② 对设备的清扫,着眼于对设备的维护保养。清扫设备要同设备的点检结合起来,清扫即点检;清扫设备要同时做设备的润滑工作,清扫也是保养;③ 清扫也是为了改善。当清扫地面发现有飞屑和油水泄漏时,要查明原因,并采取措施加以改进。

实施要领:

- 建立清扫责任区(室内外)。
- 执行例行扫除,清理脏污。
- 调查污染源,予以杜绝或隔离。

- 建立清扫基准，作为规范。
- 开始一次全公司的大清扫，每个地方清洗干净。

清扫就是使职场进入没有垃圾，没有污脏的状态，虽然已经整理、整顿过，要的东西马上就能取得，但是被取出的东西要达到能被正常使用的状态才行。而达到这种状态就是清扫的第一目的，尤其目前强调高品质、高附加价值产品的制造，更不允许有垃圾或灰尘的污染，造成品质不良。

4）清洁

日文翻译：SeiketSu。

定义：将整理、整顿、清扫实施的做法制度化、规范化，维持其成果。

目的：认真维护并坚持整理、整顿、清扫的效果，使其保持最佳状态。

意义：通过对整理、整顿、清扫活动的坚持与深入，从而消除发生安全事故的根源。创造一个良好的工作环境，使职工能愉快地工作。

要点：① 车间环境不仅要整齐，而且要做到清洁卫生，保证工人身体健康，提高工人劳动热情；② 不仅物品要清洁，而且工人本身也要做到清洁，如工作服要清洁，仪表要整洁，及时理发、刮须、修指甲、洗澡等；③ 工人不仅要做到形体上的清洁，而且要做到精神上的"清洁"，待人要讲礼貌、要尊重别人；④ 要使环境不受污染，进一步消除浑浊的空气、粉尘、噪声和污染源，消灭职业病。

实施要领：
- 落实前 3S 工作。
- 制订目视管理的基准。
- 制订 5S 实施办法。
- 制订考评、稽核方法。
- 制订奖惩制度，加强执行。
- 高阶主管经常带头巡查，带动全员重视 5S 活动。

5S 活动一旦开始，不可在中途变得含糊不清。如果不能贯彻到底，又会形成另外一个污点，而这个污点会造成公司内保守而僵化的气氛：公司做什么事都是半途而废、反正不会成功，应付应付算了。要打破这种保守、僵化的现象，唯有花费更长时间来改正。

5）素养

日文翻译：ShitSuke。

定义：人人按章操作、依规行事，养成良好的习惯，使每个人都成为有教养的人。

目的：提升"人的品质"，培养对任何工作都讲究认真的人。

意义：努力提高人员的自身修养，使人员养成严格遵守规章制度的习惯和作风，是"5S"活动的核心。

实施要领：
- 制订服装、臂章、工作帽等识别标准。
- 制订公司有关规则、规定。
- 制订礼仪守则。
- 教育训练（新进人员强化 5S 教育、实践）。
- 推动各种精神提升活动（晨会，例行打招呼、礼貌运动等）。

- 推动各种激励活动，遵守规章制度

5. 5S 现场管理实施

1）实施原则

常组织、常整顿、常清洁、常规范、常自律。

2）实施效用

5S 管理的五大效用可归纳为 5 个 S，即 Safety（安全）、SaleS（销售）、Standardization（标准化）、SatiSfaction（客户满意）、Saving（节约）。

（1）确保安全

通过推行 5S，企业往往可以避免因漏油而引起的火灾或滑倒；因不遵守安全规则导致的各类事故、故障的发生；因灰尘或油污所引起的公害等。因而能使生产安全得到落实。

（2）扩大销售

5S 是一名很好的业务员，拥有一个清洁、整齐、安全、舒适的环境；一支良好素养的员工队伍的企业，常常更能博得客户的信赖。

（3）标准化

通过推行 5S，在企业内部养成守标准的习惯，使得各项活动、作业均按标准的要求运行，结果符合计划的安排，为提供稳定的质量打下基础。

（4）客户满意

由于灰尘、毛发、油污等杂质经常造成加工精密度的降低，甚至直接影响产品的质量。而推行 5S 后，清扫、清洁得到保证，产品在一个卫生状况良好的环境下形成、保管直至交付客户，质量得以稳定。

（5）节约

通过推行 5S，一方面减少了生产的辅助时间，提升了工作效率；另一方面因降低了设备的故障率，提高了设备使用效率，从而可降低一定的生产成本，可谓"5S 是一位节约者"。

3）实施目的

做一件事情，有时非常顺利，然而有时却非常棘手，这就需要 5S 来帮助我们分析、判断、处理所存在的各种问题。实施 5S，能为企业带来巨大的好处，可以改善企业的品质，提高生产力，降低成本，确保准时交货，同时还能确保安全生产，并能保持并不断增强员工们高昂的士气。

因此，企业有人、物、事等 3 个方面安全的三安原则，才能确保安全生产并能保持员工们高昂的士气。一个生产型的企业，倘若人员的安全受到威胁、生产的安全受到影响、物品的安全受到影响，则这个企业是维持不下的。所以，一个企业要想改善和不断提高企业形象，就必须推行 5S 计划。推行 5S 最终要达到八大目的。

（1）改善和提高企业形象。

整齐、整洁的工作环境，容易吸引顾客，让顾客心情舒畅；同时，由于口碑的相传，企业会成为其他企业的学习榜样，从而能大大提高企业的威望。

（2）促成效率的提高。

良好的工作环境和工作氛围，再加上很有修养的合作伙伴，员工们可以集中精神，认认真真地干好本职工作，必然能大大提高效率。试想，如果员工们始终处于一个杂乱无序的工作环境中，情绪必然会受到影响。情绪不高，干劲不大，又哪来的经济效益，所以推动 5S，是促成效率提高的有效途径之一。

（3）改善零件在库周转率。

需要时能立即取出有用的物品，供需间物流通畅，就可以极大地减少那种寻找所需物品时滞留的时间。因此，能有效地改善零件在库房中的周转率。

（4）减少直至消除故障，保障品质。

优良的品质来自优良的工作环境。工作环境，只有通过经常性的清扫、点检和检查，不断地净化工作环境，才能有效地避免污损东西或损坏机械，维持设备的高效率，提高生产品质。

（5）保障企业安全生产。

整理、整顿、清扫，必须做到储存明确，东西摆在定位上物归原位，工作场所内都应保持宽敞、明亮，通道随时都是畅通的，地上不能摆设不该放置的东西，工厂有条不紊，意外事件的发生自然就会大为减少，当然安全就会有保障。

（6）降低生产成本。

一个企业通过实行或推行 5S，它就能极大地减少人员、设备、场所、时间等这几个方面的浪费，从而降低生产成本。

（7）改善员工的精神面貌，使组织活力化。

可以明显地改善员工的精神面貌，使组织焕发一种强大的活力。员工都有尊严和成就感，对自己的工作尽心尽力，并带动改善意识形态。

（8）缩短作业周期，确保交货。

推动 5S，通过实施整理、整顿、清扫、清洁来实现标准的管理，企业的管理就会一目了然，使异常的现象很明显化，人员、设备、时间就不会造成浪费。企业生产能相应地非常顺畅，作业效率必然就会提高，作业周期必然相应地缩短，确保交货日期万无一失。

4）推行步骤

步骤 1：成立推行组织。

步骤 2：拟定推行方针及目标。

步骤 3：拟定工作计划及实施方法。

步骤 4：教育。

步骤 5：活动前的宣传造势。

步骤 6：实施。

步骤 7：活动评比办法确定。

步骤 8：查核。

步骤 9：评比及奖惩。

步骤 10：检讨与修正。

步骤 11：纳入定期管理活动中。

5）实施方法

（1）适用于整理的实施方法。

① 抽屉法：把所有资源视作无用的，从中选出有用的。

② 樱桃法：从整理中挑出影响整体绩效的部分。

③ 四适法：适时、适量、适质、适地。

④ 疑问法：该资源需要吗？需要出现在这里吗？现场需要这么多数量吗？

（2）使用于整顿的实施方法。

① IE 法：根据运作经济原则，将使用频率高的资源进行有效管理。

② 装修法：通过系统的规划将有效的资源利用到最有价值的地方。

③ 三易原则：易取、易放、易管理。

④ 三定原则：定位、定量、定标准。

⑤ 流程法：对于布局，按一个流的思想进行系统规范，使之有序化。

⑥ 标签法：对所有资源进行标签化管理，建立有效的资源信息。

（3）适用于清扫的实施方法。

① 三扫法：扫黑、扫漏、扫怪。

② OEC 法：日事日毕，日清日高。

（4）适用于清洁的实施方法。

① 雷达法：扫描权责范围内的一切漏洞和异端。

② 矩阵推移法：由点到面逐一推进。

③ 荣誉法：将美誉与名声结合起来，以名声决定执行组织或个人的声望与收入。

（5）适用于素养培养的方法。

① 流程再造：执行不到位不是人的问题，是流程的问题，流程再造正是为解决这一问题。

② 模式图：建立一套完整的模式图来支持流程再造的有效执行。

③ 教练法：通过摄像头式的监督模式和教练一样的训练使一切别扭的要求变成真正的习惯。

④ 疏导法：像治理黄河一样，对严重影响素养的因素进行疏导。

6）实施难点

（1）员工不愿配合，未按规定摆放或不按标准来做，理念共识不佳。

（2）事前规划不足，不好摆放及不合理之处很多。

（3）公司成长太快，厂房空间不足，物料无处堆放。

（4）实施不够彻底，持续性不佳，持应付心态。

（5）评价制度不佳，造成不公平，大家无所适从。

（6）审核人员因怕伤感情，统统给予奖赏，失去竞赛意义。

6. 案例

1）案例 1

某著名家电集团（以下简称 A 集团），为了进一步夯实内部管理基础、提升人员素养、塑造卓越企业形象，希望借助专业顾问公司全面提升现场管理水平。集团领导审时度势，认识到要让企业走向卓越，必须先从简单的 ABC 开始，从 5S 这种基础管理抓起。

（1）现场诊断。

通过现场诊断发现，A 集团经过多年的现场管理提升，管理基础扎实，某些项目（如质量方面）处于国内领先地位。现场问题主要体现为 3 点。

① 工艺技术方面较为薄弱。现场是传统的流水线大批量生产，工序间存在严重的不平衡，现场堆积了大量半成品，生产效率与国际一流企业相比存在较大差距。

② 细节的忽略。在现场随处可以见到物料、工具、车辆搁置，手套、零件在地面随处可

见，员工熟视无睹。

③ 团队精神和跨部门协作的缺失。部门之间的工作存在大量的互相推诿、扯皮现象，工作更缺乏主动性，而是被动的等、靠、要。

（2）解决方案。

"现场 5S 与管理提升方案书"提出了以下整改思路。

① 将 5S 与现场效率改善结合，推行效率浪费消除活动和建立自动供料系统，彻底解决生产现场拥挤混乱和效率低的问题。

② 推行全员的 5S 培训，结合现场指导和督察考核，从根本上杜绝随手、随心、随意的不良习惯。

③ 成立跨部门的专案小组，对现存的跨部门问题登录和专项解决；在解决的过程中梳理矛盾关系，确定新的流程，防止问题重复发生。

根据这三大思路，从人员意识着手，在全集团内大范围开展培训，结合各种宣传活动，营造了良好的 5S 氛围；然后从每一扇门、每一扇窗、每一个工具柜、每一个抽屉开始指导，逐步由里到外、由上到下、由难到易，经过一年多的全员努力，5S 终于在 A 集团每个员工心里生根、发芽，结出了丰硕的成果。

（3）项目收益。

① 经过一年多的全员努力，现场的脏乱差现象得到了彻底的改观，营造了一个明朗温馨、活性有序的生产环境，增强了全体员工的向心力和归属感。

② 员工从不理解到理解，从要我做到我要做，逐步养成了事事讲究、事事做到最好的良好习惯。

③ 在一年多的推进工作中，从员工到管理人员都得到了严格的考验和锻炼，造就一批能独立思考、能从全局着眼，具体着手的改善型人才，从而满足企业进一步发展的需求。

④ 配合 A 集团的企业愿景，夯实了基础，提高了现场管理水平，塑造了公司良好社会形象，最终达到提升人员素质的目的。

2）案例 2

某公司车间 5S 管理制度

为了给车间员工创造一个干净、整洁、舒适的作场所和空间环境。营造公司特有的企业文化氛围，达到提高员工素养、公司整体形象和管理水平的目标，特制订本制度。本制度适用于车间所有员工。

（1）车间整理。

① 车间 5S 管理由部门负责人负责，职责是负责 5S 的组织落实和开展工作。应按照 5S 整理、整顿的要求，结合车间的实际情况，对物品进行定置，确定现场物品储存位置及储存量的限额，并予以坚决执行。日后如需变动，应经车间领导小组批准，同时要及时更改定置标识。

② 上班前车间员工应及时清理本岗责任区通道（有用的物品不能长时间堆放，垃圾要及时清理）。摆放的物品不能超出通道，确保通道畅通整洁。

③ 设备保持清洁，材料堆放整齐。

④ 近日用的物品摆放料架，经常不用的物品存仓库。

⑤ 工作台面物品摆放整齐，便于取用。各工序都要按照定置标示，整齐地摆放物件，包

括工具、半成品、原材物料和报表等，不能随意摆放。

（2）车间整顿。

① 设备、机器、仪器有保养，摆放整齐、干净、最佳状态。

② 工具有保养、有定位放置，采用目视管理。结合车间的实际情况，对工具进行定置，确定现场物，确定现场的储存位置及储存量的限额，并予以坚决执行。日后如需变动，应经车间领导小组批准，同时要及时修改定置标识。

③ 产品：良品与不良品不能杂放在一起，保管有定位，任何人均清楚。

④ 所有公共通道、走廊、楼梯应保持地面整洁，墙壁、天花板、窗户、照明灯、门、窗户无蜘蛛网、无积尘。

⑤ 管理看板应保持整洁。

⑥ 车间垃圾、废品处理（各部门按划分规定处理）。

（3）车间清扫。

① 公共通道要保持地面干净、光亮。

② 作业场所物品放置归位，整齐有序。

③ 窗、墙、地板保持干净亮丽；垃圾或废旧设备应及时处理，不得随处堆放。

④ 设备、工具、仪器使用中有防止不干净措施，并随时清理。

⑤ 车间员工要及时清扫划分区域卫生，确保干净、整洁。

（4）清洁。

彻底落实前面的整理、整顿、清扫工作，通过定期及不定期的检查以及利用文化宣传活动，保持公司整体 5S 意识。

（5）素养。

公司所有员工应自觉遵守《公司员工手册》和《车间理制度》等有关规定。

① 5S 活动每日坚持且效果明显。

② 遵守公司管理规定，发扬主动精神和团队合作精神。

③ 时间观念强，下达的任务能够在约定时间前做好。

四、任务实施

任务　制定某公司注塑车间 5S 管理制度，以夯实内部管理基础、提升人员素养、提高生产效益。

1. 该公司注塑车间存在的主要问题

（1）工艺技术薄弱。现场是传统的流水线大批量生产，工序间存在严重的不平衡，生产设备布局不合理，现场堆积了大量半成品，生产效率不能有效提升。

（2）现场混乱。在现场随处可以见到物料、工具、车辆搁置，手套、零件在地面随处可见，员工熟视无睹。

（3）部门间协调能力弱。部门之间的工作存在大量的互相推诿、扯皮现象，工作更缺乏主动性，而是被动的等、靠、要。

2. 实施步骤

（1）组建 5S 对策小组。

（2）根据本项目学习的知识及上述公司问题描述，认真分析问题。

（3）某公司车间 5S 标准和某公司车间 5S 检查表供决策参考，如表 3-18、表 3-19 所示。
（4）利用网络等咨询方式，充分酝酿，制定注塑车间 5S 管理制定，以实现管理目标，解决问题。

表 3-18 车间 5S 标准

序号	项目	内容	一级标准	二级标准	三级标准	四级标准	五级标准
1	定置区划线及通道线	物品放置区划线通道线	区划线不全或缺少，通道不明显	区划线、通道线齐全，但不符合标准	有标准区划线，但已脏污或残损	划线不被占压，通道保持通畅、整洁	保持划线完整，整齐划一、色泽鲜明
2	物品摆放	物品定置清洁度	现场进行整理，无不必要物品	物品进行了整顿，有"三定"规划	物品已按"三定"要求放置	物品已制定了清扫规范且得到实施	物品"三定"及清扫保持较好
3	地面、墙面、门窗玻璃	清洁度垃圾存放情况	打扫但不彻底，仍留有污物	有明显的垃圾放置标识，清扫彻底	查无卫生死角，垃圾按规定投放	有清扫规范且得到实施，无超标垃圾存放	得到保持，干净整洁
4	设备及管线	设备及管线、卫生状况、标识情况	设备及线路得到清扫	有清扫规范并得到实验	清扫符合规范，漏电。安全隐患等被发现并采取措施	线路进行标识，设备有状态标识	设备、线路的卫生和标识得到保持
5	工作台	物品摆放清洁度	工作台面物品得到整理和清扫	台面物品得到整顿，有序摆放	台面责任到人，得到保持	台下成台内物品同样得到整顿和清扫	工作台整体干净，最必要的物品置于台上
6	消防器材	定置情况维护保养情况	必要的位置有消防器材摆放	进行"三定"	取用方便，标识明显、得到清扫，在有效实用期内	按规定"三定"有清扫规范且得到实施	有维护巡查记录，消防设施处于待用状态
7	清扫用具	完好程度清洁情况	进行"三定"，摆放合理，实用	保持"三定"用具齐全，无失效用具	有责任人，管理符合二级标准	清扫用具卫生、整洁，符合三级标准	经常保持清扫用具整洁、摆放整齐
8	工具箱	完好程度清洁情况	工具箱进行整理，无不必要（无使用价值）的工具存放	进行整顿（"三定"）工具摆放整齐，无油污	工具管理责任到人，符合二级标准，标识明确	工具取用方便，有购置及日常管理记录	工具管理得到保持，整齐整洁，处于使用状态，使用方便
9	管理看板	清洁度情况使用情况	建立管理看板，且合理定置	看板内容进行合理布局，无乱涂乱抹、无脏污	宣传内容及时，数据准确，过期信息得到更换	有管理措施，且得到执行	保持数据活用记录

注：区划线及通道线标准，设备、管线管理，参照公司相关规定执行
"三定"：定点：放在哪里合适；定容：用什么存放；定量：规定合适的数量。

表 3-19 车间 5S 检查表

责任区域/责任人：		检查日期： 年 月 日			
项次	检查内容	配分	得分	缺点事项	
（一）整理	工作区域、工作台是否有与工作无关的东西	5			
	物料、工具及盒子等摆放是否整齐有序	5			
	空置台面、工作台上是否有不需要的东西	5			
	成品、半成品、样品、原辅料是否分类放置在指定位置	5			
	小计	20			
（二）整顿	货架是否摆放有不用的东西	5			
	工作区域通道是否畅通，界线是否清晰	5			
	各种生产报表、记录本是否标识、摆放整齐	5			
	设备上不用工具是否清理并定位存放	5			
	不良品及不良区域是否使用红色标识	5			
	小计	25			
（三）清扫	工作区域、机台、工具是否整洁，是否有尘垢	5			
	不合格品、废料、废物是否及时处理并送到指定位置	5			
	车间垃圾是否当天及时处理	5			
	小计	15			
（四）清洁	车间地面是否整洁	5			
	进入车间时是否穿戴厂服	5			
	车间内是否有卫生死角	5			
	整个车间规划是否合理、顺畅、整洁	5			
	小计	20			
（五）素养	员工是否完全明白 5S 的含义	5			
	下班或者员工较长时间离开工作岗位是否关闭电灯、设备电源、门窗	5			
	员工是否遵守厂纪厂规、不串岗、不大声讲话、不玩手机、不迟到早退	5			
	员工是否带食品、与工作无关的物品进入车间	5			
	小计	20			
合计		100			
评语					
注：80 分以上为合格，不足之处自行改善；60~80 分须向检查小组作书面改善报告；60 分以下，除向检查小组作书面改善报告外，还将全厂通报批评。					
检查：			审核：		

五、考核评价

按表 3-20 进行考核评分。

表 3-20　项目实施考核评分表

考核项目	考核内容及要求	分值	学生自评（A）	小组评分（B）	教师评分（C）	实得分（A×20%+B×30%+C×50%）
方法确定计划安排	方案的合理性和可行性	5				
	计划安排的周密性	5				
项目完成情况	根据各项目学习情况进行考核	50				
职业素养	遵守纪律	5				
	安全操作	3				
	正确使用工具	2				
完成时间	方案确定、计划安排	2				
	仪表选型、安装	2				
	系统调试	1				
团队合作	沟通能力	4				
	协调能力	3				
	组织能力	3				
其他项目	课堂提问	5				
	作业	5				
	任务报告书	5				
总分		100				

六、思考与练习

（1）5S 有哪些实施方法？

（2）5S 有哪些发展？其含义各是什么？

参 考 文 献

[1] 杨申仲. 现代设备管理 [M]. 北京：机械工业出版社，2012.
[2] 赵有青. 现代企业设备管理 [M]. 北京：中国轻工业出版社，2011.
[3] 王洪，唐锴. 电机设备安装与维护 [M]. 北京：科学出版社，2011.
[4] 沈永刚. 现代设备管理（第2版）[M]. 北京：机械工业出版社，2010.
[5] 张映红，莫翔明，黄卫萍. 设备管理与预防维修 [M]. 北京：北京理工大学出版社，2009.
[6] 王越明，王朋，杨莹. 变压器故障诊断与维修 [M]. 北京：化学工业出版社，2008.
[7] 李葆文，徐保强. 规范化的设备维修管理 [M]. 北京：机械工业出版，2006.
[8] 前瞻产业研究院. 2013—2017年中国铅酸蓄电池行业产业链与关联行业分析报告 [R], 2013.
[9] 电工学网. 变压器基础知识 [EB/OL]. http://www.dgxue.com/chuji/byqddj/byqjc.